2022-2023
SwiftUI
対応

たった2日でマスターできる

iPhone
アプリ開発
集中講座

Xcode 14 | iOS 16 | Swift 5.7 対応

藤 治仁・小林 加奈子・小林 由憲 [著]

●商標等について

・本書に記載されている社名、製品名、ブランド名、システム名などは、一般に商標または登録商標で、それぞれ帰属者の所有物です。

・本文中では、©、®、™ は表示していません。

●諸注意

・本書はソシム株式会社が出版したもので、本書に関する権利、責任はソシム株式会社が保有します。

・本書に記載されている情報は、2022 年 9 月現在のものであり、URL などの各種の情報や内容は、ご利用時には変更されている可能性があります。

・本書の内容は参照用としてのみ使用されるべきものであり、予告なしに変更されることがあります。また、ソシム株式会社がその内容を保証するものではありません。本書の内容に誤りや不正確な記述がある場合も、ソシム株式会社は一切の責任を負いません。

・本書に記載されている内容の運用によっていかなる損害が生じても、ソシム株式会社および著者は責任を負いかねますので、あらかじめご了承ください。

・本書のいかなる部分についても、ソシム株式会社との書面による事前の同意なしに、電気、機械、複写、録音、その他のいかなる形式や手段によっても、複製、および検索システムへの保存や転送は禁止されています。

はじめに

この書籍は、「iOS アプリを作ってみたい、すべての初心者が、体験から学べる入門書」です。

iOS とは、Apple が macOS をベースに開発した、iPhone、iPad、iPod touch 向けのモバイル OS です。本書籍では、プログラム言語の Swift（スウィフト）を用いて開発を行います。

執筆陣は、2014 年 11 月 1 日から「Swift ビギナーズ倶楽部」というコミュニティを開催していました。プログラミング自体がはじめての方、iOS アプリを作ってみたい他分野のエンジニアの方、そして高校生から、定年退職された方まで、たくさんの方々にご参加いただきました。最初は試行錯誤しながらも、勉強会に参加をして参加者の方どうしで教え合い、アプリ開発を楽しまれている方々が多くいらっしゃいます。

その経験を通して執筆陣が理解したことは、はじめての分野を学習する際には、経験者にとってはどんな些細なことも、初学者にとってはつまずくポイントになりえるということです。ただ、どんな分野もそうですが、最初は基礎的なことを、まねごとでよいので丁寧に繰り返し練習すれば、少しずつ自分だけのオリジナルの発想が出てきます。

本書では、構成段階からハンズオンセミナーを開催し、たくさんの参加者の方々の声をまとめ、各レッスンを構成しました。また、継続してセミナーを開催しながら、どの操作でつまずくのか、どのコードの説明が理解しがたいのかをフィードバックを受けて、教材を改善し続けています。

そうした調査に基づき、プログラミングを通して、「モノづくり」の楽しさを体験していただけるように、少しずつ階段を上っていく体験を重視した構成にしました。初心者が最初の一歩を踏み出す書籍を目指しています。

本書のコンセプトは「まずは体験してみて、その経験を生かして学んでいく」です。難しいプログラミング文法の説明は必要最小限にまとめ、多くのサンプルアプリの開発を体験してもらうことで、最短距離でアプリ開発の「勘所」がつかめるように工夫しました。

これから iOS アプリを制作される方々の一助となれば幸いです。ようこそ、iOS アプリ開発の世界へ。

目次

CONTENTS

はじめに	3
この本の読み方と使い方	10
ご利用の前に必ずお読みください	14

Day 1 ▶ **Day 2**

Lesson 1 はじめてのアプリを開発する前に 知っておこう　15

iOS アプリの開発を始める前に、知っておいた方がよいことを学びます。
書籍を読み進めていく上で、最初の心構えを知っておくことで、心理的なハードルが
下がり、学習が行いやすくなります。
Swift と SwiftUI についての概要を解説しているので役割を理解してください。

1-1	プログラミングを体験から学んでいこう	16
	1　この本の使い方と前提知識	16
1-2	あらかじめ挫折しそうなポイントを押さえておこう	18
	1　学習ポイントを押さえよう	18
1-3	アプリ開発をするなら知っておこう！〜WWDC、手数料、課金方法〜	20
	1　WWDC での公開情報をもとに考察してみよう	20
1-4	Swift（スウィフト）を知ろう	22
	1　iOS 開発の歴史を振り返ろう	22
	2　Swift の特徴を押さえよう	24
1-5	SwiftUI（スウィフトユーアイ）を知ろう	26
	1　SwiftUI の特徴を押さえよう	26

Lesson 2 アプリ開発の環境を整えて、 Xcode の使い方を学ぼう　29

iOS アプリを開発するために、必要なものを学びましょう。
最初に、まだ Apple ID を取得していない方のために、Apple ID の基礎知識と取得方
法についても解説します。

2-1	開発をするために必要な準備をしよう	30
	1　アプリ開発に必要な 3 つのものを準備しよう	30

CONTENTS

2-2	Apple ID を取得しよう	32
1	Apple ID をすでに取得されている方	32
2	Apple ID をまだ取得されていない方	33

2-3	Xcode をインストールしよう	35
1	Xcode をダウンロードしよう	35

2-4	Xcode を起動して、プロジェクトを作成しよう	39
1	Xcode を起動しよう	39
2	プロジェクトを作成しよう	40
3	Xcode の画面構成を確認しよう	44

2-5	Xcode をより使いやすくするための設定をしよう	50
1	Xcode の環境を設定しよう	50

2-6	ボタンをタップして「Hello, World!」から「Hi, Swift!」に切り替えてみよう	55
1	Text を修正して、「Hi, Swift!」と表示してみよう	57
2	Text を選択しよう	64
3	Button (ボタン) を配置しよう	70

2-7	アプリの動きを確認する方法を学ぼう	82
1	Canvas (キャンバス) で、アプリを動かそう	82
2	Simulator (シミュレータ) で、アプリを動かそう	85
3	iPhone (実機) に転送して、アプリを動かそう	88

Lesson 3 じゃんけんアプリを作ろう
—Swift の基本を学ぶ—
101

じゃんけんアプリを作りながら、アプリ開発の基本を学びます。
最後に「ステップアップ」でアプリアイコンを設定する方法を学びます。
もう少し深く学習してみたい方はチャレンジしてみてください！

3-1	完成をイメージしよう	102

3-2	プロジェクトを作成しよう	104
1	プロジェクトを作成しよう	104
2	プロジェクトファイルの役割を理解しよう	106

3-3	画面に部品を配置しよう	107
1	画像ファイルを取り込もう	107
2	レイアウトの構成を理解しよう	110

3-4	じゃんけん画像を切り替えよう	132
1	プログラムを書く前に、大きく作り方を把握しよう	132

3-5	ステップアップ アイコンを設定しよう	159
1	アイコンを設定しよう	160
2	アイコンを確認しよう	162

CONTENTS

Lesson 4 楽器アプリを作ろう
—音の扱い方を学ぶ—
165

音を扱うことができる「AVFoundation」を利用して、楽器アプリを開発します。シンバルとギターをタップすると楽器の音が流れます。
また、背景などViewを重ねるときに用いるレイアウトZStackについても習得します。

4-1 完成をイメージしよう **166**
  1 プロジェクトを作成しよう 168

4-2 シンバルとギターを配置しよう **169**
  1 レイアウトを理解しよう 169
  2 パーツを配置しよう 170

4-3 タップで音を鳴らそう **176**
  1 これから作るファイルとその役割を理解しよう 176
  2 音を扱う準備をしよう 177
  3 SoundPlayer.swift ファイルを追加しよう 178
  4 音を便利に扱うことができる「AVFoundation」を読み込もう 180
  5 シンバルを鳴らす機能を作ろう 180
  6 ギターを鳴らそう 187

4-4 ステップアップ **リファクタリングで見通しを改善しよう** **189**
  1 共通化するViewを作成する 190
  2 背景画像表示のImageを、BackgroundViewに差し替え 193

Lesson 5 マップ検索アプリを作ろう
—MapKitとクロージャを学ぶ—
195

マップの表示ができる「MapKit」を利用して、マップアプリを開発します。テキストエリアにキーワードを入力すると、該当する場所を検索し、ピンを立てます。
SwiftUIでのMapKitの使い方、クロージャの概念についても解説します。

5-1 完成をイメージしよう **196**
5-2 マップパーツを作成しよう **198**
  1 これから作るファイルとその役割を理解しよう 198
  2 プロジェクトを作成しよう 199
  3 MapView.swift ファイルを追加しよう 200
  4 最初のマップを表示しよう 201
  5 検索キーワードを設定し、シミュレータで動作確認しよう 208
  6 検索キーワードから緯度経度を検索しよう 214

5-3 マップ検索アプリの動作をプログラミングしよう **227**
  1 検索キーワードを入力するTextFieldを作ろう 227
  2 入力されたデータの流れを確認しよう 233

5-4 ステップアップ **マップの種類（衛星写真など）を
切り替えできるようにしよう** **244**
  1 マップの種類を切り替える処理の実装をしよう 245
  2 マップパーツ（MapView）をマップ種類の切り替えに対応させよう ... 252

Day 1 **Day 2**

Lesson **1**
タイマーアプリを作ろう
―画面遷移とデータの永続化―

259

いままで単一画面で完結するアプリを作ってきましたが、この章では画面遷移の方法を学びます。
また、設定画面で選択した秒数をタイマー画面で利用できるように、設定画面でデータを保持しておく必要があるので、その方法も学びましょう。

1-1 完成をイメージしよう **260**
  1 プロジェクトを作成しよう 262

1-2 タイマー画面と秒数設定画面を作ろう **263**
  1 これから作るファイルと画面を理解しよう 263
  2 NavigationStack で画面遷移してみよう 264
  3 タイマー画面の View（部品）を配置しよう 270
  4 設定画面の UI パーツを配置しよう 280

1-3 タイマー処理と設定した秒数を保存しよう **286**
  1 変数の宣言を追加しよう 286
  2 経過時間を処理する関数を作成しよう 289
  3 タイマーを開始する関数を実装しよう 290
  4 スタートボタンがタップされたらタイマーを開始しよう 293
  5 タイマーを停止する処理を実装しよう 293
  6 残り時間を表示しよう 294
  7 秒数設定画面から戻ってきたら、設定した秒数で画面を更新しよう 295
  8 シミュレータでカウントダウンを確認しよう 296
  9 設定したタイマーの時間を保存できるようにしよう 297

1-4 ステップアップ **タイマー終了後にアラートを表示しよう** **298**
  1 状態変数の宣言を追加しよう 299
  2 アラート表示タイミングで変数を書き換えよう 299
  3 アラート表示をしよう 300

CONTENTS

Lesson 2 カメラアプリを作ろう［前半］
—カメラと SNS 投稿—　　**307**

カメラを利用することができる「UIImagePickerController」と、カメラロールへの
保存や SNS への投稿ができる「ShareLink」を利用して、カメラアプリを開発します。

2-1 完成をイメージしよう	308
2-2 撮影画面を作成しよう	310
1 プロジェクトを作成しよう	310
2 作成する画面と swift ファイルの関係を理解しよう	311
3 撮影画面を作成しよう	312
2-3 最初の選択画面を作成してカメラを起動しよう	326
1 カメラの使用をユーザーに許可してもらおう	326
2 「カメラを起動する」ボタンを作成しよう	329
3 カメラが利用できるか確認しよう	332
4 カメラを起動して撮影しよう	333
2-4 シェア画面を追加してアプリを完成させよう	342
1 写真の保存をユーザーに許可してもらう	342
2 シェア機能を追加しよう	343
2-5 ステップアップ フォトライブラリーから写真を取り込めるようにしよう	347
1 フォトライブラリー機能を追加しよう	348

Lesson 3 カメラアプリを作ろう［後半］
—エフェクト機能の追加—　　**355**

カメラアプリの定番であるエフェクト機能を利用できる「Core Image」を利用します。
「Day 2 Lesson 2-5 ステップアップ フォトライブラリーから写真を取り込めるように
しよう」で作成したカメラアプリをカスタマイズする方法で学習をすすめます。

3-1 完成をイメージしよう	356
3-2 エフェクト編集画面を作成しよう	358
1 エフェクト編集画面を作成しよう	358
2 各ボタンのアクションを作成しよう	369
3-3 選択画面をカスタマイズし、エフェクト機能を追加しよう	376
1 選択画面をカスタマイズしよう	376
2 写真を取得後にエフェクト編集画面へ遷移できるようにしよう	380
3-4 ステップアップ エフェクト編集画面でフィルタの種類を増やそう	387
1 カスタマイズしてみよう	388
2 フィルタの効果を確認しよう	391

CONTENTS

Lesson 4 お菓子検索アプリを作ろう
—Web API と JSON の使い方を学ぶ— **395**

iOS アプリでインターネットを通してデータを取得できると、作りたいアプリの可能性が広がります。
お菓子に関するキーワードが入力されたら、インターネットからお菓子の情報を取得し、アプリの画面に表示するお菓子検索アプリを作ります。

4-1 完成をイメージしよう **396**

4-2 Web API と JSON について学ぼう **398**
  1 Web API の基本的な仕組みを学ぼう 398
  2 JSON と XML について学ぼう 399
  3 ブラウザで Web API を使ってデータを取得してみよう 402

4-3 データ取得用のカスタムクラスを作成しよう **407**
  1 プロジェクトを作成しよう 407
  2 データの流れを確認しよう 408

4-4 キーワードを入力してお菓子データを取得しよう **421**
  1 Web API のリクエスト URL を組み立てよう 421
  2 リクエストを生成して、JSON を取得しよう 424

4-5 取得したお菓子データを、List で一覧表示しよう **433**
  1 お菓子データを配列に格納しよう 433
  2 お菓子データを、List で一覧表示してみよう 443

4-6 ステップアップ **お菓子の一覧をタップして、Web ページを表示してみよう** ... **450**
  1 SFSafariViewController を利用して、Web ページを表示しよう 451

Xcode ショートカット 459

索引 462

Swift ビギナーズ倶楽部について 469

謝辞 470

執筆陣プロフィール 471

この本の読み方と使い方

本書が対象とする方

- プログラムを書いたことはないけれど、iPhone アプリを作ってみたい方
- iPhone アプリをよく利用していて、自分でも作ってみたいと思った方
- 中高生、大学生で iPhone アプリ開発を学んでみたい方
- シルバー世代や中高年の方で再学習を実施したい方
- 企業で入社前研修や企業導入研修での教材を検討している方

そんな iPhone アプリを作ってみたい、すべての初心者が対象です。

アプリを作ることを「開発」するともいいます。開発といっても「難しいことをする！」と身構える必要はありません。プログラミングを楽しみながら、リラックスして読み進めてください。

本書でできるようになること

初心者の方もサンプルアプリを作ることにより、動く体験と基本の知識が身につくようになります。

この書籍を終えるころには、他の入門書やプログラミング文法書を読む力もついていると思います。そして、作りたいアプリや学習したい分野も見えてくると思いますので、ぜひ、次の書籍を購入してステップアップを目指してください。

本書の特徴

とにかく「体験」すること、そしてあとから「理解」することに重点を置いています。

本書では、プログラミングの文法説明は最小限にして、iPhone アプリを作って動かしていくことを目的として構成しています。

プログラミング文法書のように文法を理解して覚えるのではなく、どんどんアプリを作って体験していくことに比重を置いています。プログラミングがはじめての人でも楽しみながら iPhone アプリが作れるという体験ができるように工夫しました。

学習が進めやすいように、学校の授業のように時限制（レッスン）で区切っています。各レッスンごとに独立したサンプルアプリが作れるように配慮していますので、制作したいサンプルアプリがあれば、途中からでも学習できます。

まったくの初心者の方は、読み飛ばさずに最初からじっくりと取り組んでみてください。少しでも経験のある方は、作りたいサンプルアプリのレッスンからはじめるのもよいでしょう。

本書の構成

Day1（1日目）はレッスン5まであり、iPhoneアプリ制作の概論と開発の準備から入ります。そして、ここで「じゃんけんアプリ」「楽器アプリ」「マップ検索アプリ」の3つのアプリを作ります。「アプリを作って動かすことができた！」という体験を得てください。

Day2（2日目）はレッスン4まであります。サンプルアプリは「タイマーアプリ」「カメラアプリ（前半）」「カメラアプリ（後半）」「お菓子検索アプリ」を作ります。

本書の読み方とページ構成

① **このレッスンで学ぶこと**

レッスンの中で学べることをピックアップして予測できるようにわかりやすくしています。

② **Xcode画面**

Xcode（エックスコード）は、iPhoneアプリを視覚的に開発するための統合開発環境です。Xcode画面は、操作が理解しやすいようにナンバリングやコメントを入れています。

③ **プログラムコードの追加と削除**

プログラムのコードを追加する場所は、わかりやすいように赤枠で囲っています。また、削除の場合は青枠で囲っています。

④ **説明用のプログラムコード**

Swift のプログラムコードを掲載しています。コードは理解しやすいように、1 行から数行の塊で説明します。

※ Swift（スウィフト）は、iPhone アプリを作るためのプログラミング言語です。

⑤ **Point（ポイント）、Tips（ティップス）、Column（技術コラム）**

Point

Point（ポイント）は、いまの学習の中で知っておいたほうがよいことや覚えるべき箇所を記載しています。

Tips（ティップス）は、Xcode の操作やコードの補足、または技術の事例を紹介します。

Column（技術コラム）は、本文の流れからは少しそれますが、技術の背景や、抽象的な技術の解説を記載しています。

さらに一歩踏み込んで学習できる「ステップアップ」

本書では、もう一歩進んで学習したい方のためにレッスンごとに「ステップアップ」を設けています。

サンプルアプリをさらにカスタマイズして、機能アップを行いながら学びます。「ステップアップ」が難しいと感じられた方は、最初は飛ばして学習を進めてください。2 回目以降からは「ステップアップ」も含めて学習していくことで、効果的に学ぶことができます。

本書の公式サポートサイトの紹介とサンプルアプリダウンロード

公式サポートサイトでは、本書の内容に関するサポートや、本書内で掲載されているサンプルアプリ、プログラムコードなどが提供されています。

完成したサンプルアプリの動きを確認したり、自分で打ち込んだプログラムコードの確認などでご使用ください。

本書の公式サポートサイト
https://ticklecode.com/swiftbook2022

ご利用の前に必ずお読みください

必要なパソコン機器

iPhone アプリ開発には、Mac が必要です。

本当にはじめての方は、Windows パソコンでも iPhone アプリ開発ができると思いがちですが、**iPhone アプリ開発には、Mac が必須**になります。Mac であれば、MacBook、iMac、Mac mini のどれであっても大丈夫です。macOS を搭載したパソコンがないと、iPhone アプリ開発のための環境を作ることができません。ぜひ、自分に合った Mac の購入を検討してみてください。

本書で必要な各ソフトウェアのバージョンについて

アプリ開発を行う前に、**必要なソフトウェアのバージョンを確認**して、それを満たす必要があります。バージョンはそのソフトウェアがいつ提供されたものであるのかを示す番号です。

iOS は Apple が macOS をベースに開発した iPhone、iPad、iPod touch 向けのモバイル OS です。この iOS のバージョンも確認する必要があります。

サンプルプログラムや本書で記載されているプログラムコード、画面掲載は、以下の環境に対応しています。

- Intel Mac、または Apple Silicon Mac
- macOS Monterey 12.4 以降
- Xcode 14.0 以上
- iOS 16.0 以上

上記のバージョンに満たない場合は、バージョンアップを行う必要があります。

バージョンアップに関しては、Apple サポートページをご確認ください。

Apple サポートページ
https://support.apple.com/ja-jp

Day 1 / Day 2　Lesson **1**

はじめてのアプリを開発する前に知っておこう

START
Lesson 1-1
プログラミングを体験から学んでいこう

Lesson 1-2
あらかじめ挫折しそうなポイントを押さえておこう

Lesson 1-3
アプリ開発をするなら知っておこう！
〜 WWDC、手数料、課金方法〜

Lesson 1-4
Swift（スウィフト）を知ろう

GOAL
Lesson 1-5
SwiftUI（スウィフトユーアイ）を知ろう

iOS アプリの開発を始める前に、知っておいた方がよいことを学びます。

書籍を読み進めていく上で、最初の心構えを知っておくことで、心理的なハードルが下がり、学習が行いやすくなります。

Swift と SwiftUI についての概要を解説しているので役割を理解してください。

Day 1 Lesson 1-1 プログラミングを体験から学んでいこう

 このレッスンで学ぶこと

- プログラミングに対する気持ちを整理します。プログラミングを体験して学んでいくという考え方を理解します。

1 この本の使い方と前提知識

1-1 体験から学習する

あなたの心の中に、「プログラミングは頭で学ぶもの」という気持ちがあるなら、すぐに切り替えましょう！

プログラミングは「体験しながら体で学ぶ」という方法もあります。プログラミングの文法や仕組みの理解は、あとからついてきます。あなたが体験したことが糧となって、徐々に理解できるようになります。

1-2　予習や事前学習について

　本書を学習するにあたって、予習のための時間は必要ありません。

　はじめてプログラミングを学習する方でも、楽しみながら、段階的に知識を習得していけるように目指して構成しています。

　予習で最初に知識を詰め込んでも、その知識が必要になるとは限りません。最初にアプリを作っていき、必要なときに必要な量を学習する方が効率的です。

　実際に作ってみて「動いている！」という成功イメージを持つことが大切です。

1-3　基礎知識、前提知識について

　本書では、事前の基礎知識、前提知識はとくに必要ありません。「動いた！」という体験をしてから、気になること、疑問に思うことを調べて、「なるほど！」と思えたときに基礎知識が身についたといえるでしょう。

　「まずは体験してみる」「基礎知識はあとから学習する」ことを念頭において読み進めていくことが大切です。

　まずは、自分で書いたコードが動く楽しさを実感してください。

1-4　反復学習について

　最初は、新しい知識の情報量が多いため、一度学んで理解できたと感じても定着していないことが多々あります。学校の学習や、スポーツの練習と同じで、プログラミングも反復学習、反復練習を行うことで、学びが深くなります。

　本書では、一度解説した内容を、あとのレッスンでも解説しています。思い出せるように簡略して解説したり、詳細に解説しているページを明記したりと、繰り返し復習していただける構成にしています。

　また、最初は本書の通りに設定をしたりコードを書いたりするのも一苦労されると思います。最後までやり遂げられたら、2周目3周目と繰り返していただくことをお薦めします。最初には読み漏らしていたり理解できなかったりした解説も、新たな気づきがあり理解が進みます。

1-5　オリジナルアプリについて

　本書のサンプルアプリは、シンプルで理解しやすいように設計しています。これをもとに組み合わせることで本格的なアプリを作ることができます。

　本書のサンプルアプリを作れたら、機能を少しずつ変更したり、読者の皆さまが実装してみたい機能を追加したりしてみましょう。

Day 1 Lesson 1-2 あらかじめ挫折しそうなポイントを押さえておこう

このレッスンで学ぶこと

- アプリ開発で挫折しそうなポイントを事前に理解します。本書で集中して学習する、エラーや警告に対する考え方、Xcode について学びます。

1 学習ポイントを押さえよう

ポイント①：まずは一冊の本に取り組む

　入門書をたくさん購入することで満足してしまいがちですが、最初は、1 つの書籍を最後まで学習することが大切です。まずは、じっくりと本書だけに取り組んでみてください。あせることはありません。すべてが理解できなくても、気にせず前に進んでください。

　そして、本書を最後まで終えたら、また最初から取り組むことをお薦めします。最初はよくわからなかった箇所も、理解が進んでいることが実感できるはずです。

　本書を読み終えるころには、次の新しい入門書や文法書も読み進めていくことができるようになります。

ポイント②：アプリ開発をする前の準備

アプリ開発を行う上で、事前の準備が必要になります。事前の設定ではトラブルも多く、ここで諦めてしまう方も多いと思います。

本書では、Day 1 Lesson 2 でアプリ開発の準備にも十分な時間を割いています。事前の準備が終われば、いよいよアプリを作ります！

ポイント③：アプリ開発で表示される警告やエラー

アプリの開発を進めていく過程で、**「警告」**や**「エラー」**と言われるものに遭遇することがあります。

最初は、警告やエラーの意味がよくわからず戸惑うことと思いますが、安心してください。警告やエラーはあなたを責めているのではなく、**よりよい方法を教えてくれている**のです。

警告やエラーに遭遇したときには、「アドバイスしてくれてありがとう！」というぐらいの気持ちを持って、開発に取り組みましょう。エラーメッセージを読んでわからない場合でも、メッセージをそのままインターネットで検索すると対処法がわかる場合も多くあります。調べながら解決をすることを覚えてください。

ポイント④：まずは、Xcode を体験して慣れていこう

アプリ開発には、Xcode という統合開発環境を利用します。

最初は、Xcode の操作がよくわからなくてなかなか思うように作業が進みません。でも、Xcode でのメニュー配置が理解できて、目的の作業をするための手順がわかるようになると、効率的に制作できるようになります。

Xcode も理解しようとするよりも体験をして、慣れていくことが大切です。繰り返し操作を体験し、どんどん慣れてください。

Day 1 Lesson 1-3 アプリ開発をするなら知っておこう！
～WWDC、手数料、課金方法～

このレッスンで学ぶこと

- アプリ開発をする上で知っておきたい、WWDCの概要、ダウンロード数などの数値、手数料、課金について概要をつかみます。

1 WWDCでの公開情報をもとに考察してみよう

1-1 WWDCとは

WWDC（Worldwide Developers Conference）は、iPhoneの開発元であるAppleが毎年開催している、開発者向けのイベントです。

WWDCでAppleの新製品や新機能が発表されたり、市場動向や開発者への支払額が公開されたりします。そのため、アプリ開発者にとっては、とても関心が高いイベントです。

WWDC - Apple Developer
https://developer.apple.com/wwdc22/

2022年に開催されたWWDC22は、6月6日～10日に開催されました。昨年から続いている世界的なウイルス感染拡大を考慮して、オンラインと今年は一部オフラインでも開催されました。

WWDCは、Appleの製品・サービスが発表されるイベントですが、WWDC 2019までは、参加するためのチケットは1,599ドル（WWDC 2019チケット価格）で販売されていて、1ドル108円換算で約17万2千円の参加料でした。その人気の高さがわかります。

▼ WWDCでの製品発表

発表年	製品
2014年	Swift
2015年	Swift 2.0、Swiftオープンソース化
2016年	Swift 3.0、Sirikit、iMessage Apps
2017年	Swift 4.0、iPad Pro、HomePod
2018年	ARKit 2.0、CreateML
2019年	Sign in with Apple、SwiftUI、Combine
2020年	Apple Siliconへの移行、Widget、App Clips
2021年	Swift Concurrency、Xcode Cloud
2022年	M2チップ、Lock Screen

WWDC では、表のような製品・サービスが発表されています。

1-2　Apple がアプリ開発者に支払った金額

アプリ開発者は平均でどのぐらいの収入を得ているのでしょうか？　WWDC 2019 以降は開発者への支払い総額や登録アプリ数の公式発表は行われていません。公式発表がされた、WWDC 2018 での数値から試算してみたいと思います。

WWDC 2018 での公式発表によると、2008〜2018 年までの 10 年間で Apple が開発者に支払った金額は累計 1000 億ドルを超えています。支払った金額を当時の為替レートで換算すると、約 11 兆円にもなります。また、登録アプリ数は約 220 万本（2017 年 1 月現在）であるとされるため、この 11 兆円を 220 万本のアプリ数で割ると、1 つのアプリの平均収入は約 500 万円になります。

2008 年からアプリを 1 つリリースしていたとすると、年間平均で 50 万円、月平均で約 4 万円の収入になります。そして、登録アプリ数の 220 万本には無料アプリも含まれていますので、平均は約 4 万円以上になると思われます。

1-3　Apple の手数料

App Store で販売した売上のうちの、30% を Apple が手数料として差し引きます。これが、Apple の収益になります。残りの 70% が開発者への支払額です。支払いは、指定した銀行口座に振り込まれます。

たとえば、160 円のアプリであれば、112 円が振り込まれることになります。

1-4　ユーザーへの課金方法

iPhone アプリを、App Store に公開してユーザーに課金する方法は 3 種類あります。

▼ ユーザーへの課金方法

有料ダウンロード	アプリをダウンロードするときに課金する方法。ユーザーは 1 度ダウンロードすれば、その後のアップデートなどは無料で実行可能。アプリを削除して再びダウンロードするときも無料
広告	アプリの中に広告を表示させて収益を得る方法。いろいろな会社がアプリ向けの広告配信サービスを提供している
In App Purchase（アプリ内課金）	アプリ内で課金する方法。有料もしくは無料でアプリを提供し、そのアプリ内でアイテムや機能追加を販売し、収益を得る。アプリ内課金には、次の 4 つの方法がある ①消耗型：アプリの実行に伴い消費されていく。消費アイテムなど ②非消耗型：1 度購入するとユーザーのすべてのデバイスで使用可。書籍など ③自動更新購読：期間を決めて販売、自動で更新。新聞、雑誌など ④非更新購読：期間を決めて販売、自動で更新されない。1ヶ月購読など

Day 1 Lesson 1-4 Swift（スウィフト）を知ろう

このレッスンで学ぶこと

- iOS 開発の歴史を学びます。
- iOS アプリ開発で使う、Swift（スウィフト）というプログラミング言語について概要を学びましょう。

1 iOS 開発の歴史を振り返ろう

みなさんが、本書で iOS アプリを作るために利用するプログラミング言語が、Swift（スウィフト）です。さらに、画面を作る仕組みの SwiftUI（スウィフトユーアイ）も併せて学びます。
Swift は 2014 年、SwiftUI は 2019 の WWDC ではじめて発表されました。
Swift と、SwiftUI の概要をお伝えする前に、先に iOS 開発の歴史を簡単に振り返ってみましょう。

Lesson 1-4 Swift（スウィフト）を知ろう

2001 年に、Mac の OS（オペレーティングシステム）として、Mac OS X（マック オーエス テン）がリリースされました。

アプリ開発の基礎として、画面を作るための UI インターフェイス開発キットを包括した、Cocoa フレームワーク（FoundationKit と ApplicationKit）と Objective-C というプログラミング言語が使用されていました。

UI は、User Interface（ユーザーインターフェイス）の略称で、ユーザ（利用者）とアプリの接点を意味し、アプリの画面やレイアウト、使い勝手のことを指します。

2007 年には、iPhone が発売開始されました。翌年の 2008 年には、App Store サービスが開始され、Apple 以外に開発されたアプリのダウンロードが可能になりました。

同時に、Cocoa Touch（FoundationKit と UIKit）と Objective-C を用いたモバイルプラットフォームが iPhone 用に開放されました。後に、iPad も対応されました。

2014 年には、Objective-C の後継となる開発言語、Swift がリリースされました。Swift は、従来の iOS 開発ツール、Xcode、Objective-C、および Cocoa フレームワークのすべてと互換性があるように設計されています。

そして、2019 年に、新しい UI インターフェイス開発キットの SwiftUI がリリースされました。Swift や SwiftUI は、従来の開発で課題になっていた開発の難しさ、学習のしづらさを改善し提供してくれています。

この流れからもわかるように、常に開発環境や言語は改善され進化を遂げていきます。開発者はより良い開発を行うためには、常に新しい技術をキャッチアップして学習する必要があるということが分かります。

これは、iOS 開発以外のソフトウェア開発のどの分野でも同じで、常に進化した技術が公開され開発の方法も変化します。変化を楽しみながら学習を続けましょう。

Swiftが発表される前は、「Objective-C」（オブジェクティブシー）というプログラミング言語を使って、アプリ開発が行われていました。

Objective-Cは1980年代から開発がはじまり、機能拡張を経て現在も使用されています。Objective-Cは、記述が長くなり複雑であったり、プログラムを書いていく効率があまりよくなかったりと、初心者には難しい言語です。

Swiftでは、学びやすいような工夫がされていて、新しい考え方や機能を積極的に取り入れています。

Swiftもバージョンアップを重ねて、十分に開発が行える言語として成長しています。また、過去の資産を有効活用できるように、Objective-Cで作成されたプログラムをSwiftから呼び出すこともできます。本書では、これからの開発言語である「Swift」でプログラムを記述します。

2 Swiftの特徴を押さえよう

Swiftは、現代的なプログラミング機能を備え、開発者にとっても学習がしやすい言語です。

▼ Swift.org

Swift.org - Welcome to Swift.org
https://swift.org/

Appleの公式サイトでは、Swiftとは「誰もが圧倒的に優れたアプリケーションを作れる、パワフルなオープンソースの言語」として紹介されています。

Swiftを使うことでアプリ開発者はより安全で、より信頼性の高いコードを書くことができ、時間を節約しながら、より豊かなアプリを作ることができます。

特徴①：Swift は高速である

　Swift は日本語訳で「迅速」という意味で、鳥の「あまつばめ」を示す意味でも使われます。Swift の迅速さを強調するために、ロゴマークにも「あまつばめ」が採用されています。

　Swift は他のプログラミング言語と比較して、検索アルゴリズム（データを探し出す方法）が高速だと言われています。

特徴②：Swift はモダンである

　モダン（modern）とは「現代風」という意味です。Swift では、他のプログラミングでも採用されている新しい機能を、積極的に取り入れています。

特徴③：Swift は安全である

　Swift はプログラミングの記述ミスやバグ（不具合）が起こりにくい仕組みを採用しています。

特徴④：たくさんの Apple 製品で動くアプリが作れる

　Swift で作れるアプリは、iPhone や iPad 上で動くアプリだけではありません。Mac、Apple Watch などたくさんの Apple 製品で動くアプリを作ることができます。

特徴⑤：Swift はオープンソースである

　オープンソース（Open Source）とは、プログラムソースを一般に公開して、誰もが使ってよいとする考え方です。

　オープンソースであれば、一般人も Swift の改良に参加することができますので、ネット上では日々意見交換され、さらなる改良・進化していくことが期待されています。

Day 1 Lesson 1-5 SwiftUI（スウィフトユーアイ）を知ろう

このレッスンで学ぶこと

- 新しい開発方法の、SwiftUI（スウィフトユーアイ）という仕組みについて概要を学びます。

1 SwiftUI の特徴を押さえよう

WWDC 2019 にて、新しい開発プラットフォーム SwiftUI が発表されました。

SwiftUI は、iOS や他の Apple プラットフォーム上で、宣言型な構文を用いて、プログラムコードとデザインを完全に同期しながら、アプリをデザインできるユーザーインターフェイスのツールキットです。

SwiftUI での画面作成方法と、SwiftUI の前に行われていたストーリーボード（Storyboard）の画面作成方法を見比べてみましょう。

▼ ストーリーボードの画面

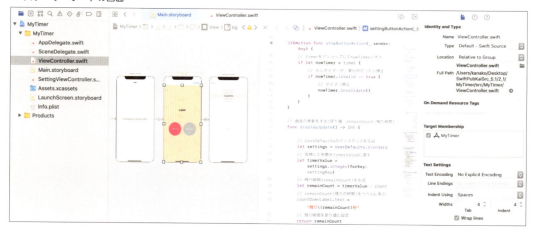

ストーリーボードでは、GUI（Graphical User Interface）で画面を作ります。

GUI（ジーユーアイ）とは、アイコン、メニュー、スクロールバー等をマウスや指の操作で視覚的に操作をしてコンピューターに命令をする仕組みのことを言います。

画面の移動の設定や、画面の部品をドラッグ＆ドロップで配置をして、色や文字の大きさ等の設定を画面で行っていきます。そして画面の部品と、プログラムコードを関連付ける設定を行いアプリを作っていきます。

もちろん、画面のデザインに関することもコードで書けますが、開発者によって作り方がまちまちで、大規模な開発ではルールの統一が必要で管理が難しく工夫が必要でした。

▼ SwiftUI の画面

SwiftUI は、宣言型な構文を用いて、プログラミングコードとデザインを同期しながら、アプリのデザインができます。同期しながらアプリのデザインが出来るとはどういうことでしょう？

例えば、文字を表示できる Text という部品に対して、デザインを適用する場合は、このように指定をします。

Text に表示する文字を指定してから、フォント、余白、文字色、背景色を段階的に適用しています。これらは、GUI からも設定が行なえますが、設定と同時に自動的にプログラムコードに同期されて反映されます。

Day 1 - Lesson 1 　はじめてのアプリを開発する前に知っておこう

　このように、制御の流れを明示的に指定することなく、何をしたいのかを記述することを宣言型プログラミング（Declarative programming）と言います。対義語としては、プログラムの状態を変化させる命令を段階的に明示することで、プログラムがどのように動作すべきかを記述する命令型プログラミング（Imperative programming）があり、iOS 開発の中では、SwiftUI より前の開発方法にあたります。

　本書では、Swift と SwiftUI を用いたアプリ開発を解説します。様々なサンプルアプリを通して、実践的に学びつつ SwiftUI の開発方法を学んでいきましょう。

　SwiftUI については、次の Apple 公式ページをご参照ください。

SwiftUI - Apple Developer
https://developer.apple.com/jp/xcode/swiftui/

Day 1 Day 2

Lesson 2

アプリ開発の環境を整えて、Xcode の使い方を学ぼう

Lesson 2-1
開発をするために必要な準備をしよう

Lesson 2-2
Apple ID を取得しよう

Lesson 2-3
Xcode をインストールしよう

Lesson 2-4
Xcode を起動して、プロジェクトを作成しよう

Lesson 2-5
Xcode をより使いやすくするための設定をしよう

Lesson 2-6
ボタンをタップして「Hello, World!」
から「Hi, Swift!」に切り替えてみよう

Lesson 2-7
アプリの動きを確認する方法を学ぼう

iOS アプリを開発するために、必要なものを学びましょう。
最初に、まだ Apple ID を取得していない方のために、Apple ID の基礎知識と取得方法についても解説します。

Day 1 Lesson 2-1 開発をするために必要な準備をしよう

このレッスンで学ぶこと

- アプリ開発をするために用意しなければならないことを学びます。
- Mac や Apple ID、Xcode の概要について理解します。

1 アプリ開発に必要な3つのものを準備しよう

iOS アプリを開発するためには、次の3つが必要になります。

- **Mac**
- **Apple ID アカウント**
- **Xcode**

上記の3つに加え、開発したアプリを全世界の人たちに利用してもらうには、別途、「Apple Developer Program」への登録も必要です。
　このレッスンでは開発したアプリを、iPhone/iPad に転送（実機転送）して利用するところまでをゴールにしています。

では、必要な3つのものを確認しましょう。

1-1　Mac

2015年12月に、Swiftは誰でも利用・改変できるオープンソースとしてソースコードが公開されました。そのため、将来Mac以外のパソコンでもiOSアプリ開発ができるようになる可能性もありますが、現時点では、Macを準備してください。

▼ Mac

1-2　Apple ID

iOSアプリを開発するためには、Apple IDの作成が必要です。Apple IDは、Appleが提供しているオンラインサービスを利用するために必要なアカウントです。また、「App Store」というサービスでは、iPhoneやiPad、Macで利用できるアプリがダウンロードできます。さらに、有料で販売されているアプリも購入することができます。iPhoneやiPadをお持ちの方は、すでにApple IDを利用していると思います。それぞれのサービスを利用するのに必要なApple IDですが、Xcodeのダウンロードでも必要になるため、事前に作成する必要があります。

▼ App Store

1-3　Xcode（エックスコード）

Apple IDが作成できたら、「App Store」で、iOSアプリ開発に必要なXcodeをインストールします。Xcodeは、Mac、iPhone、iPad、Apple Watch、Apple TV向けのアプリを開発できる環境を提供してくれます。Xcodeを利用して、画面やコードの作成、デバッグ、App Storeへのアプリの提出ができます。一般にこのようなツールは、**統合開発環境、もしくはIDE（Integrated Development Environment）** と呼ばれています。IDEは、ソフトウェアを効率よく開発できるように、さまざまな機能を提供してくれている開発ツールです。SwiftやObjective-Cを用いて開発ができるXcode以外にも、さまざまな言語（Java、Ruby、PHPなど）で、有料無料問わずたくさんのIDEがあります。Xcode以外にも、iOSアプリ開発ができるIDEはありますが、一般的に多く利用されているのはXcodeです。

▼ Xcode

Apple ID を取得しよう

 このレッスンで学ぶこと

- Apple ID の作成手順を学び、Apple ID を取得します。
- Apple ID の調べ方や、メールアドレスの変更方法も確認します。

1 Apple ID をすでに取得されている方

　すでに Apple ID を取得済みの方は、その Apple ID が 1 つあれば、Apple のすべてのサービスが利用できます。
　App Store から Xcode をダウンロードできますので、このレッスンは読み飛ばしていただいて大丈夫です。

1-1　Apple ID を持っているか不明な方

取得しているご自身の Apple ID がよくわからない場合があります。
その際は、下記の URL から調べることができます。

Apple ID を忘れた場合 - Apple サポート
https://support.apple.com/ja-jp/HT201354

1-2　Apple ID のメールアドレスを変更したい方

すでにお持ちの Apple ID のメールアドレスを変更できます。
メールアドレスを変更しても、いままで利用してきた Apple ID をそのまま使い続けることができます。
下記の URL に、メールアドレスの変更方法が記載されています。

Apple ID を別のメールアドレスに変更 - Apple サポート
https://support.apple.com/ja-jp/HT202667

Lesson 2-2　Apple ID を取得しよう

2　Apple ID をまだ取得されていない方

次の手順に沿って、一緒に作成しましょう。

2-1　Apple ID のサイトにアクセス

Apple ID のサイトにアクセスします。
［Apple ID を作成］をクリックします。

Apple ID を管理 -Apple
https://appleid.apple.com/jp

▼ Apple ID ログイン画面

2-2　Apple ID を作成

　各項目を入力しましょう。個人の情報を記入します。赤枠の入力は、文字認証と呼ばれている仕組みです。左に表示されている画像の英数字を読み取って、右の入力欄に入力します。読みづらい英数字の場合は、「新規コード」をクリックして、読める英数字を表示させましょう。これは、悪意のあるプログラムから自動的にアクセスされ不正に利用されないようにするためです。人間にしか読めない読みにくい画像で英数字を読んで入力させることで、悪意のあるプログラムからは利用できないようにしています。よく利用される認証方法ですが、Apple の場合は音声で読みあげるサポートもしてくれています。「音声サポート」をクリックすると、表示されている英数字を読みあげてくれます。［次に進む］をクリックすると、確認用のコードを入力する画面が表示されます。

▼ Apple ID の作成

33

Day 1 - Lesson 2　アプリ開発の環境を整えて、Xcode の使い方を学ぼう

入力したメールアドレスに確認用の
コードが送信されます。メールを確認
すると、確認用のコードが記載されて
います。

▼ メールで送信された確認コード

確認用のコードが、登録したメール
アドレスと電話番号にそれぞれ送信さ
れます。記載されている確認コードを
入力してください。

▼ 確認コードの入力

これで、Apple ID の作成は完了です。Xcode のダウンロードが行える準備が整いました。
続いて、Xcode のダウンロードとインストールを行います。

Point

Apple ID は、App Store、iTunes Store、iCloud をはじめとした Apple サービスへのアクセスに使う個人アカウントです。
Apple すべてのサービスで使う連絡先、支払情報などが含まれています。
アプリ開発においても、Xcode から iPhone へアプリを転送する際に Apple ID が必要になりますし、アプリを App Store へ申請登録する際にも必要となります。
とても重要な ID とパスワードですので、大切に管理しておきましょう。

34

Day 1 Lesson 2-3 Xcode をインストールしよう

このレッスンで学ぶこと

- App Store から、Xcode のインストール方法を学びます。
- Xcode でアプリ開発が行える環境を整えます。

1 Xcode をダウンロードしよう

1-1 Xcode をダウンロードする前に

本書では、Xcode を利用して開発を進めますので、最初に App Store から Xcode のダウンロードを行います。

<mark>インターネット回線の速さによって変わりますが、Xcode のダウンロードには数十分かかります。
MacBook などの場合は、ダウンロードとインストール実行中にバッテリーが切れないように気をつけてください。</mark>

また、Xcode 自体のファイルサイズが数 GB あり大きいので、インストールする Mac のストレージ容量も充分かどうか確認してください。

1-2 App Store からのインストール

App Store から Xcode をインストールしましょう。

Mac の Dock にある「Launchpad」(ランチパッド) アイコンをクリックして起動します。Launchpad の中にある App Store を起動します。

▼ Launchpad (ランチパッド) から App Store を起動

Day 1 - Lesson 2　アプリ開発の環境を整えて、Xcode の使い方を学ぼう

App Store が起動するので、画面
左上の検索ボックスに「Xcode」と入
力して、「return」キーを押します。

▼ App Store から Xcode を検索

Xcode のダウンロードとインス
トールがはじまります。Xcode のファ
イルサイズはとても大きいため、ダウ
ンロードには時間がかかることがあり
ます。本書を読み進めながら、気長に
お待ちください。

▼ 赤枠をクリックしてダウンロード

ダウンロードが完了すると「開く」
アイコンが表示されるのでクリックし
ます。

▼ 開くをクリック

Lesson 2-3　Xcodeをインストールしよう

　Xcodeの利用規約が表示されます。利用規約の内容を確認して、「Agree」（同意）をクリックします。

▼「Agree」をクリック

❶ Macのアカウントのパスワードを入力して、❷「OK」をクリックします。

▼ パスワードを入力

　プラットフォーム（シミュレートで使うOS）をインストールします。デフォルトでは、iOSとmacOSが選択されています。[Install] ボタンをクリックしてインストールしましょう。

▼ プラットフォームのインストール

37

Day 1 - Lesson 2　アプリ開発の環境を整えて、Xcode の使い方を学ぼう

　Xcode が起動します。アプリ開発の準備は完了しました。おめでとうございます！

▼ Xcode の起動

　Xcode は英語表記のため、最初は戸惑うと思います。本書でも、Xcode の画面項目を示すときには英語表記のまま説明しています。これにはいくつかの理由があります。
　Xcode はバージョンアップが早いため、英語表記でそのまま使えるようになったほうが早く対応できます。
　アプリを作り公開するときは審査が必要になりますが、その審査がリジェクト（申請却下）となったときの理由や対応方法は英語のメールで届きます。普段から英語での操作に慣れておくと、対応の仕方も見えてきます。
　公式ドキュメントも英語の方が圧倒的に多くあります。近年は翻訳ツールの性能も向上しているので、翻訳ツールを活用するのもよいでしょう。
　上記のような理由から、Xcode はそのまま英語表記で利用するのがよいです。

Day 1 Lesson 2-4 Xcode を起動して、プロジェクトを作成しよう

このレッスンで学ぶこと

- Xcode を起動して、プロジェクトの作成を行います。
- Xcode の基本的な画面構成について学習します。

1 Xcode を起動しよう

1-1 Xcode を起動

Xcode の起動方法はいくつかあります。Launchpad から、Xcode のアイコンをクリックして起動しても良いですし、❶画面右上の Spotlight（スポットライト）をクリックして、❷ Xcode を検索して起動もできます。

▼ Spotlight を起動して Xcode を検索

「Welcome to Xcode」と書かれた画面が表示されます。画面には、「Create a new Xcode project」、「Clone an existing project」、「Open a project or file」の 3 つのメニューが表示されています。次のページより、メニューを 1 つずつ確認しましょう。

▼ Xcode 起動画面

39

- **Create a new Xcode project**
  新規のプロジェクトを作成します。本書では、すべてこのメニューから新規にプロジェクトを作成して、アプリを開発します。
- **Clone an existing project**
  バージョン管理システムを使ってプロジェクトを作成する方法です。
  バージョン管理とは、ファイルの変更履歴を管理してくれるシステムです。本書では解説の対象外になります。
- **Open a project or file**
  Mac 内の既存のプロジェクトやファイルを開きます。

2　プロジェクトを作成しよう

2-1　プロジェクトを作成

赤枠の［Create a new Xcode project］をクリックして、はじめてのプロジェクトを作成してみましょう。

プロジェクトはアプリ開発に必要なプログラムコードや様々なデータを束ねるものです。

1つのプロジェクトで1つのアプリを開発します。

プロジェクトを作成すると、雛形（ひながた）のアプリ画面や開発に必要なプログラムコードが作成されます。

新規のプロジェクトを作成したいので、赤枠の［Create a new Xcode project］をクリックします。

メニューの下に表示されている「Show this window when Xcode launches」のチェックボックスは、Xcode 起動時にこのメニューを表示するか否かの設定項目です。

▼ Xcode プロジェクトの作成

Lesson 2-4　Xcodeを起動して、プロジェクトを作成しよう

［Choose a template for your new project:］ダイアログが表示されます。これは、プロジェクトのテンプレート（雛形）を選ぶ画面です。この画面で、プロジェクトのテンプレートを選ぶことができます。次の手順に沿って選びましょう。

▼ プロジェクトテンプレートの選択

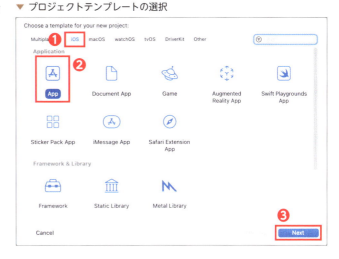

❶ 画面の左上部の［iOS］を選択します。
❷ ［App］を選択します。
❸ ［Next］を選択しましょう。

2-2　プロジェクトの情報を入力

［Choose options for your new project］と記載された画面が表示されます。
この画面では、プロジェクトの情報を設定します。設定する情報を一つ一つ確認しましょう。

▼ プロジェクトの新規作成画面

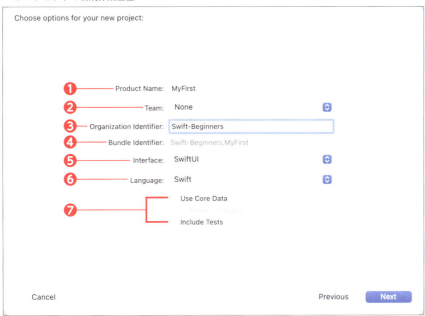

❶ Product Name（製品名）

製品名とは、プロジェクトの名前です。製品名は、好きなものが入力できます。ここでは、「MyFirst」と入力します。

> **⚠ Point**
>
> [Product Name] にはスペース（半角、全角）は使わないようにしましょう。例えば「My　First」ではなく「MyFirst」とスペースを使わずに入力します。プログラミングでは、スペースが正常に認識されないケースがありますので、特に注意してください。

❷ Team（チーム）

Xcode に登録済みの「Apple ID」を選択します。シミュレータで動作確認をする場合には設定の必要はないですが、実機転送（じっきてんそう）を行う際には設定が必要です。

本レッスンの最後で実機転送を説明していますので、いまは設定をしなくても大丈夫です。

❸ Organization Identifier（組織識別名）

[Organization Identifier] は、❶ [Product Name] と組み合わされて、❹ [Bundle Identifier] に設定されます。

[Bundle Identifier] は世界中のアプリの中でユニーク（一意）にする必要があり、重複が許されません。

[Organization Identifier] は、アプリが所属するグループ（組織や個人）を識別します。

識別として利用されるのは、ドメイン表記を逆にした記述（逆ドメイン）です。

ドメインが「swift-beginners.jp」の場合は、「jp.swift-beginners」と入力します。

ドメインを持っていない方は、メールアドレスを逆から入力する方法もあります。

なぜなら、メールアドレスも世界に一つだけのものなので、ユニークになるからです。

ここでは、個人のメールアドレスを入力してみましょう。

そのときに、メールアドレスは逆から入力し、@（アットマーク）は .（ピリオド）に置き換えます。

例えば、「swift-beginners@example.jp」の場合は、「jp.example.swift-beginners」と入力します。

> **⚠ Point**
>
> 本書では、[Organization Identifier] を、「Swift-Beginners」と入力しています。
> ですが、学習の際には、別の ID にしてください。たとえば、ご自身のメールアドレスのように、重複しにくい ID を入力してください。

❹ Bundle Identifier

この項目は、入力することはできません。[Product Name] と [Organization Identifier] を組み合わせて自動で生成されます。

本書の設定では、「Swift-Beginners.MyFirst」と表記されています。

❺ **Interface（インターフェース）**

「SwiftUI」（スウィフトユーアイ）と「Storyboard」（ストーリーボード）が選べます。
「SwiftUI」は、Xcode11 から提供された、アプリの UI（ユーアイ）を直感的かつ、少ないコードで開発できる新しいフレームワークです。
UI は、User Interface の略称で、ユーザ（利用者）とアプリの接点を意味し、アプリの画面やレイアウト、使い勝手のことを指します。
今回は、「SwiftUI」を選択してアプリ開発に挑戦しましょう。

❻ **Language（プログラミング言語）**

アプリを作るプログラミング言語を選択します。
「Swift」（スウィフト）と「Objective-C」（オブジェクティブシー）が選べます。[Interface] の項目で「SwiftUI」を選択した場合は、「Swift」のみ選択ができます。

❼ **Use Core Data、Host in CloudKit、Include Tests**

これらの項目にチェックをすると、高度な開発で必要になるデータベースやテストコードの雛形が生成されます。本書では解説の対象外のため、すべてチェックを外します。
プロジェクトの新規作成画面での必要な設定が完了したら [Next] をクリックしましょう。

2-3　プロジェクトを保存

　プロジェクトの保存場所を聞かれるので、適当な場所を選択します。本書では、❶ [Desktop]（デスクトップ）に ❷「Swift-Beginners」というフォルダを作成して、そこにプロジェクトを保存します。❸ [Create]（クリエイト）ボタンをクリックします。[Create Git repository on my Mac] のチェックは、ソースの履歴を管理できる、バージョン管理システムを利用するか否かの設定です。本書では対象外にしているので割愛をさせていただきます。

▼ プロジェクトの保存場所

Day 1 - Lesson 2　アプリ開発の環境を整えて、Xcodeの使い方を学ぼう

3　Xcodeの画面構成を確認しよう

プロジェクトが作成できたので、Xcodeの画面の名称を確認していきましょう。

▼ Xcodeプロジェクト画面

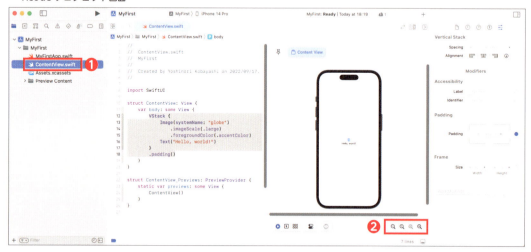

プロジェクトが作成されると、❶ ContentView.swiftが画面に表示された状態になります。ContentView.swift以外にもファイルやディレクトリが作成されていることが確認できます。このように、プロジェクトを作成すると、アプリ画面のテンプレート（雛形）が作成されます。

ContentView.swiftで、画面に表示するView（ビュー）やレイアウトを実装（じっそう）していきます。**ViewとはアプリのUIの基本的な構成要素である、Button（ボタン）やText（テキスト）のことです。** 画面に配置（はいち）される、部品やレイアウトのことを、**View**と呼びます。

iPhone画面のプレビューが表示されますが、画面がはみ出て表示されている場合は、❷の拡大縮小などのボタンで表示比率を調整できます。こちらのボタンはあとで詳しく解説します。

3-1　エリアの名称を確認しよう

　実際の利用方法は、サンプルアプリの開発を通して繰り返し操作して慣れていきますので、今は、こんな画面の区切りがあるという認識をしていただければ大丈夫です。

　[Debug area] だけは、メニューから表示させる必要があります。メニューの [View] > [Debug Area] > [Show Debug Area] をクリックすることで表示することができます。

▼ Xcode 画面構成

Day 1 - Lesson 2　アプリ開発の環境を整えて、Xcode の使い方を学ぼう

3-2　エリアの開閉方法

　［Editor area］は表示されたままですが、❶［Navigator area］❷［Debug area］❸［Inspectors area］の 3 つのエリアは、❶▢［Navigator area］の開閉ボタン❸▢［Inspectors area］の開閉ボタンのアイコンをクリックすることで開閉することができます。［Debug area］は、❷▢［Debug area］の開閉ボタンのアイコンをクリックすることで開閉することができます。表示させる場合は、メニューの［View］→［Debug Area］→［Show Debug Area］をクリックすることで表示することができます。

　開発中は、限られた画面スペースで作業をしていくため、状況に応じて各エリアを開閉しましょう。

▼ 3 つのエリアの開閉方法

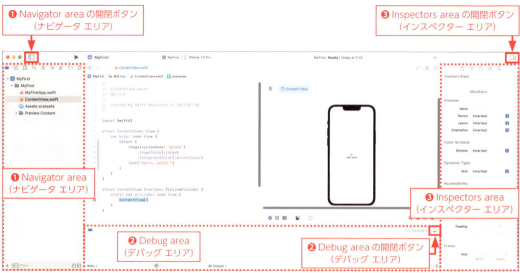

3-3 ［Toolbar］（ツールバー）の機能を確認しよう

▼ ［Toolbar］の構成

❶ ▶ ［Run］（実行）ボタン

プログラムを、**ビルド・実行**できます。

ビルドとは何なのでしょう？　実は、私達が書く Swift コードは直接コンピュータが理解することはできません。

ビルドとは、コードをコンピュータが理解できる最終的な実行ファイルとして作成することです。

プログラミング関連の書籍にはよく出てくる用語なので、覚えておきましょう。

❷ ［Scheme］（スキーム）メニュー

プロジェクトで実行する、「iOS シミュレータ」を選択できます。

iOS シミュレータは、Xcode で利用できる仮想デバイスです。実際に iPhone、iPad などを Mac につながなくても、Xcode 上でアプリの動作を確認できます。

たとえば iPhone 13 を持っていなくても、iOS シミュレータを起動することで、iPhone 13 ではどのようにアプリが表示されるのか確認が行えます。

❸ ［Activity viewer］（アクティビティビューワ）

実行中のプログラムの状態や、ビルドの進捗状況が表示されます。

❹ ＋ ［Library］（ライブラリ）ボタン

画面の View パーツ（部品）や、プログラムのコードスニペット（テンプレート）が収められています。

❺ ⇄ ［Code Review］（コードレビュー）ボタン

プレビューが表示されている領域を表示・非表示することができます。

3-4　Navigator area（ナビゲータエリア）を理解しよう

ウィンドウの左側にある［Navigator area］（ナビゲータエリア）で、プロジェクトに含まれるファイル選択や操作ができます。

▼［Navigator area］の各名称

［Navigator area］の中は更に 3 つのエリアがあり、様々な機能を提供しています。それぞれの役割を見ていきましょう。

● **［Navigator bar］（ナビゲータ バー）**

［Navigator bar］には、各種ナビゲータが用意されています。よく利用するナビゲータに絞って、説明します。

▼［Navigator bar］のよく利用する機能

Lesson 2-4　Xcode を起動して、プロジェクトを作成しよう

ナビゲータ	説明
❶ 📁 ［Project navigator］（プロジェクトナビゲータ）	プロジェクトのファイルの一覧が表示されます。ファイルの追加・削除が行えます。この一覧で、ファイルを選択すると、エディタエリアにファイルの中身が表示され、編集ができるようになります。
❷ 🔍 ［Find navigator］（検索ナビゲータ）	検索オプションとフィルタを利用して、プロジェクト内の文字列を検索できます。
❸ ⚠ ［Issue navigator］（問題ナビゲータ）	プロジェクトのコードを分析し、診断・警告・エラーなどの問題を表示します。

● ［Content area］（コンテント エリア）

　プロジェクトの各フォルダやファイルが表示されます。ファイルを選択して、エディタエリアに表示、または編集をします。

● ［Filter bar］（フィルタ バー）

　［Filter bar］に文字を入力して、［Content area］に表示されるファイルを絞り込むことができます。

🔔 Point

本書では、操作する画面のメニュー項目をわかりやすくするために文章内にもアイコンを設置しています。たとえば、⇄ ［Attributes Inspector］、▶ ［Run］などです。このアイコンを頼りにメニューやボタンを見つけて操作を覚えてください。

🔔 Point

［Attributes inspector］のように、マウスで項目を選択して設定や開発ができる仕組みを、**GUI（ジーユーアイ）** といいます。正式名称は、Graphical User Interface（グラフィカルユーザインターフェース）といい、マウスやアイコンを介してコンピュータとやり取りを行う方法です。

49

Day 1 Lesson 2-5 Xcode をより使いやすくするための設定をしよう

このレッスンで学ぶこと

- Xcode をより使いやすくするための設定方法をいくつか確認します。

1 Xcode の環境を設定しよう

　Xcode の [Preferences]（プリファレンス：環境設定）を、自分好みに設定することでより使いやすくなります。

　環境設定以降は、再度設定するまでその設定が継続されるので、最初に Xcode の環境設定をしましょう。

　ここでは、行数番号の表示設定、フォント & カラーの設定、コード折りたたみ機能の設定、Minimap（ミニマップ）の設定方法を説明します。

❶ アプリケーションメニューから [Xcode] を選択します。
❷ [Preferences] をクリックします。
　[Preferences]（環境設定）画面が表示されます。ここでは、Xcode をより使いやすくするための設定が行えます。

▼ プロジェクトテンプレートの選択

1-1　［File Extensions］（ファイル拡張子）の表示

❶ ［General］を選択します。
❷ ［File Extensions］を「Show All」に変更します。この設定をしておくと、プロジェクトに表示されるファイルが拡張子付きで表記されます。［ContentView］というswiftファイルが［ContentView.swift］と表記されます。

▼ ［General］-［File Extensions］

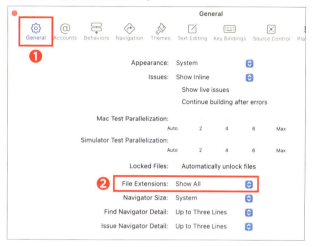

1-2　［Line numbers］（ラインナンバー：行番号）の表示

❶ ［TextEditing］を選択します。［Text Editing］では、プログラムを書いていくためのエディタの設定ができます。
❷ ［Display］をクリックして、❸ ［Line numbers］（行番号）にチェックを入れます。この設定でエディタに行番号が入り、コードが探しやすくなります。

▼ ［Text Editing］-［Display］

Day 1 - Lesson 2　アプリ開発の環境を整えて、Xcodeの使い方を学ぼう

▼ 行番号なし、行番号あり

Point

通常の文書を書くときは、行番号を意識することは少ないですが、プログラムを書いていくエディタでは、行番号はとても重要です。
行番号を頼りに、コードのボリュームを見積もったり、コードの位置を特定することができたりと、とても便利です。
デフォルトでは、表示されるように設定されていますが、表示されていない場合は、この設定を確認してください。

1-3　［Themes］の設定

　［Editor area］（エディタエリア）に表示されるコードのカラーやフォントサイズを設定できます。好みの設定を選ぶことができます。

　［Editor area］はプログラムコードを書いていく場所です。Swiftの文法や重要な箇所をハイライトしてくれてとても便利です。

　［Themes］タブを選択して、左の［Theme］（テーマ）から好みの設定を選んでください。長時間作業する場合は、目の負担も高まるので見やすい配色がお薦めです。

▼ ［Themes］の設定

52

Lesson 2-5　Xcodeをより使いやすくするための設定をしよう

1-4　コードの折りたたみ機能の設定

Xcodeには、コードの折りたたみ機能が用意されています。
この機能を利用すると、コードの始まりと終わりが確認しやすくなるので、設定しておきましょう。

❶ [Text Editing] を選択します。
❷ [Code folding ribbon] にチェックを付けます。
❸ 閉じるアイコンをクリックして画面を閉じます。

▼ コード折りたたみ表示設定

先程の設定で、行番号の横にコードを折り畳めるバーが表示されます。カーソルを当てると、▼の矢印アイコンが表示されるのでクリックしてみましょう。「{ }」（ブロック）で囲まれたコードが折り畳まれて非表示に切り替わります。

コードが折り畳まれることで、開始と終了の確認ができます。

▼ コードのブロックを非表示

クリックすることで、ブロックのコードを非表示に切り替え

再度、クリックすると、ブロックの中のコードが表示されます。

▼ コードのブロックを表示

クリックすることで、ブロックのコードを表示

次章以降解説をしていきますが、Swiftでは、コードのはじまりと終わりを意味する、ブロックを理解するのが最初の一歩です。今は、まだ短いコードなので利用するメリットは感じられないかもしれませんが、今後、長いコードを書いていくときにブロックの範囲を確認するのに便利です。

1-5　［Minimap］を非表示に設定

今度は、環境設定ではなく、エディタエリアの表示設定を確認します。

本書では、コードの表示領域を確保したいので、Minimapを非表示に設定しますが、開発自体には影響しませんので任意で設定してください。

❶［ContentView.swift］を選択すると、❷赤枠の表示が確認できます。［Minimap］（ミニマップ）と呼ばれる機能で、コードの概要を表示してくれます。クリックすることでスクロールすることなく、該当のコードを表示してくれます。

▼［Minimap］の確認

❶［Editor］（エディタ）をクリックしてメニューを表示させます。❷［Minimap］にチェックが付いていると表示する設定です。クリックするとオン・オフを切り替えることができます。

▼［Minimap］を非表示に設定

Day 1 Lesson 2-6

ボタンをタップして「Hello, World!」から「Hi, Swift!」に切り替えてみよう

このレッスンで学ぶこと

- Xcode の基本的な部品である View（ビュー）の、「Text」と「Button」の扱い方を学びます。
- Xcode の基本操作、シミュレータなどの操作を体験します。
- 実際の iPhone（実機）にアプリを転送する実機転送を体験します。

完成イメージ

今回のアプリの完成イメージを確認してみましょう。
アプリを起動すると、画面に「Hello, World!」と「切り替えボタン」が表示されます。
「切り替えボタン」をタップすると、「Hello, World!」が「Hi, Swift!」に変化します。

> **Point**
>
> 本書の構成では最初に、これから作成するアプリの完成イメージを確認します。
> 完成イメージを念頭に置きながら学習することで、より理解しやすくなります。

部品レイアウト

- 「Hello, World!」と表示させるパーツ（View：ビュー）の Text を配置します。
- 文字の表示を切り替える Button（ボタン）の View を配置して、「切り替えボタン」と表示します。
- Button がタップされると、Text で表示している文字を切り替えます。

ユーザ操作

「切り替えボタン」をタップして、「Hello, World!」の文字を「Hi, Swift!」に切り替えます。

Lesson 2-6 ボタンをタップして「Hello, World!」から「Hi, Swift!」に切り替えてみよう

> **Point**
> View（ビュー）は、Xcode があらかじめ提供してくれている、アプリの画面を構成する様々な部品パーツセットのことです。
> View を利用することで、開発者は簡単にアプリで必要な機能を実装することができます。
> 次のレッスン以降、様々な View の実装方法を学んでいきます。

1 Text を修正して、「Hi, Swift!」と表示してみよう

まずは、「Hello, World!」と表示されている文字列を、「Hi, Swift!」と手作業で変更する方法を学びます。その後に、Button を配置します。タップしたときに「Hello, World!」を「Hi, Swift!」とプログラムで変更する方法を学びましょう。

1-1 Canvas（キャンバス）の表示・非表示

Canvas が表示されていない場合は、次の手順で表示させましょう。

▼ Canvas の表示切り替え

❶ 📁 [Project navigator]（プロジェクトナビゲータ）を選択します。
❷ 🗎 ContentView.swift を選択します。
❸ ≡ 右上の [Adjust Editor Options] をクリックすると、サブメニューが表示されます。
❹ [Canvas]（キャンバス）を選択すると、Canvas の表示・非表示を切り替えることができます。

1-2　プレビューの確認

▼ プレビューの確認

　Canvas（キャンバス）が表示されます。同時にプログラムコードを読み取り、Canvas 内にプレビューが表示されます。

　プレビューでは、入力中のコードが iPhone で実行されたときのデザインやアクションを確認することができます。

▼ プレビューの拡大比率を調整

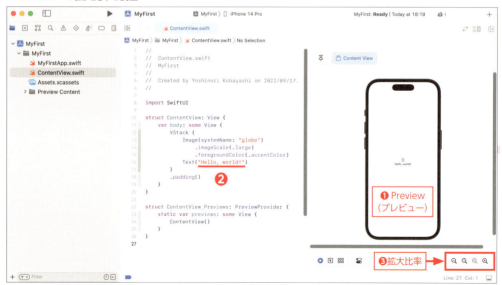

Lesson 2-6 ボタンをタップして「Hello, World!」から「Hi, Swift!」に切り替えてみよう

❶ Canvas にプレビューが表示されていることを確認してください。
❷ 🔸[ContentView.swift]に記述されている「Hello,world!」がプレビューにも表示されていることが確認できます。
❸ プレビューの拡大縮小は各種ボタンで調整できます。次の図で詳細を確認しましょう。

拡大縮小の各ボタンを左から解説します。実際にボタンをクリックして動作を確認しましょう。

▼ プレビューの拡大縮小

❹[Zoom Out]は、縮小です。プレビューの画面表示が小さくなり全体を確認できます。
❺[Zoom to 100%]は、常に 100% の拡大率で表示します。
❻[Zoom to Fit]は、iPhone の画面全体が収まるように調整します。
❼[Zoom In]は、拡大です。プレビュー画面の表示が大きくなり、画面の詳細を確認できます。

プレビューのデバイスを切り替えることも出来ます。赤枠をクリックします。

▼ デバイスの切り替え

表示できる様々なデバイスが表示されます。お好きなデバイスを選択してプレビューに表示してみましょう。ここでは、「iPhone 13」を選択します。

▼ デバイスの選択

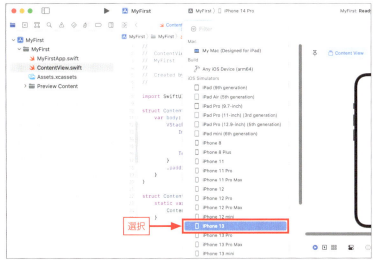

Day 1 - Lesson 2　アプリ開発の環境を整えて、Xcode の使い方を学ぼう

　選択されたデバイスでプレビューが表示されることが確認できます。

▼ プレビューの変化

自動で切り替わる

1-3　プログラムファイルを確認

　プロジェクト作成後の最初に出力されている ContentView.swift を見てみましょう。

▼ 最初に出力されるプログラムファイル

❶ Jump bars（ジャンプ バー）
❷ コメント
❸ インデント

60

Lesson 2-6　ボタンをタップして「Hello, World!」から「Hi, Swift!」に切り替えてみよう

❶ Jump bars（ジャンプバー）

選択しているファイルの階層構造が表示されます。

各階層をクリックすると、関連アイテムのポップアップが表示され任意のファイルや、フォルダに切り替えることができます。

最初は開発するファイル数は少ないのであまり利用することは少ないかもしれませんが、プロジェクトが大きくなると便利になる機能です。

❷ コメント

「/」（スラッシュ）を 2 つ続けて「//」で始まる文字は、コメント文です。

コメントは、プログラムコードの動きに影響することがなく、単なる文章として解釈されます。

プロジェクト作成後には、このようなコメントがデフォルトで出力されています。

❸ インデント

コードの始まりに何文字分か空白があります。このことを**インデント**といいます。

文章を書くときも、段落の書き出し位置を字下げしてわかりやすく整えますが、プログラムコードも構造を明らかにして、見やすくするためにインデントを行います。

インデントが整っていないコードは、見づらくバグが発生しやすくなります。

コードの見やすさを、可読性（かどくせい）といい、可読性の高い（読みやすい）コードを書くのは重要なことです。

後から自分で見直すにしても、他の人がコードを読むにしても可読性が高いと効率が良くなるため、日頃からインデントが整っているか気をつけましょう。

　他に出力されているコードに関しては、実装を進める中で徐々に解説をしていきます。

　筆者達は、プログラミング学習について、初学者の時点では、体験をする前に多くの情報を得るより、実際に必要なときに適度な情報を得て手を動かしていくことで理解が深まると考えています。

　本書では、必要でない時点で、一度に詳細を解説することはなく、必要になった時点で解説をしていきます。

　前提の知識がないと理解が難しいコードや技術に関しても、最初は特に解説をすることなく前提の知識が解説できた後に少しずつ触れていきます。

　コードをたくさん書いて、後に頭で理解していく方が楽に進められますので、様々な機能のアプリを作りながら力まず気軽に学習をしていきましょう。

1-4　不要なプログラムコードを削除

　これからのプログラムコードを解説しやすくするために、最初に作成されているコードを削除して整理しましょう。

Day 1 - Lesson 2　アプリ開発の環境を整えて、Xcode の使い方を学ぼう

▼ Image を削除

```
6   //
7
8   import SwiftUI                    ❶削除前
9
10  struct ContentView: View {
11      var body: some View {
12          VStack {
13              Image(systemName: "globe")
14                  .imageScale(.large)
15                  .foregroundColor(.accentColor)
16              Text("Hello, world!")
17          }
18          .padding()
19      }
```

削除する

```
6   //
7
8   import SwiftUI                    ❷削除後
9
10  struct ContentView: View {
11      var body: some View {
12          VStack {
13          |       Text("Hello, world!")
14          }
15          .padding()
16          }
```

❶ 削除前のコードを確認し、13 行目から 15 行目の「Image」から始まるコードを削除します。

❷ 削除後のような状態になっていれば正常に削除されています。

▼ VStack を削除

```
7
8   import SwiftUI                    ❶削除前
9
10  struct ContentView: View {
11      var body: some View {
12          VStack {
13          |       Text("Hello, world!")
14          }
15          .padding()
16      }
17  }
18
```

削除する

```
6   //
7
8   import SwiftUI                    ❷削除後
9
10  struct ContentView: View {
11      var body: some View {
12              Text("Hello, world!")|
13          }
14  }
15
16  struct ContentView_Previews: PreviewProvider {
```

❶ 削除前のコードを確認し、12 行目の「VStack{」と 14 行目の「}」、15 行目の「.padding()」を削除します。

❷ 削除後のような状態になっていれば正常に削除されています。

　次は「Text("Hello, world!")」のインデント（字下げ）を揃えましょう。また、「インデントを揃える」ことを「コード整形」ともいいます。

▼ インデントを揃える

```
5   //  Created by Swift-Beginners on 2022/07/08.
6   //
7                                    ❶「commad」+「A」で全選択
8   import SwiftUI
9
10  struct ContentView: View {
11      var body: some View {
12              Text("Hello, world!")
13      }
14  }
15
16  struct ContentView_Previews: PreviewProvider {
17      static var previews: some View {
18          ContentView()
19      }
20  }
```

```
5   //  Created by Swift-Beginners on 2022/07/08.
6   //
7                                    ❷「control」+「I（アイ）」で整形
8   import SwiftUI
9
10  struct ContentView: View {
11      var body: some View {
12          Text("Hello, world!")
13      }
14  }
15
16  struct ContentView_Previews: PreviewProvider {
17      static var previews: some View {
18          ContentView()
19      }
20  }
```

インデントが詰まった

Lesson 2-6 ボタンをタップして「Hello, World!」から「Hi, Swift!」に切り替えてみよう

❶ 整えたいコードをクリックしてカーソルをおき、「command」+「A」を入力することで、コード全体が選択されます。選択されると背景が薄い青色で表現されます。
❷ 続けて「control」+「I（アイ）」を入力することで、選択された範囲でインデントが調整されます。「Text("Hello, world!")」の前のインデントが詰まったことが確認できます。

通常の文章と同じように、プログラムでもインデント（字下げ）を活用して、コードの始まりと終わりや、コードのグループ（ブロックともいう）をわかりやすく整理します。

Tips

インデント（字下げ）は、「control」+「I（アイ）」のショートカットで簡単に整えることができます。

インデントが整っていないコード	コード整形後
| ```
import SwiftUI

struct ContentView: View {
var body: some View {
Text("Hello, world!")
    .paddin
}
}

struct ContentView_Previews: PreviewProvider {
static var previews: some View {
ContentView()
}
}
``` | ```
import SwiftUI

struct ContentView: View {
    var body: some View {
        Text("Hello, world!")
            .padding()
    }
}

struct ContentView_Previews: PreviewProvider {
    static var previews: some View {
        ContentView()
    }
}
``` |

「command」+「A」：全行選択
「control」+「I（アイ）」：コード整形

初学者のうちは、本書を進めていく中でも、左側のコードのようにインデントが崩れてくる場合があります。
　本章では、それほどコード量も多くないため、インデントが崩れることはないかもしれませんが、コード量が多くなるにつれて崩れがちになります。
　このような状態になると、とても読みづらく作業がしづらくなりますが、手作業で直していくのも時間がかかります。
　Xcodeのコード整形機能を利用すると、簡単に修正することができます。
　コード整形をしたいコードを選択して、**「control」+「I（アイ）」**を実行するだけです。
「command」+「A」を実行して、コード全体が選択できるので、その状態のまま、**「control」+「I（アイ）」**を実行することで、ファイル全体のコードを自動で整形することができます。
　すごく多用するショートカットなので、覚えておいてください。

1-5 プログラムコードを確認

次は出力されているコードを、3つのブロック毎にそれぞれの役割を確認します。

❶ import 文を記述することで、フレームワークを読み込み、その機能をファイル内で利用できるようになります。**フレームワークとは、大まかな機能が提供されているコードの集まり**で、開発者がフレームワークを読み込み具体的な機能を実装します。この指定によって、Xcode があらかじめ提供してくれている SwiftUI の機能を利用で

▼ コードの大まかな役割

きるようになります。次章以降も適宜 import でフレームワークを読み込んで開発していきます。

❷ 画面に配置する View や、レイアウトを記述しています。{ } で囲まれたコードを、「ContentView」という名前を付けて定義しています。

❸ ❷で定義した ContentView を実行し、Canvas にプレビューをしています。

今は、ざっくりと❶❷❸のコードが概ね何の役割なのかが確認できれば大丈夫です。
前置きが長くなりましたが、実際に Text に設定されている文字を変更しましょう。

> **Point**
> Xcode は変更内容を自動的に保存します。ファイルの保存を気にせずに、操作を進めてください。

2 Text を選択しよう

SwiftUI のプロジェクトを作成すると、最初に UI（ユーアイ）のひとつである Text（テキスト）が配置されていて、「Hello, World!」と文字が設定されています。
「Hello, World!」の文字を「Hi, Swift!」に変更して、Text の扱い方を学びましょう。

Lesson 2-6 ボタンをタップして「Hello, World!」から「Hi, Swift!」に切り替えてみよう

2-1 Text を選択

▼ プレビューの表示

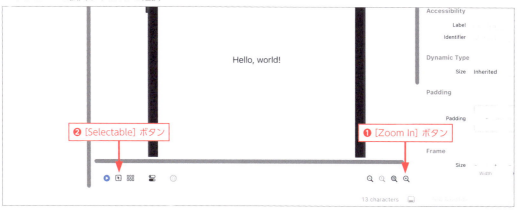

　プレビューが表示されていないときは、[Preview paused] の右端にある ⟲ [Resume] ボタンをクリックします。

▼ プレビューを拡大して View を選択

❶ 🔍 [Zoom In] ボタンを 1 回もしくは 2 回押して、「Hello,world!」の文字がはっきりと見えるまで拡大します。

❷ ▶ [Selectable] ボタンをクリックします。[Selectable] ボタンをクリックすることで、プレビューで表示されている部品（View）を選択できるようになります。

65

▼ [Text] に設定されている文字列

❶ 赤枠のコードを選択するか、Preview（プレビュー）の「Hello, World!」どちらかを選択してください。
❷ [Inspectors] を選択して、View のプロパティを設定するエリアを表示します。
❸ [Attributes inspector] を選択します。
❹ [Text]（テキスト）に、設定されている文字列「Hello, World!」が表示されているのを確認します。

2-2 Text の表示文字を変更しよう

▼ [Text] の文字列を変更

❶ [Attributes inspector] の [Text] の文字を「Hi, Swift!」に変更しキーボードの [return] を実行してください。
❷ コードの文字列が「Hello, World!」から「Hi, Swift!」に自動で変更され、Preveiw（プレビュー）にも反映されます。コードの文字を修正しても同様で、[Text] の文字と Preview の表示が「Hi, Swift!」に切り替わります。

Lesson 2-6　ボタンをタップして「Hello, World!」から「Hi, Swift!」に切り替えてみよう

🔔 Point

[Resume]（再開）ボタンが表示されていて、プレビューが一時停止している場合は、[Resume] をクリックして再開させてください。

Text の（ ）の中が、"Hi,Swift!" に変更されていることが確認できます。（ ）の中に「"」（ダブルコーテーション）で文字を囲んで設定することで、Text に文字を表示することができます。

この修正では、SwiftUI を用いたコードの修正と、Canvas の関連性が理解できれば大丈夫です！先に進みましょう。

▼ 変更されたコード

```
import SwiftUI

struct ContentView: View {
    var body: some View {
        Text("Hi,Swift!")
    }
}

struct [変更されたコード] : PreviewProvider {
    static var previews: some View {
        ContentView()
    }
}
```

🔔 Point

Canvas 上で編集するものはすべて、隣接するエディタのコードと完全に同期します。
コードを入力すると、プレビューとしてすぐに表示されますし、逆に、プレビューに加えた変更はすぐにコードに反映されます。
このように、Xcode は変更を即座に再コンパイルし、実行中のアプリのバージョンに変更を挿入し、常に表示・編集可能にします。
コンパイルとは、私達が書いているプログラムコードを、コンピューター上で実行可能な形式（オブジェクトコード）に変換することです。

2-3　Text の表示文字を元に戻す

今回のアプリでは、ボタンがタップされたら、コードで表示文字を書き換えたいので、元の「Hello, world!」に戻しておきましょう。

今回は、プロパティの［Text］を修正するのではなく、このようにコードを修正してみましょう。

▼ ［Text］の文字列を変更

```
import SwiftUI

struct ContentView: View {
    var body: some View {
        Text("Hello, world!")
    }
}

struct [最初の文字に戻す] reviewProvider {
    sta                        View {
        ContentView()
    }
}
```

2-4 Text のフォントサイズを変更

　コードを書いてフォントサイズを変更することもできますが、最初なので、 [Attributes inspector] から設定を変更してコードを出力してみましょう。

❶「Hello,world!」の Text を選択します。。

▼ [Text] を選択

▼ [Font] を変更

❶ [Font] を「Large Title」に変更します。[Font] には他にも、「Title」や「Headline」等の種類があり、これを標準フォントと呼びます。
❷ [Font] の種類を変更すると同時に、コードが自動で追加されます。
❸ Canvas でも文字の大きさが変更されたことが確認できました。

　追加されたコードを見てみましょう。SwiftUI では、「**.font ()**」を記述することで Text をカスタマイズできます。

Lesson 2-6　ボタンをタップして「Hello, World!」から「Hi, Swift!」に切り替えてみよう

❶ .font() のような文字の大きさを変更する記述方法を SwiftUI では、**「Modifier」（モディファイア）**といいます。

.font の他にも、文字の太さや、色、透明度など、たくさんの修飾子を適用してアプリのデザインや動作を指定することができます。

❷ 様々なモディファイアを、**View プロトコル**が提供してくれています。

▼ 追加されたコード

```
import SwiftUI

struct ContentView: View {
    var body: some View {
        Text("Hello, world!")
            .font(.largeTitle)
    }
}

struct C                ewProvider {
    static var previews: some View {
        ContentView()
    }
}
```

❷ Modifier を提供する View プロトコル

❶ 追加されたコード

🔔 Point

プロトコルは、一般的には、複数の者がやり取りする場合に確実に行えるよう、あらかじめ手順を定めておくことです。
プログラミングの世界でも、通信や、プログラム同士でやり取りを行う際に手続きをプロトコルとして定めています。
SwiftUI での、View プロトコルは、Apple 社がレイアウトに関わる様々な機能をあらかじめ定義しているプログラムです。
今は、View という指定で、画面に関わる指定ができるんだなと理解していただければ大丈夫です。

Tips

● 標準フォント

SwiftUI は、Font（フォントサイズ）、Weight（太さ）、Color（色）の種類を標準でいくつか用意してくれています。
今回は、「Large Title」に変更しましたが、他の標準フォントも試してみてください。
これを、少し難し言い方をすると、宣言型シンタックスとも言います
予め宣言された文法や表記法、構文規則に沿ってスタイルを適用することで、従来よりシンプルなコードで UI を記述することができます。
以前の UI 開発方法である、Storyboard（ストーリーボード）での開発とは大きく違った SwiftUI の大きな特徴です。

標準フォントを使わずに、このように数値でもフォントサイズを設定することができます。

```
struct ContentView: View {
    var body: some View {
        Text("Hello, World!")
            .font(.system(size: 80))
    }
}
```

ただ、**標準フォントを利用すると、iOS の機種や文字サイズの設定の違いに応じて自動でフォントサイズを拡張、または縮小されますので、標準フォントを利用するほうがデザインの適用が簡単**になります。

3 Button（ボタン）を配置しよう

次は、Library（ライブラリ）の機能を利用して、Button（ボタン）を配置していきます。

3-1 ［View library］から Button を配置

［Views library］とは各種 View を一覧から選択できる画面のことです。この［Views library］から Button を追加します。ですが、その前に Canvas を表示しておく必要があります。

❶ ［Adjust Editor Options］をクリックします。

❷ Canvas を選択して表示状態にします。

▼ Canvas の表示

▼ Button を追加する位置

Text のすぐ下に、Button を配置をします。

❶ Text とその下にある「}」の間に改行でスペースを挿入してカーソルを置いてください。

❷ 「shift」+「command」+「L」を同時に実行します。

［Library］画面が表示されます。

Lesson 2-6 ボタンをタップして「Hello, World!」から「Hi, Swift!」に切り替えてみよう

❶ ⬛[Views library]を選択している状態で

❷ このエリアでViewを検索できます。今回は「button」と入力します。

❸ [Details]アイコンをクリックすることで、右側に表示されているViewの説明エリアの表示・非表示を切り替えることができます。

▼[Library]画面

❹ Buttonを選択してキーボードの「return」を実行します。

▼ Canvasの表示状態の違い

Canvasを表示している場合

Canvasを表示してしない場合

Canvasを表示させている状態では、左側のように、[Views library]アイコンが表示されますが、Canvasを表示させていない場合は、右側のように[View library]アイコンが表示されないので気をつけてください。

Buttonのコードのテンプレートが追加されていることを確認しましょう。

▼ 追加されたButton

```
import SwiftUI

struct ContentView: View {
    var body: some View {
        Text("Hello, world!")
            .font(.largeTitle)

        Button("Button") {

        }
    }
}
```

追加されている

Day
1

2

71

Day 1 - Lesson 2　アプリ開発の環境を整えて、Xcode の使い方を学ぼう

　Text と Button を縦方向に配置するために、VStack（Vertical Stack）という View を追加します。

❶ Button の最後の「}」の後ろに改行を入れて、空の行を作成します。

❷ 次の行にカーソルを置きます。その状態で、「shift」+「command」+「L」キーを入力して、［Library］画面を表示します。

▼［Library］画面を表示

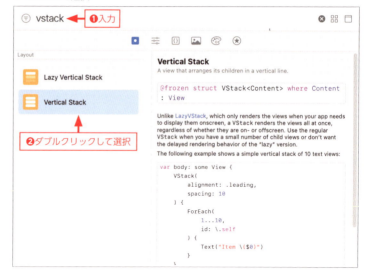

▼ VStack を選択

❶［Library］画面で「vstack」と入力します。すぐに検索され View の候補がリストされます。

❷［Vertical Stack］が VStack のことです。ダブルクリックして選択しましょう。VStack がコードとして追加されます。

▼ VStack のテンプレートを修正

72

Lesson 2-6 ボタンをタップして「Hello, World!」から「Hi, Swift!」に切り替えてみよう

VStackのテンプレートを修正します。

❶ 追加されたVStackを確認すると「Content」という薄い青の背景があります。「Content」をクリックして選択すると濃い青の背景に変わります。これはテンプレートの一部で、この場所に書くべき内容を説明してくれています。

❷ 「Content」をダブルクリックして削除しましょう。このように青の背景の項目は使いませんので、削除してから入力を開始します。

追加したVStackの「{}」(ブロック)の中にTextとButtonを移動します。

「shift」と矢印キーを押しながらTextとButtonを選択して、「command」+「X」でカットします。そして「VStack{」から「}」のブロックの中に、「command」+「V」で貼り付けします。

▼ VStackの中に移動する

▼ VStackへ移動後の確認

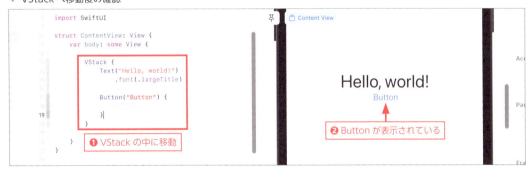

❶ VStackの「{」から「}」のブロックの中に、TextとButtonが移動されていることを確認しましょう。
❷ そして、プレビューで「Button」と表示されていることも確認します。このようにVStackを使うと、VStackの中に配置されたViewを縦方向に並べることができます。今回はTextとButtonを縦方向に並べました。

なぜ、VStackでTextとButtonのViewを囲んであげる必要があるのでしょうか。
VStackで複数のViewを囲むと1つのViewとしてまとめられます。

▼ View プロトコルのルール

View プロトコルでは、記述するレイアウトは、一つのまとまりにする必要があります。 プロトコルとは、プログラム同士がやり取りを行うために、あらかじめ手順を決めているルールです。SwiftUI の View プロトコルに沿ったコードを書く必要があります。

VStack は縦方向のレイアウトを描画する View です。Text と Button を縦方向のレイアウトとしてまとめています。

今回は、VStack を用いて、View を縦に積み上げてレイアウトをひとつのまとまりにしていますが、この後学習していく、水平に View を並べていく HStack や、奥行方向に View を重ねる ZStack を利用することもできます。今は、レイアウトはひとつのグループにまとめる必要があると理解してもらえれば大丈夫です。次章以降に色んなレイアウトを体験して学習を進めていきます。

次に Button の文字を変更しましょう。

まずは説明として入力されている「"Button"」を削除しましょう。クリックして選択すると青くなりますので、delete キーを押して削除します。

▼ 「"Button"」の削除

```
 8   import SwiftUI
 9
10   struct ContentView: View {
11       var body: some View {
12
13           VStack {
14               Text("Hello, world!")
15                   .font(.largeTitle)
16
17               Button("Button") {
18                   Action
19               }
20           }
21
22       }
23   }
24
```

クリックして選択後に削除する

Lesson 2-6　ボタンをタップして「Hello, World!」から「Hi, Swift!」に切り替えてみよう

▼ Button の文字を変更する

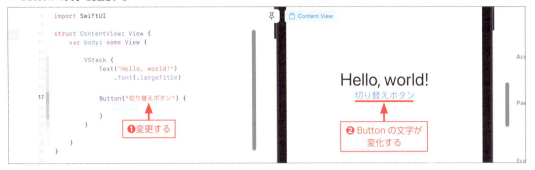

❶「" 切り替えボタン "」と入力しましょう。

「"」（ダブルコーテーション）で、「切り替えボタン」を囲んでください。

「"」で日本語の全角を囲むことで文字列として認識されます。

ここでは「"」は、半角で入力しなければいけないことに注意をしてください。

全角で入力するとエラーが発生します。

❷ プレビューの Button に表示されていた文字が、「切り替えボタン」に変更されていることが確認できます。

Point

プログラムコードでは、英数字は半角で入力する必要があります。全角で入力するとエラーになりますので注意してください。

Point

「{}」は、ブロックと言われ、コードを束ねる役割があります。

コードは適用範囲（スコープ）があり、ブロックの外か中で影響が変わります。

次のレッスン以降で必要な箇所でコードブロックの解説があります。今は、どのブロックに記述すればいいのか、注意してコードを確認しましょう。

3-2　Buttonの背景色、文字色を変更し、余白を追加

次は、Buttonの背景色を青色に変更しましょう。

SwiftUIでは、Viewに「Modifier」（モディファイア）という機能を追加することでレイアウトを整えていきます。

実際にやっていきましょう。

❶ [Attributes inspector]を選択します。

❷ [Selectable]ボタンをクリックして、プレビューでViewが選択できるようにします。

❸「切り替えボタン」を選択します。

❹「Add Modifier」に、適用したいモディファイアの名前を入力して検索をします。

▼ [Add Modifier] 追加画面

❶「background」と入力して検索しましょう。入力したワードに応じて、様々な種類のモディファイアが表示されます。

❷ [Background]の項目をクリックして選択するか、下矢印を押して選択したのちに「return」キーを押して確定します。ここで決定した「Background」（バックグラウンド）が、背景を設定するモディファイアです。

▼ Modifierの選択

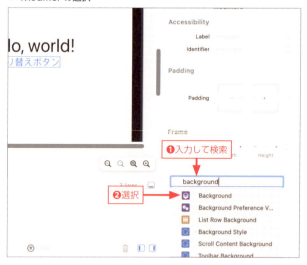

Lesson 2-6 ボタンをタップして「Hello, World!」から「Hi, Swift!」に切り替えてみよう

▼ [Background] 設定後のコードと画面

[Background] の設定が、コードに反映され、[Attributes inspector]（アトリビュートインスペクタ）の [Background] プロパティに「Blue」と設定がされます。デフォルトで [Blue] が設定されます。

▼ .background モディファイアの変更

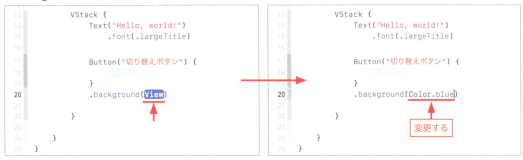

執筆時点では [Attributes inspector] の [Background] に「Blue」を設定しても、コードは「View」となったままで反映されません。Xcode の不具合だと思いますので、直接コードを修正してください。「View」の箇所を削除して、「Color.blue」と入力してください。

Button の背景色のときと同様の手順で、文字色（Foreground Color）のモディファイアを追加しましょう。

▼ モディファイアの選択

❶ [Selectable] ボタンが選択されていることを確認します。もし選択されていないときは、クリックして選択します。プレビューで View が選択できるようになります。
❷ 「切り替えボタン」を選択します。
❸ 「Add Modifier」に適用したいモディファイアの名前を入力して検索します。

「fore」と入力するとモディファイアの候補に、「Foreground Color」が表示されますので、クリックして選択するか、下矢印を押して選択したのちに「return」キーを押します。

▼ 「Foreground Color」を追加

▼ 文字色の変更

❶ [Foreground Color] の項目が追加されるので、「White」に変更します。
❷ 「切り替えボタン」の文字色が白に変化したことを確認します。
❸ 「.foregroundColor」のモディファイアが追加されたことを確認しましょう。

「.foregroundColor」で設定している「.white」を選択すると、背景が青色になっていて入力が確定されていません。「return」キーを押すか、ダブルクリックして入力を確定させてください。

今後、同様に青色の背景となっている設定値は、必ず入力を確定させましょう。

これで、Buttonの背景色と、文字色が変更されました。

▼ 文字色を確定させる

▼ 上下左右の余白を設定

次は、文字の余白がなくて見づらいので、[Padding]（パディング）を設定して余白を作ります。

❶ [Selectable] ボタンが選択されていることを確認します。もし選択されていないときは、クリックして選択します。プレビューで View が選択できるようになります。
❷ 「切り替えボタン」を選択します。
❸ [Padding] の項目で、上下左右のチェックボックスにチェックを入れます。チェックを入れると「切り替えボタン」と中の文字の間に余白が設定されることを確認しましょう。
❹ 「.padding(.all)」というコードが追加されていることを確認します。ここでコードが追加されることで、プレビューに変更が反映されます。

Day 1 - Lesson 2 アプリ開発の環境を整えて、Xcode の使い方を学ぼう

3-3 Button のタップで文字を切り替えよう

最後に、Button のタップで、表示文字を切り替える処理（しょり）を書きましょう。

プログラミングの世界では、アプリの動きに関するコードを書くことを「処理を実装する」と言ったりします。

▼ 変数の宣言

```
10    struct ContentView: View {
11        @State var outputText = "Hello, World!"    ❶追加
12
13        var body: some View {                      ❷修正
14
15            VStack {
16                Text(outputText)
17                    .font(.largeTitle)
18
19                Button("切り替えボタン") {
20
21                }
22                .padding(.all)
23                .background(Color.blue)
24                .foregroundColor(.white)
25
26            }
27
28        }
29    }
```

❶ 赤線のコードを追加します。追加する位置に注意してください。

「struct ContentView: View」の下でかつ、「var body: some View」の上にコードを追加をしてください。このコードは、アプリが起動された時に、表示する文字列「Hello, World!」を設定しています。**文字列は「"」（ダブルクォーテーション）で囲みます。**構文については、じゃんけんアプリの章で詳細を解説しますが、今は、「outputText」という入れ物を用意して「Hello, World!」という文字列を入れたと理解してもらえれば大丈夫です。「outputText」という入れ物は、プログラミングの世界では、**変数（へんすう）**と呼ばれます。

❷ Text で「"Hello, world!"」と記述されていた箇所を「outputText」に修正して、Text の表示を入れ替えます。この後に、ボタンがタップされた時に、「outputText」の中身を「Hi, Swift!」書き換えるコードを追加します。

🔔 Point

「outputText」のように、Swift ではアルファベットの大文字と小文字は区別されます。「outputtext」（ティーが小文字）と「outputText」（ティーが大文字）では、別のものとして取り扱います。

Button がタップされたら、表示されている文字を「Hi, Swift!」に切り替える処理を書いていきましょう。

Button の中にある「Action」は、テンプレートとしてあらかじめ書かれている説明用のコードです。不要ですので削除しましょう。「Action」をクリックすると、背景が青色になります。この状態で「return」キーを押すか、ダブルクリックで削除することができます。

▼ テンプレートの説明を削除

```
10    struct ContentView: View {
11        @State var outputText = "Hello, World!"
12
13        var body: some View {
14
15            VStack {
16                Text(outputText)
17                    .font(.largeTitle)
18
19                Button("切り替え
20                    Action              ダブルクリック
21                }                        で削除
22                .padding(.all)
23                .background(Color.blue)
24                .foregroundColor(.white)
25
26            }
27
28        }
29    }
```

80

Lesson 2-6 ボタンをタップして「Hello, World!」から「Hi, Swift!」に切り替えてみよう

そして Button の「{}」のブロックの中に「out」と入力をしてください。プルダウンでリストが表示されて選択肢が選べるようになります。この機能を、Xcode の**入力補完機能（にゅうりょくほかんきのう）**と言います。ユーザが入力する文字から推測して予想されるコードを表示する機能です。

▼ 入力補完機能

表示されているリストの中から「outputText」を選択します。選択する方法は、キーボードの「↓」キーで選択したのちに「return」キーを押すか、ダブルクリックで選択します。

「outputText」は先程追加した変数のことです。

そして、追加した変数である「outputText」に「=（イコール）」を使い、「"Hi, Swift!"」を代入します。「=」は代入演算子と呼ばれ、変数に値をセットするために使います。このコードで、Button がタップされたタイミングで「outputText」の中身を「"Hi, Swift!"」に置き換えます。

▼ 変数に値を代入

最後にもう一度、レイアウトの構造を確認しましょう。一番外枠に、VStack があり、Text と Button がまとめられています。VStack を使うと、縦方向に Text や Button を並べることができます。

おめでとうございます！これで、初めてのアプリ開発は完了です！

次からは、開発したアプリを動かしてみて意図通りになっているか確認をしてみましょう。

▼ レイアウトの構造

81

アプリの動きを確認する方法を学ぼう

アプリの動きを、確認する方法は 3 つあります。

それぞれに、どこまで確認できるか変わってくるので、状況に応じて確認できるように体験をして学んでいきましょう。

▼ アプリの確認方法

確認方法	確認できること
Canvas（キャンバス）	**Live Preview（ライブプレビュー）** レイアウトのレンダリングと、ボタンタップの動き等の確認もできます。
シミュレータ	シミュレータは、Xcode ツールの一部としてインストールされていて Mac 上で動作します。iPhone、iPad、Apple Watch、Apple TV の環境をシミュレートしながら、標準的なアプリのように動作しますが、一部のハードウェアはシミュレートしません。そのため、カメラや 3D タッチ等は、利用できません。デバッグは可能です。
実機	全ての機能を確認することができます。 アプリをリリースする前は、必ず実機でのテストを行うことが必要です。

 このレッスンで学ぶこと

- **Canvas（キャンバス）** の操作と確認できる範囲を理解します。
- **Simulator（シミュレータ）** の起動方法と操作方法を学びます。
- 実際の iPhone（実機）にアプリを転送する実機転送を学びます。

1 Canvas（キャンバス）で、アプリを動かそう

もう一度、Canvas の機能を確認していきましょう。

各モードの操作方法を見ていきます。

Lesson 2-7　アプリの動きを確認する方法を学ぼう

1-1　Live Preview（ライブプレビュー）

　Live Preview は、プレビューでボタンのタップを検知してプログラムの実行まで確認することができます。

　プレビューで、Button をタップして表示文字を切り替えられるかテストしてみましょう。

　ライブプレビューは、レイアウト変更が反映されます。また、その他に、Button のタップ等の動きも確認できます。

　▶ [Live Preview] をクリックして、プレビューに切り替えます。

▼ Live Preview（ライブプレビュー）起動方法

❶「切り替えボタン」をクリックしてください。
❷「Hello, World!」から「Hi, Swift!」に表示が変更されると成功です。
　おめでとうございます！初めての、SwiftUI アプリの完成です。
　うまく切り替わらない場合は、コードを見直してください。

以上が、ライブプレビューの利用方法です。

▼ Button タップの動きを確認

　実際の開発では、実装ができたらうまく動くかテストをします。実装とテストを細かく繰り返して完成に近づけていきます。
　SwiftUI 以前の Storyboard の開発では、シミュレータを起動して確認するか、実機でのテストを行っていましたが、SwiftUI では、Canvas のプレビューでも確認ができるので開発の負担が軽減されます。

1-2　様々なデバイスを確認

iPhone・iPadには様々な種類のデバイス（端末）があり、画面サイズも違います。

アプリ開発では、どのデバイスでも同じ様にレイアウトが表示されることを確認する必要があります。

Xcodeの機能を利用して、各端末のレイアウトを簡単に確認することができます。

右図の赤枠のActive scheme（アクティブスキーム）のエリアをクリックすると、あらかじめ用意されているデバイスが表示されます。Xcodeでは、このデバイスを切り替えることで、実際の端末（実機）がなくてもアプリを検証することができます。

▼ [Active scheme] でのデバイスの切り替え

▼ iPad Air (5th generation) を選択したプレビュー

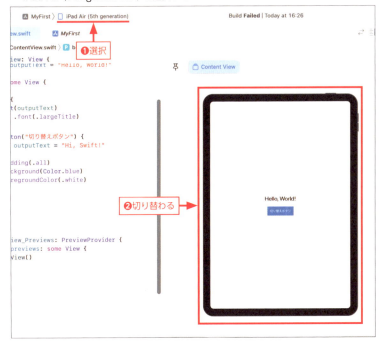

今回は、ためしに［iPad Air（5th generation）］を選択してみます。Canvasのプレビューが切り替わることが確認できます。このように、様々なデバイスのテストを行うことができます。

2 Simulator（シミュレータ）で、アプリを動かそう

Xcodeには「**シミュレータ**」というツールがあります。シミュレータを使うと、XcodeからiPhoneやiPadの画面が起動して、動作確認が行えます。

実際にシミュレータで「Hello World!」の表示を確認しながら、シミュレータの起動方法と操作方法を学習します。

シミュレータは、カーソルで拡大縮小をしてサイズを調整することが可能です。

2-1　デバイスの選択と種類

Xcodeの左上に［Active scheme］（アクティブスキーム）があります。ここでは、Canvasのプレビューと同様に、確認したいデバイスを選択しておきます。

❶ 今回は、「iPhone 13」を選択しましょう。
❷ ▶［Run］（ラン）をクリックして、シミュレータを起動します。

▼［Active scheme］でデバイスを選択

> **Point**
>
> シミュレータを起動したままの状態で、コードを修正しても、今のシミュレータには反映されません。再度［Run］ボタンをクリックするまでは、修正したコードが反映されないので注意してください。

2-2　シミュレータの起動

　シミュレータの起動には、時間がかかることがあります。しばらくすると、Xcode 上で iPhone 13 をシミュレートした画面が起動します。Button をタップして、文字が切り替わるか試してみてください。

2-3　シミュレータの基本操作

　シミュレータでよくつかう機能の解説です。実際に操作して動きを確認してみましょう。

❶ [Home] ボタンは、iPhone 上のホーム画面へ移動できます。
❷ [Save Screen] ボタンは、シミュレータの画面を画像として保存できます。
❸ [Rotate] ボタンは、シミュレータを回転して横のレイアウトの確認ができます。
❹ シミュレータの四隅の角を、ドラッグすることで、サイズの拡大と縮小が行なえます。

▼ シミュレータを操作するボタン

Lesson 2-7　アプリの動きを確認する方法を学ぼう

2-4　シミュレータのメニューを確認

シミュレータのメニューからも、同様の操作と、他の機能も利用できます。

［Device］をクリックすると、デバイスの左回転を行う［Rotate Left］をメニューからも行えます。

他にも、［Shake］（シェイク）は、デバイスを振った動きをシミュレートできます。

▼［Device］を確認

2-5　シミュレータで起動しているアプリの停止方法

■［Stop］ボタンをクリックして、シミュレータで実行されているアプリを停止します。

▼ アプリを停止する［Stop］ボタン

2-6　シミュレータの停止方法

シミュレータ自体を停止する方法も確認します。

シミュレータの停止は3つの方法があります。

赤枠のアイコンをクリックして停止できます。この方法で停止する場合は、先に、■［Stop］ボタンをクリックして、アプリを停止させてください。**アプリを停止せずに、シミュレータを停止すると、エラーが発生するので注意してください。**エラーが発生したときはXcodeを再起動してください。

メニューバーの「**Simulator**」から「**Quit Simurator**」で停止も行えます。

キーボードの「**command**」キーを押しながら「**Q**」キーを**押すことでも停止**できます。

▼ シミュレータの停止

87

Point

[Stop] ボタンをクリックして、シミュレータを停止せずに、再度 [Run] ボタンをクリックすると、このようなダイアログが表示されます。
[Replace] ボタンを押すと、すでに実行されている
シミュレータを停止して、新しくシミュレータを起
動します。
「Don't ask again」の横のチェックをオンにすると、今後このダイアログは表示されなくなります。

▼ 確認のダイアログ

　アプリの開発は今回のように、画面を作り、プログラムを書いて、シミュレータで動作確認を行う、という手順を繰り返します。

3　iPhone（実機）に転送して、アプリを動かそう

　開発途中のアプリならシミュレータでの動作確認だけでも十分な場合も多いでしょう。
　ですが、iPhone などの実際のデバイス（実機）で確認することで、より完成度の高いアプリになります。
　実機であれば、実際の指での感触や滑らかさ、アプリの動くスピードなども確認することができます。特にカメラの撮影や動画の撮影などは、シミュレータでは再現できず、実機でしか確認できません。
　iPhone にアプリを転送して確認する方法を学びましょう。

3-1　MacとiPhoneを接続

　実機（iPhone本体）にアプリを転送するには、MacとiPhoneを、Lightning（ライトニング）ケーブルで接続する必要があります。実機転送を行うときのLightningケーブルは純正品が望ましいでしょう。Lightningケーブル（純正品）は、Appleのサイト（https://www.apple.com/jp/）から購入できます。

▼ MacとiPhone

　MacとiPhoneの接続が完了したら、Xcodeに戻ります。Xcodeでのアプリの転送先を、さきほど接続したiPhoneに切り替えます。赤枠の［Active scheme］をクリックします。

▼［Active scheme］メニューを選択

　表示されたプルダウンの上部に、接続したiPhoneが表示されていますので、クリックして選択します。

▼ 接続したiPhoneを選択

Day 1 - Lesson 2　アプリ開発の環境を整えて、Xcode の使い方を学ぼう

　　［Active scheme］で、Mac に接続した iPhone が選択されることで、アプリの転送先が接続した iPhone へ切り替わります。

▼ アプリ転送先を接続した iPhone に切り替える

3-2　デベロッパモードを有効にする

　アプリは AppStore からダウンロードして利用するのが通常ですが、アプリを作っているときは Xcode から iPhone へ直接転送します。Xcode から接続した iPhone へアプリを転送するには、デベロッパモードを有効にする必要があります。デベロッパモードは次の手順で有効にします。

▼ デベロッパモードの選択

　接続している iPhone の［設定］アプリを起動します。

❶［プライバシーとセキュリティ］をタップします。
❷［デベロッパモード］をタップします。
❸［デベロッパモード］のボタンをタップして有効にします。
❹［再起動］を選んで、iPhone を再起動しましょう。

❺ 再起動後に、「デベロッパモードをオンにしますか？」とダイアログが表示されますので、[オンにする] をタップします。
❻ パスコードの入力を求められますので、いつものパスコードを入力してください。これで、デベロッパモードが有効になりました。

▼ 再起動後の確認

次に Xcode の [Active scheme] の転送先がクリアされているので、再び転送先を設定しなおします。

❶ iPhone に接続されている Lightning ケーブルを抜いて、再び iPhone へ接続してください。
❷ [Active scheme] で、接続されている iPhone を選びます。

これで、Xcode で iPhone が正常に認識されました。

▼ Xcode の転送先を設定

3-3 Apple ID を Xcode に登録

実機に転送する前に、Xcode へ Apple ID を登録する必要があります。Xcode に登録している Apple ID と iPhone で設定されている Apple ID が同じであれば、アプリを転送することができます。

では、Xcode に Apple ID を登録していきましょう。

Day 1 - Lesson 2　アプリ開発の環境を整えて、Xcode の使い方を学ぼう

アプリケーションメニューから❶ [Xcode]→❷ [Preferences...]（プリファレンス）を選択します。[Preferences] は、Xcode の環境設定が行える画面です。

▼ [Preferences...] を選択

[Accounts]（アカウント）が Apple ID を管理しているタブです。最初なので、「No Accounts」と表示されています。

❶ [Accounts] タブを選択しましょう。
❷ 「+」（プラス）マークをクリックしましょう。

▼ [Accounts] タブを選択

追加するアカウントの種類を選択するためのポップアップ画面が表示されます。これから追加するアカウントの種類を選択します。

❶ 今回は「Apple ID」を選択します。
❷ [Continue]（コンティニュー）を選択します。

▼ Apple ID を選択

92

Lesson 2-7　アプリの動きを確認する方法を学ぼう

　Apple IDを入力して、サインインします。❶[Apple ID]（メールアドレス）を入力して、❷[Next]（ネクスト）をクリックします。

▼ Apple IDの入力

❶ パスワードを入力して、❷[Next]をクリックします。

▼ パスワードの入力

Point

Apple IDのサインインにはネット環境が必要です。インターネットに接続されているか確認してください。

▼ Teamの確認

赤いボタンをクリックして[Preferences]の画面を閉じる

あとで[Team Name]の名前を設定するために覚えておきます

93

Apple ID のサインインが完了すると、Xcode に登録されます。[Team]（チーム）の名前は、あとで必要になりますので、登録名を記憶しておきます。左上の赤いボタンをクリックして [Preferences] の画面を閉じます。

3-4　アプリのプロジェクトに Team（チーム）を設定

▼ プロジェクトのエラー確認

❶ [Project Navigator] を選択します。
❷ 「MyFirst」を選択します。
❸ [TARGETS]（ターゲット）の「MyFirst」を選択します。
❹ メニューの [Signing & Capabilities] を選択します。
❺ [Status]（ステータス）で、エラーが発生しているのが確認できます。このエラーの内容は、[Team] を設定することで解消ができます。
❻ [Team] の「None」をクリックするとリストボックスが表示されます。

Point

[Team] の設定は、シミュレータの起動時には不要ですが、実機転送を行う場合には設定されていないとエラーとなり転送できないので、注意が必要です。

Point

[Team] は、複数人でアプリ開発するための仕組みです。権限に応じて、ビルドしたり、アプリを配布したりなどが行えます。本書では複数人でのアプリ開発は行いませんので、実機へ転送する際には [Team] の設定が必要になるくらいの理解で大丈夫です。

Lesson 2-7　アプリの動きを確認する方法を学ぼう

　[Team]の項目に、先ほど登録したアカウントが表示されるので選択します。

▼ Apple ID（Team）選択画面

　[Team]を選択するとエラーが解消されることを確認しましょう。この[Team]の設定はiPhoneへアプリを転送する際には必ず必要になります。

▼ [Team] の設定

　環境に応じていくつかのエラーが表示されることがあります。そのときは次のことをご確認ください。

▼ [Bundle Identifier] で発生するエラー

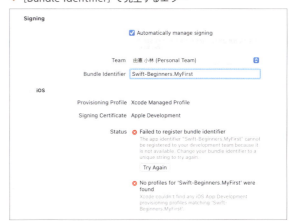

❶ [Bundle Identifier] を重複しないID にする。

　Bundle Identifier は、ご自身のアカウントだけでなく世界中のApple アカウントで重複しないIDを設定する必要があります。重複しないIDを設定したにも関わらずエラーになるときは、末尾に適当な英数字を付加してください。それでもエラーになるときは、ID全体を適当な英数字にしてください。今は学習用ですので、重複さえしなければどのようなIDでも構いません。

95

Day 1 - Lesson 2　アプリ開発の環境を整えて、Xcode の使い方を学ぼう

❷ **ネットワーク環境を確認してください。**

　企業内でファイアウォールがあるような環境では、Xcode がエラーになることがあります。その場合は、一般的なご自宅のネットワーク環境で作業を継続してください。

❸ **「Your maximum App ID limit has been reached.You may create up to 10 App ID every 7 Days.」のエラーが表示されたとき。**

　ここでの AppID は、Bundle Identifier のことです。この ID を何度も変更していると 7 日間で 10 個の ID しか作れない制限がかかります。7 日間なので、少し期間をあけてもらえると新しく ID が作成できるようになります。この制限は、Apple Developer Program で無料アカウントの場合に発生します。

　それでも問題が解決しない場合は、次の Web ページをご確認の上、お問い合わせください。
https://ticklecode.com/swiftbook2022/

3-5　Xcode から iPhone へアプリを転送して起動

　実機転送に必要なファイルのダウンロードが完了したら、アプリの転送を行います。
　アプリの転送を行う前に、再度、**転送先が Mac に接続されている iPhone に設定できているかを確認します。**
　転送先の変更や確認については、「3-1 Mac と iPhone を接続する」を確認してください。

❶ ［Active scheme］が転送先の iPhone になっていることを確認してください。
❷ ▶ ［Run］ボタンをクリックすると、Xcode から iPhone へアプリの転送が始まります。

▼ iPhone への転送

証明書の設定ダイアログが表示されます。
❶ macOS のログインパスワードを入力します。
❷ ［常に許可］をクリックします。

　iPhone へはじめてアプリを転送すると次のメッセージが表示されることがありますので、個別に対応を解説します。

96

Lesson 2-7 アプリの動きを確認する方法を学ぼう

```
Unlock XXXX iPhone to Continue
```

iPhoneがロックされているとアプリの転送ができません。表示されているメッセージは閉じずにそのままにして、iPhoneのロックを解除してください。ロックが解除されると引き続きXcodeからアプリの転送が始まります。

▼ iPhoneがロックされている

```
Could not launch "MyFirst"
```

iPhoneへアプリを転送するときに、iPhoneであらかじめアカウントの許可が必要です。その許可を求めるメッセージです。次の手順で、iPhoneでアプリの許可をしてください。

▼ iPhoneでアカウントの許可が必要

iPhoneで［設定］→［一般］→［VPNとデバイス管理］の順にメニューをたどり、次の手順ですすめます。

▼ iPhoneでアカウントを許可する

❶デベロッパAPPのアカウントをタップ　❷メールアドレスをタップ　❸［信頼］をタップ　❹アカウントが信頼されました

❶ ［デベロッパ APP］の項目で Apple ID で登録したメールアドレスが表示されています。これが許可が必要なアカウントです。このアカウントをタップします。
❷ Apple ID で登録したメールアドレスをタップします。
❸ 信頼するかどうかのメッセージが表示されるので、［信頼］をタップします。
❹ アカウントが信頼されていることを確認します。

　iPhone でアカウントが信頼されたあとに、Xcode へ戻ります。「Could not launch "MyFirst"」メッセージが表示されているので、「OK」ボタンを押します。
　▶ ［Run］をクリックして、再度、iPhone へアプリを転送します。
　iPhone にアプリが転送されると、アプリが起動されます。「切り替えボタン」をタップしてみましょう。「Hello, World!」から「Hello, Swift!」に文字が切り替わると成功です。

3-6　iOS のダークモード

　実機転送をした iOS の設定によってはアプリの配色が変わります。
　白を基調にした配色（ライトモード）か、もしくは、**黒を貴重にした配色（ダークモード）**か、iOS の設定で自動で切り替わります。
　これは、**iOS 13.0 で導入されたダークモード**と呼ばれる機能です。
　iPhone や iPad の設定によって、デフォルトの白を基調にした配色か、黒を基調にした配色かを自動的に切り替えて表示します。
　ダークモードは、「設定」アプリの「画面表示と明るさ」で設定が変更できます。

▼ iPhone でのアプリ起動イメージ

▼ iPhone での設定

ダークモードの確認をするために、アプリを転送した iPhone で、設定を切り替えてダークモードの表示を確認してみてください。

暗い配色は目にやさしいだけでなく、睡眠の改善など、実際の生活での健康面でもメリットがあります。

ダークモードに対応したアプリを開発する上では、ダークモードを意識したデザイン、配色を学ぶ必要がありますが、本書では範囲外なので取り扱いません。

3-7　iPhone を横向きにして確認

iPhone を横向きにしても文字が中央に表示されていることも確認しましょう。

▼ アプリの横向き表示

Day 1 - Lesson 2　アプリ開発の環境を整えて、Xcode の使い方を学ぼう

　iPhone を横向きにしてもレイアウトが変化しない場合は、「画面方向のロック」が「オン」になっています。

　右図のように、赤枠のアイコンの線が赤い場合は、オンになっているので、タップをして解除をしてください。

これで、最初のアプリ開発は完了です。お疲れさまでした！

▼ 画面方向のロック

Point

最後にコードを書くルールを復習しましょう。

・英字、数字、記号は半角で記述する
・大文字と小文字は区別される
・トークン間（英数字や記号の間）は半角スペースで記述、全角スペースはエラーが発生する

```
// 「body:」と「some」のようなトークン間は半角スペース
var body: some View {
    （省略）
}
```

Point

もし違う場所にコードを追加してしまった場合には、キーボードの「command」+「Z」キーを実行して直前の操作を取り消して、再度コードを入力しましょう。
このように操作が行えるキーの組み合わせを「ショートカットキー」といいます。
また、「shift」+「command」+「z」キーを押すことで、直前の操作の取り消しを取り消すことができます。
Xcode での操作に限らず、Mac の基本的な操作なので、よく利用します。覚えて活用していきましょう。

Lesson 3

Day 1 / Day 2

じゃんけんアプリを作ろう
―Swiftの基本を学ぶ―

Lesson 3-1
完成をイメージしよう

Lesson 3-2
プロジェクトを作成しよう

Lesson 3-3
画面に部品を配置しよう

Lesson 3-4
じゃんけん画像を切り替えよう

Lesson 3-5
アイコンを設定しよう

じゃんけんアプリを作りながら、アプリ開発の基本を学びます。
最後に「ステップアップ」でアプリアイコンを設定する方法を学びます。
もう少し深く学習してみたい方はチャレンジしてみてください！

Day 1 Lesson 3-1 完成をイメージしよう

 このレッスンで学ぶこと

- これから実装するじゃんけんアプリの動作をイメージして、開発の準備を整えます。
- 画面に使われる部品を把握しましょう。

完成イメージ

この章では「じゃんけんアプリ」を作ります！

開発をはじめる前に、作りたいアプリの動き（動作）をイメージするのはとても大切なことです。作りたい物の完成図や設計のことを、**仕様（しよう）**とも言います。各章最初にアプリの仕様を示しますので、しっかりイメージしてから開発に取り組んでください。

じゃんけんアプリは、「じゃんけんをする！」をタップすると、グー、チョキ、パーの画像が表示されてじゃんけんができます。

また、じゃんけんの結果はランダム（無作為）に表示されるように作ります。

⚙️ 部品レイアウト

- 画像を表示できる「Image」、文言を表示させる「Text」、じゃんけんをする「Button」の3つの部品を配置します。
- 「Text」と「Button」に、背景色、文字色、文字サイズを設定します。
- 「Image」に表示したじゃんけんの画像を切り替えます。

ⓘ Point

画面の部品は、「View」（ビュー）とも言います。様々なViewの配置の仕方、レイアウトの整え方を学びます。

👤 ユーザー操作

- 「じゃんけんをする！」をタップすると、グー・チョキ・パーのいずれかの画像が表示されます。
- 「じゃんけんをする！」をタップすると、Textにじゃんけんの種類が表示されます。

ⓘ Point

プログラミングの第一歩として、if文を学びます。基本的な構文なので、しっかり使い方を体得しましょう。
if文を利用して、画像を切り替える処理を行います。

また、Swiftの関数（かんすう）を利用して、じゃんけんの種類をランダムに表示させます。
プログラミングでは、多くの関数を扱うようになりますので、関数の取り扱いを学びましょう。

Day 1 Lesson 3-2 プロジェクトを作成しよう

 このレッスンで学ぶこと

- 最初に、新規プロジェクトを作成するところからはじめてみましょう。

1 プロジェクトを作成しよう

1-1 Xcode を起動

Xcode を起動し、新規にプロジェクトを作成したいので ⊞「Create a new Xcode project」をクリックしてください。

▼ Xcode の起動画面

 Point

過去に作成したプロジェクトを使う場合は、上から3つ目の 📁 [Open a project or file] をクリックして、既存のプロジェクトファイルを選択します。

Lesson 3-2 プロジェクトを作成しよう

1-2 テンプレートを選択

作成するアプリのテンプレートの選択画面が開きます。次の番号の手順で選びます。

▼ テンプレートの選択画面

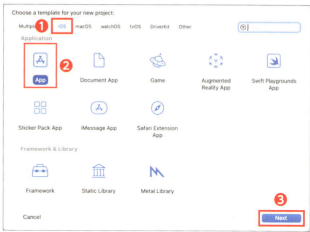

❶ [iOS] を選択します。
❷ [App] テンプレートを選択します。
❸ 右下の [Next] をクリックします。
　[App] テンプレートは、最初に1枚の画面だけが用意された、一番シンプルな構造のテンプレートです。

1-3 プロジェクトの情報を入力

次の情報を入力します。

▼ プロジェクト情報の入力画面

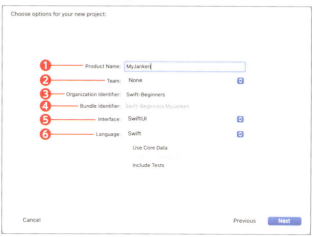

❶ [Product Name]：MyJanken
❷ [Team]：None
❸ [Organization Identifier]：Swift-Beginners
❹ [Bundle Identifier]：（なにも入力しない）
❺ [Interface]：SwiftUI
❻ [Language]：Swift

　本書では、[Organization Identifier] を、「Swift-Beginners」と入力していますが、学習の際には、別の ID を設定してください。たとえば、ホームページのドメインのように、重複しにくい ID を入力してください。

　プロジェクトの作成方法や [Organization Identifier] の解説については、「Day1 Lesson2-4 Xcode を起動して、プロジェクトを作成しよう」(P.39) を確認してください。

▼ 作成したプロジェクト

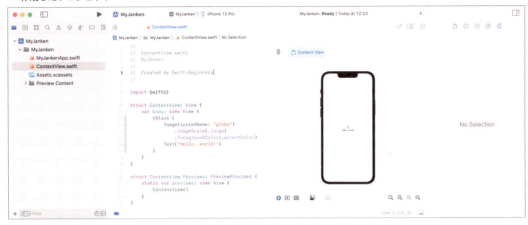

2 プロジェクトファイルの役割を理解しよう

作成されたプロジェクトには、様々なフォルダやファイルがあります。大まかな役割を理解しましょう。

▼ プロジェクトのファイル

▼ それぞれの役割

ファイル名	役割
❶ MyJankenApp.swift	アプリケーションのエントリーポイント ※エントリーポイントとは、プログラムの最初の命令が実行される場所
❷ ContentView.swift	アプリの基本的な画面
❸ Assets.xcassets	画像、音楽ファイル、アイコン、色など、アプリで使用されるリソースを管理（アセットカタログ）
❹ Preview Assets.xcassets	Preview 用のアセットカタログ

Day 1 Lesson 3-3 画面に部品を配置しよう

このレッスンで学ぶこと

- Xcode の基本操作を習得しましょう。
- Xcode の基本的なパーツである、Image、Text、Button を配置しましょう。
- 各パーツの、配色や文字の設定方法を習得しましょう。

1 画像ファイルを取り込もう

最初に、じゃんけんアプリで利用する画像を取り込んでいきます。

Point

画像ファイルは、本書のサンプルアプリの素材として提供しています。まだ、入手していない方は、次の場所からダウンロードしてください。

サンプルアプリダウンロードと使い方 - 公式サポートサイト
https://ticklecode.com/swiftbook2022/

❶ ［Project navigator］を選択している状態で、❷ ［Assets.xcassets］を選択します。
［**Assets.xcassets**］は、画像ファイル（リソース）や色等を管理するアセットカタログです。

新しいプロジェクトを作成すると、Xcode は、「**Assets.xcassets**」という名前の、アセットカタログを作成します。

▼ Assets.xcassets を選択

📁 [Project navigator] からアセットカタログを選択すると、Xcode はエディタエリアでカタログを開きます。

そのカタログに画像を追加（インポート）します。

素材フォルダ「**MyJanken/material/**」の中にある「**choki.png**」「**gu.png**」「**pa.png**」の3つのじゃんけん用画像ファイルを、[Assets.xcassets] の中へドラッグ＆ドロップします。

ひとつずつ取り込んでも構いませんが、[command] キーを押した状態で、画像を選択していくと複数ファイルを一度に選択することができます。

この操作で、Xcode に画像が取り込まれます。

▼ 画像の取り込み

▼ 画像追加後の確認

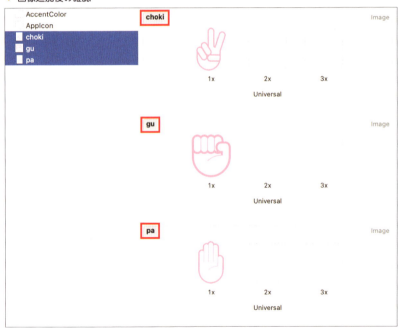

このように、[Assets.xcassets] に画像が追加されていることを確認してください。表示されている「choki」「gu」「pa」は、画像のファイル名です。**のちほど、この名前をプログラムに記述して、取り込んだ画像を利用します。**

Point

アセットカタログは、名前の付いたアセット（画像ファイル等）とファイルをマッピングしてアプリのリソースを保存する方法です。

Assets.xcassets の各画像で表示されている「1x 2x 3x」は、Scale factors（スケールファクター）といい、解像度の倍数を示しています。

解像度の倍数はデバイス・ピクセル比のことです。

1x：標準解像度（非 Retina）
2x：Retina 解像度 2 倍
3x：Retina 解像度 3 倍

アプリで表示する画像は、Xcode は同じ画像を 3 つの異なるサイズで提供することを想定しています。
x1 に指定した画像が、100x100 ピクセルであれば、2x では 200x200 ピクセル、3x では 300x300 ピクセルの画像を用意して設定をすると各デバイスに応じた最適な解像度で画像を表示することができます。

下記のように各デバイスごとに、優先して採用されるスケールファクターが異なります。

デバイス名	スケール
iPhone 11	2x
iPhone 12 シリーズ	3x
iPhone 13 シリーズ	3x
iPhone 14 シリーズ	3x
iPhone SE (第 3 世代)	2x

例えば、iPhone 14 であれば、3x に指定されている画像を優先的に採用し、指定がなければ、x1 の画像を採用します。
この場合、x1 の画像を、x3 のピクセル比に引き伸ばして表示がされるため、サポートするデバイスごとに高解像度の画像を用意することが推奨されています。

Day 1 - Lesson 3　じゃんけんアプリを作ろう ―Swiftの基本を学ぶ―

追加した画像は [Media library] という画面でも確認することができます。

▼ [Media library] での確認

❶ ＋ [Library] を選択すると、Library 画面がポップアップされます。
❷ 🖼 [Media library] を選択すると、先程、[Assets.xcassets] に取り込んだ画像ファイルが一覧で確認できます。

これで、じゃんけんアプリで利用する、素材の取り込みは完了しました。

！Point

🖼 [Media library] を非表示にするには、Xcode のどこかをクリックすると画面が閉じます。

2 レイアウトの構成を理解しよう

SwiftUI では、従来の Storyboard とはレイアウト方法及び、実装方法が一新されました。
SwiftUI には、VStack（垂直：縦）、HStack（水平：横）、ZStack（奥行き）の 3 つのレイアウトビューが含まれています。
このレイアウトは、**スタックレイアウトビュー**とも言われます。
ビューは互いに重ねて表示されます。
実際にコードを書いていく前に、イメージを掴んでおきましょう。

110

2-1 VStack（垂直：縦）、HStack（水平：横）、ZStack（奥行き）

SwiftUIのビューは、親ビューと子ビューで階層的に構成されています。

これにより、複数のビューを入れ子にして、複雑なユーザーインターフェイス（UI）を作成することができます。

VStackは子ビューを縦に並べることができます。この例では、親ビューであるVStackの中に、子ビューとしてButton、Image、Textを3つ、垂直（縦）方向に積み重ねて配置しています。

▼ VStack（垂直：縦）

HStackは子ビューを横一列に並べることができます。この例では、親ビューであるHStackの中に、子ビューとしてButton、Image、Textを3つ、水平（横）方向に並べて配置しています。

▼ HStack（水平：横）

ZStackは子ビューを重ねて配置することができます。例えば画像の上に、ボタン等を配置したい場合などに便利です。

▼ ZStack（奥行き）

VStack・HStack・ZStackは、組み合わせで、親ビューにも子ビューにもなります。

例えば、VStackの中に、ZStackを入れることもできますし、ZStackの中に、VStackを入れる構造にもできます。

作りたいレイアウトをあらかじめ想定しておいて、この3つのスタックレイアウトビューを組み合わせてレイアウトを行っていきます。

Point

アプリのレイアウトはコードを書く前に、手書きで良いのでペンで紙に書いておくか、Keynote のようなアプリケーションを利用してイメージを書き出しておくとコードに落とし込みやすいです。

アプリを作る前に、どのようなレイアウトにするか、どのように動作をするか、**どんな機能があるのかを、紙の上やデジタル上で作った試作品を「ペーパープロトタイプ」**とも言います。

本書を卒業して自作のアプリを開発する前に、画面に表示する大まかなレイアウトと表示内容、画面同士の繋がりをまとめてみましょう。

2-2 じゃんけんアプリのレイアウト

じゃんけんアプリでは、VStack（垂直：縦）を利用したレイアウトを作成します。
このイメージを頭に置いて、コードを書いていきましょう。

2-3　UIパーツ（Image）を配置しよう

▼ContentView.swift を選択

画面のレイアウトを書いて行きたいので、❶ [Project navigator] を選択している状態で、❷ ContentView.swift を選択します。ContentView.swift は、アプリの画面です。

最初から出力されている、青枠のコードを選択して、delete キーで削除しましょう。

▼コードを削除

「{ }」（ブロック）の中に赤枠のコードを追加してください。**プログラムコードは、半角英数字と記号**で記述します。

全角はエラーになります。また、**大文字と小文字は区別**されるので、「Image」の最初の文字は大文字「I」（アイ）であることに注意して入力してください。

小文字の「i」（アイ）と大文字の「I」（アイ）は区別されることを覚えておいてください。

▼コードを追加

Day 1 - Lesson 3　じゃんけんアプリを作ろう ―Swift の基本を学ぶ―

⚠️ Point

「{ }」の記号は「**ブロック**」と呼ばれ、コードを束ねる（グループ化）することができます。

Swift を始めとする、多くのプログラミング言語では、この「{ }」（ブロック）はとても重要な考え方です。

コードには影響範囲があり、「{ }」（ブロック）の外に書かれているのか、中に書かれているのかで、その影響範囲が変わってきます。

そのことを、**ブロックスコープ**と言います。

たくさんの新しい言葉が出てきて混乱すると思いますが、これも慣れるのみなので、今は、どの位置にコードが追加されているのかを意識して気をつけて頂ければ大丈夫です。

では、画面を確認してみましょう。

▼ Canvas を表示

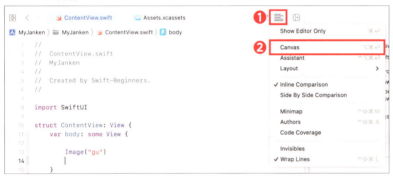

Canvas（キャンバス）が表示されていない方は、表示させましょう。

❶ [Adjust Editor Options] をクリックして

❷ [Canvas] を選択して表示させます。

▼「Resume」の実行

❶ お好きなデバイスを選択してください。ここでは、「iPhone 13」を選択します。
❷ [Preview paused]と表示されている場合は、プレビューが一時停止している状態なので、[Resume]（再開）をクリックします。

Canvasに、じゃんけん画像の「gu」が表示されていることを確認します。

▼ じゃんけん画像の確認

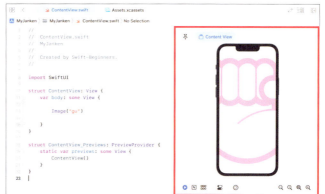

2-4 Imageに「Modifier」（モディファイア）を追加しよう

グーの画像は表示されましたが、画面からはみ出してしまっていますね。レイアウトの設定を追加して、画面の中に収まるようにしたいです。

SwiftUIでは、ViewsでUIを構築し、**Modifier（モディファイア）を適用してレイアウトを整えていきます**。

モディファイアとは、日本語では「修飾語」という意味です。

▼ 画像をリサイズ

❶ 「Image("gu")」の後に、「.res」を入力します。**「.」（ピリオド）から入力するのを間違えないように**してください。

❷ 赤枠のように、Xcode がいくつかの選択肢をリスト表示してくれます。
この機能を、**入力補完機能（にゅうりょくほかんきのう）**と言います。

❸ 「resizable()」を選択します。

> **Point**
>
> 入力補完機能は、私たちがコードを入力している最中に、Xcode が自動的に変数名やメソッド名を推測して、候補として提案してくれます。
> 自分ですべてのコードを入力していくと、スペルミスでエラーが発生したりと負担が高くなるので、入力補完を積極的に活用していきましょう。

赤線のコードを追加してください。

▼ 画像をリサイズ

「.resizable()」を追加すると、プレビューに表示されている変化を確認できます。
[Preview paused] と表示されている場合は、⟳ [Resume]（再開）をクリックして再描画をしてください。
グーの画像が画面の中に収まっていることを確認しましょう。
resizable モディファイアは、画像は利用可能なスペースを埋めるように自動的にサイズ調整します。
SwiftUI では、画像はデフォルトでリサイズされません。
画像のサイズを変更するには、画像ビューを宣言した直後に resizable モディファイアを適用してサイズを変更しなければなりません。

Lesson 3-3　画面に部品を配置しよう

ⓘ Point

SwiftUIでは、ImageやButtonのようなビューに、resizableのようなビューモディファイアを適用することで、ビューの外観や動作を変更することができます。**ビューモディファイアは、「.」（ピリオド）で連結することで、与えられたビューを受け取り、それを修正し新しいビューとして返します。**

resizable()で、サイズ調整は出来ましたが、これは画像の元のアスペクト比（縦横比）を歪めてしまう原因にもなります。
アスペクト比を調整するモディファイアを追加して修正します。

赤線のコードを追加してください。

▼ アスペクト比を調整

```
Image("gu").resizable().scaledToFit()
```

追加すると、Canvasに表示されている画像のアスペクト比（縦横比）が調整されたことが確認できます。

ⓘ Point

Viewに対して、「.」（ピリオド）で繋げてモディファイアを適用します。

117

scaledToFit モディファイアは、アスペクト比（縦横比）を維持しながら親ビューに合うように拡大縮小します。

その結果、画像全体が表示されることが保証されます。

「.scaledToFit」の他に「.scaledToFill」を指定できます。

scaledToFit は、アスペクト比を保ったまま画面いっぱいに表示します。

scaledToFill は、縦横比を保ったまま短い辺を基準に画像を画面いっぱいに表示します。

2-5 「Modifier」（モディファイア）を改行してコードを整えよう

この 2 つのモディファイアの追加で、画像がうまく画面の中に収まりました。

コードは一行で記述しましたが、複数モディファイアを設定する場合は、**モディファイアを改行して縦に積み上げていくのが一般的**です。

こんな風に、コードを改行してみましょう。「.」（ピリオド）の前で改行して整えてみてください。本書では 1 インデントをスペース 4 個としています。キーボードの「tab」キーで整えても大丈夫です。前章でも解説しましたが、**コードのインデントを整えるのは、可読性を高めるためとても重要**です。常に心がけておきましょう。

このように、「.」（ピリオド）で、モディファイアを繋げて、それぞれが前のモディファイアの結果を適用します。モディファイアを複数設定したい場合は、「.」（ピリオド）で繋げて記述します。「.」を**「Chain」（チェーン）**といいます。

▼ コードを整形

```
8   import SwiftUI
9
10  struct ContentView: View {
11      var body: some View {
12
13          Image("gu")
14              .resizable()        整形
15              .scaledToFit()
16
17      }
18  }
```

▼ モディファイアをチェーンで連結

```
8   import SwiftUI
9
10  struct ContentView: View {
11      var body: some View {
12
13          Image("gu")
14              .resizable()
15              .scaledToFit()
16
17      }
18  }
```

chain（連結）

Lesson 3-3　画面に部品を配置しよう

コードの意味がわかりやすくなるように、コードの間にコメントを入れてみましょう。
コメントは、「/」（スラッシュ）を2つ続けて「//」と記入します。

```
// グー画像を指定
Image("gu")
// リサイズを指定
    .resizable()
// アスペクト比（縦横比）を維持する指定
    .scaledToFill()
```

このように、コードの間にコメントを記述することもできます。

> **Point**
>
> 本書では、読者の皆様にわかりやすいように、コードの間にコードの意味が分かるようにコメントを付けて解説を進めていきますが、このようにコードの間にコメントを記述するのは一般的ではありません。
> 本来コメントはコードの意味を書けば良いというものではなく、皆さんが実際にコードにコメントを書く場合には、コードに関する注意書きや、実装の経緯を記録し後の理解の補助になるように適度に記述することをおすすめします。
> ただ、学習中はコードの意味を理解するため、積極的に理解した内容をコメントに記録していきましょう。理解したコードの意味などを自分の言葉で記録していくと理解が深まりやすいです。

2-6　今までのコードを理解しよう

今まで、コードを書いて手を動かしながらレイアウトの変更を体験していただきました。
現状のコードで、まだ解説できていないキーワードを見ていきましょう。
ただ、初学者には難しい概念や解説にはなりますので、今は理解できなくても大丈夫です。
理解できる方は読み進めていただいて、難しく感じられた方は、一通り本書が終えられたらもう一度戻って読み進めてください。

▼ 構文について

❶ struct（ストラクト）	複数の値をまとめて管理できるもので、日本語では**構造体（こうぞうたい）**と言われます。struct とは別に、複数の値をまとめて管理する方法として、**class（クラス）**もあります。使い分けは、class を利用する際に解説をしますが、基本的に **Swift では、struct の利用が推奨**されています。データを一元管理する場合や、Objective-C（Swift 以前の iOS 標準開発言語）の相互運用が必要な場合に class を使用します。
❷ ContentView	struct（構造体）に付けられた名前です。ContentView という名前を、「:」（コロン）を付けて記述することで構造体名を付けることができます。❸の View プロトコルに準拠（じゅんきょ）して、何らかのビューを返す❺の **body というプロパティを持つ必要**があります。また、SwiftUI で表示したいものは全て、View プロトコルに準拠している必要があります。
❸ View	デフォルトで様々なモディファイアが用意されているプロトコルです。View プロトコルをこのように指定することを準拠（じゅんきょ）すると言い、先程、追加した resizable や、aspectRatio のような共通のルールで提供されているモディファイアを利用することができるようになります。
❹ var	**Variable（変数：へんすう）**を示すキーワードです。変数名の前に記述します。「var」を利用して、はじめて変数を書くことを**変数を宣言する**といいます。
❺ body	変数の名前です。変数名とも言い、キーワード var の後に、名前（**変数名**）を、「:」（コロン）を付けて記述することで、**プロパティ（property）**として宣言が行えます。
❻ some	Swift 5.1 から導入された新しい言語機能です。some は型（かた）とも呼ばれ、**Opaque Return types（不透明な戻り値の型）**とも言われます。some キーワードを使うと、プロパティや**関数（かんすう）**の具体的な戻り値（もどりち）の型を抽象化し「隠す」ことができます。body が保持するビューは、Text や Button、VStack など様々な種類がありますが、View プロトコルに準拠した some を指定することでどんなビューも保持することができます。
❼ クロージャ（Closure）	「{」で始まり「}」で終わる、コードの集まり（関数）です。一般的な関数は、コードの集まりに名前を付けますが、**クロージャでは、そのコードの集まりに名前を付けないまま関数（無名関数）**として変数に入れて、後で呼び出して利用することができます。また、クロージャを実行したときのプログラムの状態を記憶することができます。

変数とは、数字、文字列、テキスト、ボタン、画像などを格納しておく箱のようなものです。変数にそのようなデータを入れて参照したり操作したりします。変数は、データに名前（ラベル）を付けられるので、プログラムを読む人や自分自身がより明確に理解できるようになります。

▼ 変数のイメージ

プロパティ（property）とは、特定の struct、class に関連付けされた定数または変数のことです。右図の例では、「name」「email」「score」がプロパティです。body もプロパティにあたります。

▼ プロパティの例

> **Point**
> 変数は宣言後も値の変更が可能で、定数は宣言後に値の変更をすることができません。

　関数とは、何らかの結果を得るためのコードの組み合わせで、Swiftでは、「{ }」ブロックで囲みます。関数は処理を実行するためのデータを渡すこともでき、その値を**引数（ひきすう）**と言います。また、それを呼び出したコードに結果を返すことができます。この返す結果を、**戻り値（もどりち）**と言います。引数を持たない関数も定義できます。

▼ 関数のイメージ

　プロトコルは、structやclassが持たなければならないプロパティやメソッドが記述された取り決めです。メソッドとは、特定のstruct、classで定義されている関数です。View以外にも様々な機能を持ったプロトコルがあり、structやclassでプロトコルに定められているルールに準拠して実装を行います。準拠とは、あるものをよりどころとしてそれに従うという意味です。プロトコルがそのよりどころ（基準）です。複数のプロトコルに準拠することもできます。

▼ プロトコルのイメージ

　プログラミングにおける**「型」とは、値（データ）の種類をいくつかに分類して、それぞれの扱い方を決めたもの**です。
　開発者がどのようなデータを使用するかをコンピュータに伝える、データの属性とも言えます。
　Swiftでは、名前付き型と複合型の2種類の型があります。名前付き型とは、定義されたときに特定の名前を与えることができる型のことです。
　名前付き型には、プロトコル型、クラス型、構造体型などがあります。また、数字、文字、文字列を表すデータ型もあります。
　複合型とは、Swift言語自体で定義されている名前のない型のことです。複合型には、関数型とタプル型の2つがあります。
　本書では、データ型について詳しく解説をしていきます。

　その他にも、コードに記述されていない、Swift 5.1で導入された新機能についても触れたいと思います。
　他のプログラミング言語を経験されている方は、コードに「return」が無いことに気づかれると思います。言語によっては、「return」を記述して戻り値を返さなければいけませんが、**Swift 5.1から、単一の式で**

Day 1 - Lesson 3　じゃんけんアプリを作ろう ―Swift の基本を学ぶ―

ある関数（またはクロージャ）を暗黙で return できるようになったため、省略できるようになりました。

暗黙のリターン	明示的なリターン
```\n 8 import SwiftUI\n 9\n10 struct ContentView: View {\n11 var body: some View {\n12 Image("gu")\n13 .resizable()\n14 .scaledToFit()\n15 }\n16 }\n```	```\n 8 import SwiftUI\n 9\n10 struct ContentView: View {\n11 var body: some View {\n12 return Image("gu")\n13 .resizable()\n14 .scaledToFit()\n15 }\n16 }\n```

　必要最小限の解説ではありますが、それぞれのキーワードに触れました。プログラミング初学者の方は一気にはじめての言葉が現れて混乱されるかもしれません。

　その場合は、本書を先に進めていくつかアプリを作った後に、この解説に戻ってきてください。

Point

関数とメソッドはよく似ていますが、明確な違いがあります。どちらも再利用可能なコードの塊ですが、メソッドは、struct、class の中で定義されていて、関数はそうではありません。

```
// 関数
func thisIsAFunction() {
}
// メソッド
struct Person {
    func thisIsAMethod() {
    }
}
```

Point

プログラミング学習を複雑に感じさせる要因は、似たような言葉、違いの分かりづらい言葉が多くあるのも一因です。特に、解説に日本人には慣れない横文字を利用しなければいけなく、また、英単語を訳すと普段利用しないような言葉に置き換えられるため混乱します。

したがって、その言葉の理解は後に回して、コードを書いて体験をより多くすることで消化していきましょう。

自転車に乗る方法をいくら言語化して説明しても、自転車が乗れるようにはならないのと同じで、これらの言葉をいくら詳細に説明しても理解に繋がることは少なくプログラミングができるようにはなりません。コードをたくさん書いて様々な機能を実装することが頭の中のイメージを作り理解に繋がります。

また、なぜプロトコルや構造体が必要なのか考えると、なかなか前に進みづらいです。最初は特に難しく悩むことなく、単純にプログラミング言語を作った人が決めたルールというだけで、そのルールに沿って開発していくんだなと思って頂ければ大丈夫です。

理解が深まってくると、プログラミングの歴史も踏まえて、なぜそのようなものが必要になったのか理解できるようになってきますが、最初からすべてを理解できる人はいません。ひとつひとつ気楽に前に進んできましょう。

122

Lesson 3-3　画面に部品を配置しよう

2-7　じゃんけんの種類を表示する Text を追加しよう

では、実装を進めていきましょう。次にじゃんけんの種類を表示する Text を追加していきます。右図で赤色の矢印で示している Text を追加します。

▼ じゃんけんの種類を表示

▼ VStack を追加

❶ の位置に VStack を追加します。カーソルを置いて、「command」+「shift」+「L」を実行します。

　[Library] が起動するので、❷ [Views library] を選択している状態で、❸ VStack を検索します。❹ [Vertical Stack] が検索できたら、enter を押して追加をします。**Canvas が表示されていないと [Views library] が表示されません。Canvas を表示してください。**

123

Day 1 - Lesson 3　じゃんけんアプリを作ろう ―Swift の基本を学ぶ―

🅘 Point

「command」＋「shift」＋「option」＋「L」を実行して、[Library] を起動すると常時表示できます。

VStack のコードが追加できたことが確認できれば成功です。

コードを直接書く方法でも構いませんが、このようにして、[Library] から View を追加するとコードをテンプレートのように出力してくれるので、コードの追加と変更がしやすいです。ぜひ、活用してください。

▼ 追加された VStack

```
10    struct ContentView: View {
11        var body: some View {
12
13        VStack {
14            Content          ◀── コードが追加される
15        }
16
17        // グー画像を指定
18        Image("gu")
19        // リサイズを指定
20            .resizable()
21        // 画面に収まるように、アスペクト比（縦横比）を維持する指定
22            .scaledToFit()
23
24        } // bodyはここまで
25    } // ContentViewはここまで
```

グー画像を表示するコードを、先程追加した VStack のブロックの中に移動します。

❶ 赤枠のコードを、キーボードの [shift] を押しながら複数行を選択して、[command] と「X」を押すとカットできます。

❷ VStack の中にカーソルを置いて、あらかじめ出力されている「Content」を削除してください。「command」+「V」で先程カットしたコードをペースト（貼り付け）します。

▼ コードをカット

```
10    struct ContentView: View {
11        var body: some View {
12
13        VStack {
14            Content          ❷ VStack の中に
15        }                    「command」＋「V」でペースト（貼り付け）
16
17        // グー画像を指定
18        Image("gu")          ❶ 行選択をして
19        // リサイズを指定      「command」＋「X」でカット
20            .resizable()
21        // 画面に収まるように、アスペクト比（縦横比）を維持する指定
22            .scaledToFit()
23
24        } // bodyはここまで
25    } // ContentViewはここまで
```

124

Lesson 3-3　画面に部品を配置しよう

VStack の中に Image と Text を縦に配置をします。

赤線のコードを追加してください。

▼ コードをペースト（貼り付け）

```
10  struct ContentView: View {
11      var body: some View {
12
13          VStack {
14              // グー画像を指定
15              Image("gu")
16              // リサイズを指定
17                  .resizable()
18              // 画面に収まるように、アスペクト比（縦横比）を維持する指定
19                  .scaledToFit()
20              // じゃんけんの種類を指定
21              Text("グー")          追加
22          }
23      } // bodyはここまで
24  } // ContentViewはここまで
```

▼ ブロックの数を確認

```
10  struct ContentView: View {
11      var body: some View {
12
13          VStack {
                // グー画像を指定
                Image("gu")
                // リサイズを指定
                    .resizable()
18          // 画面に収まるように、アスペクト比（縦横比）を維持する指定
19                  .scaledToFit()
20          // じゃんけんmの種類を指定
21              Text("グー")
22          }
23      } // bodyはここまで
24  } // ContentViewはここまで
```

❶カーソルを当てる

❷対応する {}（ブロック）が反応

このように、VStack の中にコードが移動できているか確認してください。Xcode のコード折りたたみ表示設定（P.53 参照）をしている方は、下記の方法で、ブロックの数が合っているか、確認をしてみましょう。

❶ 縦のバーの箇所にカーソルを当てると

❷ 対応するブロックが反応するので、ブロックの数が合っているか確認をしてください。今後は、書くコードも長くなってくるので、この機能を活用して、**常にブロックが対になっているか確認しましょう。**

125

Day 1 - Lesson 3　じゃんけんアプリを作ろう —Swiftの基本を学ぶ—

▼ Canvas（キャンバス）でプレビューを確認

プレビューで確認してみましょう。「グー」という文字と画像が表示されていれば正常な動きです。

2-8　じゃんけんを開始するButtonを追加しよう

今度は、タップしたらじゃんけんができるButtonを追加します。
先程追加した、じゃんけんの種類を表示させるTextの下に追加します。

▼ Buttonを追加

❶ 「Button」と入力していくと入力補完で候補が出力されます。
❷ 「Button(action:label:)」を選択してください。

126

Lesson 3-3　画面に部品を配置しよう

　入力補完で、Buttonの候補が複数表示されますが、今回は、Buttonのラベルを装飾（デザイン）したいので、「Button(action:label:)」を選択してください。

 Point

「( )」丸括弧の中には、引数（ひきすう）を指定します。
引数には、ビュー（構造体）や関数に渡す何らかの値や関数を指定します。
ビューは、引数に指定された値や関数を利用して、画面のパーツを生成します。
先程選択したButtonの丸括弧の中に記述されていた「action:」や「label:」は、引数名です。

入力補完の候補には、複数の引数名が表示されていました。
このようにビューには様々な種類の引数が用意されています。用途に応じて、利用する引数を選択します。

▼ Buttonの引数

ビューには複数の引数が用意されています。
用途に応じて利用する引数を選択します。

▼ Buttonのコードを出力

追加したButtonに、タップした時の動きと表示する文字を設定します。
出力されたコードを修正していきます。
❶ 赤枠の灰色に表示されている箇所をダブルクリックします。
❷ ダブルクリックをすると、コードが自動的に展開されます。
　赤くエラーが出力されていますが、この中にコードを追加していくことで解消されます。

Day 1 - Lesson 3　じゃんけんアプリを作ろう ―Swiftの基本を学ぶ―

▼ print 文と Text を追加

❶ Button がタップされたことを確認する print 文を追加します。
❷ Button に表示する文言を設定します。

　スタックレイアウトビューの VStack（垂直：縦）の中に、Image、Text、Button の 3 つのビューが配置できました。
　もう一度、「2-1 VStack（垂直：縦）、HStack（水平：横）、ZStack（奥行き）」を復習して、VStack のイメージを掴んでください。

▼ コード全体

　コードの全体を見てみましょう。ブロックの対応が分かるように、閉じる波括弧「}」の横にコメントを付けて分かりやすくしました。
　このように、コードを書いているうちに括弧の中に括弧を入れる入れ子構造なっていることが確認できます。
　対応する括弧の種類と数が合っているか確認してください。

また、文章を書くときのように、段落の書き出し位置を字下げしてわかりやすく整えましょう。
構造が分かりやすいコードを書くことで、可読性の高い（読みやすい）コードになります。

 Point

ブロックの中にブロックが入るような入れ子構造を「**ネスト**」とも言います。入れ子構造が何重にもなるような構造は、ネストが深いと言われ、プログラミングの書き方としてはあまり良くない構造です。
実務では、どのようにすればネストが浅いコードになるかを考えながら開発をします。

追加した Button を解説します。

 コード解説

```
// ［じゃんけんをする！］ボタン
Button {
    // Buttonがタップされた時の動きを記述
    print("タップされたよ！")
} label: {
    // Buttonに表示する文字を指定
    Text("じゃんけんをする！")
} // ［じゃんけんをする！］ボタンはここまで
```

action（アクション）と、表示する文字である、label（ラベル）を指定してボタンを作成します。
　action は、ユーザーがボタンをタップしたときに何かを実行するコード（メソッドまたはクロージャプロパティ）を書きます。
　ここでは、「じゃんけんをする！」ボタンがタップされたことを確認するために、print 文を利用して文字をデバッグエリアに出力しています。

　後ほど、じゃんけんの種類をランダムに入れ替える処理と置き換えます。
　表示させる View は、今回は Text を利用していますが、Image でアイコン等を指定することもできます。シミュレータを使って実際にデバッグエリアを確認しましょう。

Day 1 - Lesson 3　じゃんけんアプリを作ろう ―Swift の基本を学ぶ―

▼ シミュレータ起動

中央上のシミュレータの設定で、確認したいデバイスをクリックします。

今回は、❶「iPhone 13」を選択して、❷ ▶ Run（実行）ボタンを選択してシミュレータを起動します。

▼ じゃんけんアプリ起動

❶「じゃんけんをする！」をクリックします。

Lesson 3-3　画面に部品を配置しよう

▼ Debug area（デバッグエリア）への出力を確認

❷「じゃんけんをする！」をクリックを検知してデバッグエリアに、print 文で指定した「タップされたよ！」が出力されます。

❸ をクリックすると、デバッグエリアを開閉できます。

このようにタップを検知して、指定した print 文のテキストが表示されることを確認できたら成功です！

Day 1 Lesson 3-4 じゃんけん画像を切り替えよう

 このレッスンで学ぶこと

- 条件分岐（if文）、繰り返し（repeat）文を活用して、画像を切り替えましょう。
- 宣言したプロパティの状態管理を理解しましょう。
- ランダムな数を発生させる方法を学びましょう。

1 プログラムを書く前に、大きく作り方を把握しよう

アプリの動きに関するコードを書いていく際に、アプリの完成図をしっかりとイメージする必要があります。

また、プログラミングの世界では、アプリの動きや処理手順のことを、**ロジック**と言ったりもします。

開発の前に、アプリの動きを念頭に置きながら、ロジックを繋げてイメージしておくと理解が楽になるでしょう。

アプリの動きは「Day1 Lesson 3-1 完成をイメージしよう」（P.102）を確認してみてください。

このレッスンでは、プログラムは簡単な機能から作っていき、徐々に肉付けして完成させます。

次の手順でじゃんけん画像を切り替える処理を実装していきます。これからやることの全体像を把握してください。

Lesson 3-4　じゃんけん画像を切り替えよう

▼ 実装する全体像

 1-1　じゃんけんの種類を数字で管理する変数を追加

 1-2　じゃんけんを表示

 1-3　タップすると「グー」→「チョキ」→「パー」と表示

 1-4　じゃんけんの結果を「ランダム」に表示

 1-5　前回とは異なるじゃんけんの結果が表示されるように変更

1-6　View（部品）のデザインを整える

　これからコードを書いていきますが、何の実装をしているのかわからなくなったら、このページに戻ってきて全体像をおさらいしてください。
　では、大まかなイメージができたところで、実際にコードを書いていきましょう。

1-1　じゃんけんの種類を数字で管理する変数を追加

▼ 変数（answerNumber）への割当

　起動画面とじゃんけんの種類に、あらかじめ数字を割り当てておいて、数字によって表示させる画面を切り替えます。

Day 1 - Lesson 3　じゃんけんアプリを作ろう —Swiftの基本を学ぶ—

その数字を入れておく箱（変数）を、今回は「answerNumber」と名前を付けて作成します。

これからコードを追加していきますが、行番号ではなく前後のコードを目印にしてコードを追加してください。

「{ }」ブロックのどの位置にコードを記述するのかは、コードの影響範囲が変わるのでとても重要です。
正常に動かない原因になるので注意してください。

赤線のコードを追加してください。「struct ContentView: View {」の下に、かつ「var body: some View {」の上に挿入してください。

▼ じゃんけんの種類を管理する変数を追加

このコードで、じゃんけんの数字を入れておく変数を作成しました。

> **Point**
> プログラミングにおける**変数とは、扱うデータを読み書きする記憶領域**のことです。
> 変数を用いることで、データを一定期間記憶し、必要な時に利用することができます。

コード解説　各キーワードの説明

❶	@State（ステート）	structで定義する変数に対しては通常、値を更新することが出来ません。ただ、@Stateキーワードを変数宣言時に付与することで、変数の値を更新できるようになります。**状態変数（じょうたいへんすう）** とも呼ばれます。**状態変数の値が変更されると自動的に、bodyを再計算して画面を描画します。** @Stateは宣言したプロパティを保持しているView（部品）と、その子Viewからしかアクセスができません。また、@Stateは、Swift 5.1で導入された新しい方法です。
❷	var	**Variable（変数：へんすう）** を示すキーワードです。変数名の前に記述します。

Lesson 3-4 じゃんけん画像を切り替えよう

❸	answerNumber	数字や文字を入れておく変数の名前（変数名）です。この場合では、@State を指定しているので、「answerNumber」は、値を更新できる状態変数名として宣言されます。変数や、状態変数名は開発者が任意に定義します。また、Swift では、取り扱うデータの種類によって、変数や定数の種類を表す**データ型**が決まります。今回は、数値の「0」を代入しているので、変数 answerNumber のデータ型は数値を表す Int（イント）型になります。
❹	=	「=」（イコール）は代入を示します。つまり、変数「answerNumber」に、数字「0」を入れています。「=」は、**「代入演算子」（だいにゅうえんざんし）**と言います。数学の世界では「=」は、左辺と右辺の等価を表しますが、プログラミングの世界では、値を入れる代入を意味します。
❺	0	この場合は、変数「answerNumber」に、数値の「0」を入れるという意味になります。後ほど、「answerNumber」が「0」の場合に「グー」を表示するコードを追加します。

Swift では変数名に、日本語や😊などの絵文字が指定できます。

ただ、半角英数字を利用するのが一般的なので、本書では、半角英数字で変数名を指定します。数字や記号は頭（最初の 1 文字目）には使用できません。

Swift では、変数を宣言する際に、データ型を指定することもできますし、省略することも可能です。

省略した場合は、**「型推論」**という機能で、変数に代入した値を元に Swift が推測して変数のデータ型を暗黙的に指定してくれます。

今回は、「0」を設定しているので、整数の値を保持できる**「Int（イント）型」**というデータ型に型推論してくれています。

Tips

● Swift で扱える基本的なデータ型

プログラミングでの**データ型とは、変数や定数が格納できるデータ（値）の種類**のことです。

Swift のデータ型はたくさん用意されていますが、おもに利用するのは以下の 6 種類です。

▼ Swift の基本的なデータ型

種類	データ型	説明
整数型	Int 型	整数を扱う場合は Int 型を利用。
整数型	UInt 型	符号のない整数を扱う場合は UInt 型を利用。ただし、特別な理由のある場合を除いては、Int 型の利用を推奨。
実数型	Float 型	整数に小数値を加えた数を実数と呼ぶ。または、浮動小数点とも呼ばれる。最大有効桁数 7 桁。
実数型	Double 型	Double 型にも実数を格納できる。最大有効桁数 16 桁。Float 型と Double 型は実装を格納できますが、特別な理由のある場合を除いては、Double 型の利用を推奨。
文字型	String 型	文字列を扱う場合は、String 型を利用。
論理型	Bool 型	条件の真偽を表すデータを扱う場合は Bool 型を利用。true（真）、false（偽）

Swift では、同じデータ型の変数・定数どうしでないと、計算をしたりデータをつなぎ合わせたりすることはできません。変数や定数に値を入れた際にも、このデータ型は決められていることを覚えてください。

135

> ● **データ型を明記する型宣言**
>
> 下記に、データ型を明示的に宣言をする場合の書式を記載します。
>
> 変数の型宣言書式も、@State を付けて状態変数として宣言する書式も、@State を付けるか付けないかの違いで、どちらでも同じです。
>
> ```
> // 変数の宣言と値の設定の書き方
> var 変数名：データ型 = 最初の値（初期値）
>
> // 状態変数の宣言と値の設定の書き方
> @State var 変数名：データ型 = 最初の値（初期値）
> ```
>
> 今回のコードを型宣言する場合は、こちらのような記述になります。
>
> ```
> // 変数の宣言と値の設定の書き方
> @State var answerNumber: Int = 0
> ```
>
> また、「0」を数字ではなく文字で変数に保持する場合は、こちらのような記述になります。
>
> ```
> // 変数の宣言と値の設定の書き方
> @State var answerNumber: String = "0"
> ```
>
> データを、ダブルコーテーションで囲むことで文字列を表す「String（ストリング）型」として格納ができます。
>
> 型推論にするか、型宣言をするかは、それぞれにメリットデメリットがありますが、どちらにしても統一はしましょう。
>
> 本書では、初学者を対象にしているため、比較的見やすいと思われる型推論で記述していきますが、Swift ではデータ型はとても重要です。本書を最後まで完了した方は、もう一度型宣言をしてチャレンジすると理解が深まります。

1-2　じゃんけんを表示

「じゃんけんをする！」をタップすると、「グー」→「チョキ」→「パー」という順番で、画像が切り替わるようにプログラムを変更します。

次の赤枠のコードを追加してください。

Lesson 3-4　じゃんけん画像を切り替えよう

▼ if 文を追加

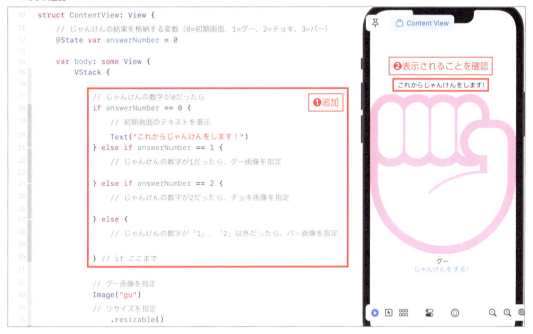

```
10      struct ContentView: View {
11          // じゃんけんの結果を格納する変数（0=初期画面、1=グー、2=チョキ、3=パー）
12          @State var answerNumber = 0
13
14          var body: some View {
15              VStack {
16
17                  // じゃんけんの数字が0だったら
18                  if answerNumber == 0 {                    ❶追加
19                      // 初期画面のテキストを表示
20                      Text("これからじゃんけんをします！")
21                  } else if answerNumber == 1 {
22                      // じゃんけんの数字が1だったら、グー画像を指定
23
24                  } else if answerNumber == 2 {
25                      // じゃんけんの数字が2だったら、チョキ画像を指定
26
27                  } else {
28                      // じゃんけんの数字が「1」、「2」以外だったら、パー画像を指定
29
30                  } // if ここまで
31
32                  // グー画像を指定
33                  Image("gu")
34                      // リサイズを指定
35                      .resizable()
```

❶ 初期画面を表示する条件分岐（if 文）のコードを追加します。

コードを追加できたら、〈command〉+〈B〉を押してビルドして、文法をチェックをしましょう。

ビルドとは、私達が書いている Swift のコードを、コンピューターに分かる形に変換をすることです。

エラーが発生した場合は、もう一度、書籍のコードと見比べて間違いを修正してください。

❷ プレビューで、追加した Text「これからじゃんけんをします！」の文字が表示されることを確認します。

if 文を用いて何らかの条件によって実行したいコードを切り替えることができます。

コード解説　じゃんけんの画像を切り替える条件分岐（if 文）

```
// じゃんけんの数字が0だったら
if answerNumber == 0 {
    // 初期画面のテキストを表示
    Text("これからじゃんけんをします！")
} else if answerNumber == 1 {
    // じゃんけんの数字が1だったら、グー画像を指定

} else if answerNumber == 2 {
    // じゃんけんの数字が2だったら、チョキ画像を指定
```

Day 1 - Lesson 3　じゃんけんアプリを作ろう ―Swift の基本を学ぶ―

```
} else {
    // じゃんけんの数字が「1」、「2」以外だったら、パー画像を指定

}
```

このコードは、「answerNumber」に入っている数値で、表示するじゃんけん画像を切り替えます。実行するプログラムを、条件に応じて変更する必要があります。

answerNumber が最初（初期値）に「0」が設定されているので、if 文を用いて「answerNumber」が「0」の場合に、true（真）の判定になり、初期画面のテキスト「これからじゃんけんをします！」を表示します。

answerNumber が、「1」の場合は、「answerNumber == 0」の条件が false（偽）と判定され、「else if answerNumber == 1」のブロックが true と判定され実行されます。

「2」の場合はチョキ、「3」の場合はパーを、表示しますが今はまだコメントを記入しているだけです。実際の画像表示のコードは後ほど、追加していきます。

「==」（イコールイコール）で「等しい」という意味になります。「==」のことを「比較演算子」と呼びます。前述した「=」（代入演算子）とは意味が異なるので注意してください。

if 文と比較演算子を用いることで、2 つの値を比較し、true（真）または false（偽）のいずれかの Bool 型の比較結果を返します。

▼ if 文の書式

```
// if〜else if文の書き方
if 条件式 {
    // 条件が正しければ（true）実行される処理
} else if 条件式 {
    // 条件が正しければ（true）実行される処理
} else {
    // 上記のどの条件にも当てはまらない（false）場合に実行される処理
}
```

if 文は、条件分岐を行う処理であり、処理の流れを制御する「制御文」の一種です。

「if 条件式」は、true が戻されると「{ }」ブロック内の処理を実行します。条件式に一致した場合に実行させたい処理を { } の中に記述する必要があります。

「if 条件式」で、false が戻されると、次の処理「else if 条件式」が実行されます。どの条件にも当てはまらない場合は、「else」の { } の中のコードが実行されます。

if 文は、制御文の中で最も基本的な文なので、使えるようになっておきましょう。

138

Lesson 3-4　じゃんけん画像を切り替えよう

Day
1

3

Tips

● **比較演算子と型変換**

比較演算子は、2つの値を比較するために使用される数学記号です。

ある式と別の式を比較する条件で使用されます。比較演算子も、プログラミングの基礎なのでしっかり覚えましょう。

記号	意味（比較結果）
a == b	aとbの値が等しい場合に true（真）を返し、等しくない場合は false（偽）を返します。
a != b	aとbの値が等しくない場合に true（真）を返し、等しい場合は false（偽）を返します。
a > b	aがbより大きい場合に true（真）を返し、aがb以下の場合は false（偽）を返します。
a < b	aがbより小さい場合に true（真）を返し、aがb以上の場合は false（偽）を返します。
a >= b	aがb以上の場合に true（真）を返し、aがbより小さい場合は、false（偽）を返します。
a <= b	aがb以下の場合に true（真）を返し、aがbより大きい場合は、false（偽）を返します。

注意が必要なのは、**Swift では、異なるデータ型の比較は行えません。**

今回の、answerNumber には数字の「0」が代入されているので Int 型になり、数字の「0」と比較が行えます。

例えば、answerNumber に、文字列の "0" が代入されている場合は、数字の「0」とは比較が行えません。
そのような場合は、**型変換**という処理を入れて、どちらかの型に変換して合わせる必要があります。

```swift
// Int型の変数と、String型の変数を比較する場合
var answerInt = 0        // Int型
var answerString = "0"   // String型

if answerInt == Int(answerString) {
    print("同じデータ型だよ")
}
```

上記のサンプルコードでは、String 型の、answerString を、Int() で囲んで、Int 型に変換をしています。
Int 型の answerInt とデータ型が一致して、はじめて比較を行うことができます。

139

Day 1 - Lesson 3　じゃんけんアプリを作ろう ―Swiftの基本を学ぶ―

次は、グーを表示するコードを、if文の中に移動させます。

グー画像を表示するコードは既に書いてあるので、赤枠のコードを選択して、キーボードの〈command〉+〈X〉キーを押してカットします。

▼ コードをカット

▼ コードをペースト（貼り付け）

「if answerNumber == 1」のブロックの中で、〈command〉+〈V〉でペースト（貼り付け）をしましょう。

いまは「answerNumber」に「0」が入っているので、if文の処理で、プレビューではグーではなく、「これからじゃんけんをします！」が表示されます。

Lesson 3-4　じゃんけん画像を切り替えよう

1-3　タップすると「グー」→「チョキ」→「パー」と表示

if 文が書けたので、「じゃんけんをする！」ボタンがタップされる度に、「グー」→「チョキ」→「パー」と切り替えるために、「answerNumber」を1つずつ増加させる処理を追加します。

プログラミングでは、**数字に1を加算することを、「インクリメント」**と言います。
青枠のコードを削除して、赤枠のコードを追加しましょう。

❶ アプリの動きを確認するために書いていた、print 文を削除します。
❷ 「answerNumber」に、1つ加算するコードを追加します。

▼ 数字をインクリメント

 コード解説

```
// 次のじゃんけんへ
answerNumber = answerNumber + 1
```

Button の action の中に記述したので、Button がタップされる度に、answerNumber は1ずつ増えます。最初のタップは、「0 + 1」が計算され「1」が answerNumber に代入されます。
算数と同じで、+（プラス）が加算を示します。

▼ Canvas で、グーに切り替わることを確認

141

Day 1 - Lesson 3　じゃんけんアプリを作ろう ―Swift の基本を学ぶ―

では、プレビューで確認しましょう。

❶ 自動プレビューが停止している場合は、［Preview paused］が表示されているので、🔄 をクリック
　して再開します。

❷「じゃんけんをする！」をクリックします。

❸ 起動画面の Text「これからじゃんけんをします！」が、グーに切り替われば成功です。

初期画面とグーを表示させることが出来たので、残りのチョキとパーの処理も追加しましょう。

グーのコードとの違いは、「Image」で指定するファイル名と、「Text」で指定する文字が違うだけです。

以下の赤枠のコードを追加し
てください。

「if answerNumber == 2」で、
「answerNumber の値が「2」と
等しいとき」を示しています。
　チョキ画像と文字列「チョキ」
を表示するコードを追加してい
ます。

▼ チョキを表示するコードを追加

```
28              // じゃんけんの種類を指定
29              Text("グー")
30          } else if answerNumber == 2 {
31              // じゃんけんの数字が2だったら、チョキ画像を指定
32              Image("choki")
33              // リサイズを指定
34                  .resizable()
35              // 画面に収まるように、アスペクト比（縦横比）を維持する指定
36                  .scaledToFit()
37              // じゃんけんの種類を指定
38              Text("チョキ")                        追加
39          } else {
```

以下の赤枠のコードを追加し
てください。

「answerNumber」の値が「1」
と「2」以外のときは、else に、
パー画像と文字列「パー」を表示
するコードを追加しています。

▼ パーを表示するコードを追加

```
38              Text("チョキ")
39          } else {
40              // じゃんけんの数字が「1」、「2」以外だったら、パー画像を指定
41              Image("pa")
42              // リサイズを指定
43                  .resizable()
44              // 画面に収まるように、アスペクト比（縦横比）を維持する指定
45                  .scaledToFit()
46              // じゃんけんの種類を指定              追加
47              Text("パー")
48
49          } // if ここまで
```

〈command〉＋〈B〉でビルドが成功したら、グー画像を確認した時と同様に、Canvas のプレビューで
動きを確認してみましょう。

142

Lesson 3-4　じゃんけん画像を切り替えよう

▼ [Live Preview] で動きを確認

「じゃんけんをする！」ボタンをクリックする度に、「グー」「チョキ」「パー」と画像と文字が切り替わ
れば成功です！

このように、**@State で宣言した状態変数の「answerNumber」は、値が変わる度に自動で View を更
新**してくれます。

@State は、今後頻繁に出てくるので、利用方法に慣れていきましょう。

1-4　じゃんけんの結果を「ランダム」に表示

うまく切り替わりましたが、これでは、じゃんけんの切り替わり順序はいつも一緒になってしまいます。
次からは、ランダムな数字を発生させて「answerNumber」に代入して、じゃんけんの種類をランダム
に表示させるようにします。

青枠のコードを削除してください。　　▼ anserNumber に加算するコードを削除

赤枠のコードを追加してください。　　▼ ランダムな数字（乱数）を発生させるコードを追加

[Live Preview] で動きを確認してみ
ましょう。

▼ [Live Preview] で動きを確認

じゃんけんの結果がランダムになり、Button をタップし続けても繰り返しじゃんけんできるようになっていることを確認できたら成功です。がんばりましたね！

コード解説

```
// 次のじゃんけんへ
answerNumber = Int.random(in: 1...3)
```

ランダムな数値（予測不可能な数値）のことを、**乱数（らんすう）**と呼びます。

「Int.random」は、Int 型で用意されている、random（ランダム）メソッドを使うことを示しています。

random は、数値をランダムに算出する**メソッド（Method）**です。メソッドは、構造体・クラス等の型に紐付けられた関数です。メソッド名を利用して実行することで処理を呼び出すことができます。

今回の random メソッドの中では、乱数を計算するためにたくさんの処理が動いていますが、私たちは、random を呼び出して実行するだけで、乱数を生成させることができます。

random メソッドに指定している「in: 1...3」は**「引数」**と呼ばれます。「in:」は、引数のラベルで、引数がどんな値なのかを表しています。

random メソッドの使い方は、「random(in: 1...3)」のように、発生させたい数の範囲を引数に指定します。

ここでは、「1...3」と指定することで、1 から始まる 3 つの数字「1、2、3」の中でランダムに数値を生成しています。

Lesson 3-4　じゃんけん画像を切り替えよう

Point

今回は、Int 型の random メソッドを利用しましたが、同じ名前のメソッドでも様々な種類があります。

Int 型の random でも、引数が 1 つのメソッドや、2 つメソッドもあります。

また、Bool 型をランダムに発生させる、Bool.random() のように、引数のないメソッドもあります。

引数の有無、種類によって違う動きのメソッドになります。大切なことなので覚えておいてください。

Tips

● 範囲の記述方法「開区間と閉区間」

Swift では、範囲を示す場合に「1...3」のような書き方ができます。

「1...3」のような指定は、閉区間（へいくかん）といい、両端を含む区間を意味します。

他にも、上限値や下限値を含まない指定方法等、様々な指定方法があります。

```
// 閉区間(closed range)の指定方法
Int.random(in: 下限値...上限値)

// 上限値を含まない半開区間(half open range)の指定方法
Int.random(in: 下限値..<上限値)
```

1-5　前回とは異なるじゃんけんの結果が表示されるように変更

　前項のプログラムを実行し、「じゃんけんをする！」ボタンをタップすると、「グー」が続けて表示されるなど同じ結果が続き、本当にランダムに表示されているのか確信が持てなくなるかもしれません。

　これは狭い範囲で乱数を作っているため、どんなにタップを繰り返したとしても、理論的には 3 分の 1 の確率で同じ結果が表示されてしまいます。

Day 1 - Lesson 3　じゃんけんアプリを作ろう ―Swift の基本を学ぶ―

　そこで、前回と同じ結果が表示されないようにプログラムを変更します。

　乱数を作ったあとに、前回の結果と同じであるかどうかを比較し、同じ場合は乱数を作り直し、結果が異なる場合のみ結果を記録するように書き換えます。

　コードを書く前に、図の流れで処理をイメージしてください。

▼ 乱数の算出と繰り返し処理の流れ

❶ 乱数を記憶する
変数初期化

❷ 乱数で算出

❹ YES
繰り返し
repeat

❸ 前回と同じ？

NO

❺ 結果を記憶

　では、先程書いた乱数を発生させるコードも利用しながら、コードを修正していきましょう。

　青枠のコードを削除して、赤枠のコードを追加してください。

　コードが追加できたら、Canvas のプレビューで動きを確認してみましょう。

▼ 続けて同じ乱数を発生させない処理を追加

```
51      // ［じゃんけんをする！］ボタン
52      Button {

53          // 次のじゃんけんへ                              削除
54          answerNumber = Int.random(in: 1...3)
55
56          // 新しいじゃんけんの結果を一時的に格納する変数を設ける
57          var newAnswerNumber = 0
58
59          // ランダムに結果を出すが、前回の結果と異なる場合のみ採用
60          // repeatは繰り返しを意味する
61          repeat {                                          追加
62              // 1,2,3の数値をランダムに算出（乱数）
63              newAnswerNumber = Int.random(in: 1...3)
64
65              // 前回と同じ結果のときは、再度ランダムに数値を出す
66              // 異なる結果のときは、repeatを抜ける
67          } while answerNumber == newAnswerNumber
68
69          // 新しいじゃんけんの結果を格納
70          answerNumber = newAnswerNumber
71      } label: {
72          // Buttonに表示する文字を指定
73          Text("じゃんけんをする！")
74      } // ［じゃんけんをする！］ボタン ここまで
```

146

Lesson 3-4　じゃんけん画像を切り替えよう

▼ 同じじゃんけんが続かないことを確認

先ほどと違って、タップする度に違う種類のじゃんけんが表示できれば成功です！

 コード解説　これから、さきほど追加したコードをステップごとに説明します。

```
// 新しいじゃんけんの結果を一時的に格納する変数を設ける
var newAnswerNumber = 0
```

じゃんけんをランダムに出すので、ランダムに計算した結果を一時的に記憶するのが、newAnswerNumber 変数です。

answerNumber の宣言時にも説明しましたが、newAnswerNumber の宣言でも**データ型**を指定していません。

「0」を代入しているので、Swift が**型推論**を行い、この変数のデータ型も数値を記憶できる「**Int 型**」で生成されています。

```
// ランダムに結果を出すが、前回の結果と異なる場合のみ採用
// repeatは繰り返しを意味する
repeat {
    // 1,2,3の数値をランダムに算出（乱数）
    newAnswerNumber = Int.random(in: 1...3)

    // 前回と同じ結果のときは、再度ランダムに数値を出す
    // 異なる結果のときは、repeatを抜ける
} while answerNumber == newAnswerNumber
```

「前回と同じ結果は表示しない」ので、random 関数で乱数を算出したあとに、前回と同じ結果であるかどうかを確認する必要があります。

Day 1 - Lesson 3 　じゃんけんアプリを作ろう ―Swift の基本を学ぶ―

　そして、前回と同じ結果のときには、再度、random 関数で乱数を算出します。

　前回と異なる結果が出るまで、これを繰り返します。この繰り返しの処理には、**repeat（リピート）文**を利用します。

▼ repeat 文の書式

```
repeat {
    // 実行するコード
} while  繰り返す条件
```

repeat は繰り返し処理を行う制御文です。**「ループ処理」**とも呼ばれます。

　while が「繰り返しを行う条件」を示していて、条件が一致するときは「{ }」（コードブロック）内のコードを再度実行することを覚えてください。

```
// 1,2,3の数値をランダムに算出（乱数）
newAnswerNumber = Int.random(in: 1...3)
```

repeat 文の中では、random 関数で乱数を算出して、newAnswerNumber 変数に結果を記憶する、ということを繰り返しています。

```
    // 前回と同じ結果のときは、再度ランダムに数値を出す
    // 異なる結果のときは、repeat を抜ける
} while answerNumber  == newAnswerNumber
```

repeat 文の最後の while では、繰り返し処理を継続するのか、中断するのかを判断しています。

　answerNumber 変数には前回の結果が格納されています。newAnswerNumber 変数と比較して、同じ結果である間は乱数を計算し続けます。

　前回の結果と異なるときには、repeat 文での実行を中断して、次のコードを実行します。

```
// 新しいじゃんけんの結果を格納
answerNumber = newAnswerNumber
```

repeat 文を抜けたあとは、計算した乱数を今回のじゃんけんの結果として記憶します。

　コードが記述できたら、シミュレータを起動して確認してください。じゃんけんの結果がランダムに表示されますが、前回とは異なる結果が表示されるようになったことを確認します。

　これで、じゃんけんをランダムに表示させる機能を実装できました。

148

Lesson 3-4 じゃんけん画像を切り替えよう

もう一度、@State キーワードを付与した状態変数の動きを確認しておきましょう。

❶ 変数に、@State を付与して状態変数として宣言をしました。
❷ Button のタップで、乱数を算出して、変数 answerNumber に保存します。
❸ 状態変数の値が変化したことを検知します。
❹ 自動的に、body が実行され、画面の再描画を行います。

状態変数の動きを理解してください。

▼ @State を付与した状態変数の動き

149

繰り返し（ループ）処理

じゃんけんアプリでは、repeat 文を用いて乱数を生成しました。

repeat 文のような、繰り返し（ループ）処理を行える文法は他にもいくつかありますが、ループ処理には、「前判定ループ」と「後判定ループ」があります。

repeat 文は、**繰り返す条件の判定を最後に行うのが特徴**で、後判定ループです。

```
repeat {
    // 実行するコード
} while 繰り返す条件
```

最低 1 回は処理が行われ、その後に条件を判定し、条件が成立している間は、繰り返し処理を実行します。

前判定ループの文法には、while 文があります。

while 文は、繰り返す条件の判定を最初に行うのが特徴で、前判定ループです。

```
while (繰り返す条件) {
    // 実行するコード
}
```

条件が成立しない場合は、一度も実行されません。
状況に応じて、前判定か、後判定のループを利用できるようにしましょう。

他にも、for-in 文という繰り返し処理もあります。Day 2 の Lesson 2-4「お菓子検索アプリを作ろう」で利用するので、その際に解説します。

1-6 View（部品）のデザインを整える

今度は、View のモディファイアを追加して、画面のデザインを整えます。
赤枠のコードを追加してください。

▼ Text にモディファイアを追加

```
10      struct ContentView: View {
14          var body: some View {
63
64                      // 前回と同じ結果のときは、再度ランダムに数値を出す
65                      // 異なる結果のときは、repeatを抜ける
66                  } while answerNumber == newAnswerNumber
67
68                  // 新しいじゃんけんの結果を格納
69                  answerNumber = newAnswerNumber
70              } label: {
71                  // Buttonに表示する文字を指定
72                  Text("じゃんけんをする！")
73                      .frame(maxWidth: .infinity)
74                      .frame(height: 100)
75                      .font(.title)
76                      .background(Color.pink)
77                      .foregroundColor(Color.white)
78              } // ［じゃんけんをする！］ボタン ここまで
79          } // VStack ここまで
80      } // body ここまで
81  } // ContentView ここまで
```

プレビューで、「じゃんけんをする！」に上記のようなデザインが適用されれば大丈夫です。

 コード解説　これから、さきほど追加したコードをステップごとに説明します。

.frame(maxWidth: .infinity)

Text を画面の幅いっぱいに表示するために、frame モディファイアの引数 maxWidth に .infinity（無限大）を指定しています。
この指定で、Text を画面いっぱいに表示します。

.frame(height: 100)

Text の高さを、100px に指定しています。

.font(.title)

文字の大きさを指定しています。「.title」は、iOS が提供する組み込みのフォントサイズです。
　このように、**font モディファイアに、定義済みのプロパティを指定することで、機種や文字サイズの設定の違いに応じて自動でフォントサイズを拡張、または縮小してくれます。**

```
.background(Color.pink)
.foregroundColor(Color.white)
```

　SwiftUI では、すべての View に背景色を適用することができます。背景色を設定するには、background モディファイアを利用します。
　文字色を設定するのは、foregroundColor モディファイアです。また、SwiftUI は、Color.white のように、組み込みの色を提供しています。
　他にも、Color.green や、Color.yellow などがあります。

Tips

● **文字サイズについて**

　文字のサイズは、「.title」以外にもいくつかのサイズが用意されています。

　文字のサイズ定義を使用することで、iPhone 本体の文字サイズと連動することができます。
　［iPhone 本体］→［設定］→［画面表示と明るさ］→［テキストサイズを変更］でテキストサイズを変更する画面が表示されます。ここでテキストサイズを変更すると連動してアプリの文字サイズも変更されます。これを Dynamic Type 機能と呼びます。

▼ サイズ定義とその概要　　　　　　　　▼ テキストサイズを変更画面

サイズの定義	概要
.largeTitle	表題
.title	タイトル
.headline	見出し
.subheadline	見出し（小）
.body	本文
.callout	吹き出し
.footnote	脚注
.caption	注釈

Lesson 3-4 じゃんけん画像を切り替えよう

今度は、「これからじゃんけんをします！」のViewと、下に配置されているViewの間が近すぎるので、余白の設定を入れてみましょう。
赤枠のコードを追加してください。

▼ paddingモディファイアを追加

❶ 「これからじゃんけんをします！」を表示しているTextの下辺の余白を追加しています。
❷ 「じゃんけんをする！」のTextとの間に余白が生まれることが確認できます。

paddingモディファイアを利用して、ビューの周りに余白を設定することができます。

> **Tips**
>
> ● 余白の設定
>
> 「.padding()」のように、引数を指定しない場合は、システムデフォルトの余白が上下左右の辺に適用されます。
> 「.bottom」（下）を指定すると、下辺に余白を設定してくれますし、その他にも「.top」（上）「.leading」（左）「.trailing」（右）の引数が用意されています。
> Viewの2つ以上の辺に**数値を設定して余白を追加するには、EdgeInsets構造体**を利用します。
>
> ```
> .padding(EdgeInsets(top: 0, leading: 16, bottom: 80, trailing: 16))
> ```
>
> 上記のように、Viewの各辺に特定の数値の余白を追加することができます。

153

Day 1 - Lesson 3　じゃんけんアプリを作ろう —Swift の基本を学ぶ—

同じように、「グー」の Text にも設定しましょう。

赤枠のコードを追加してください。

▼「グー」Text の下部に余白を設定

```
23              } else if answerNumber == 1 {
24                  // じゃんけんの数字が1だったら、グー画像を指定
25                  Image("gu")
26                  // リサイズを指定
27                      .resizable()
28                  // 画面に収まるように、アスペクト比（縦横比）を維持する指定
29                      .scaledToFit()
30                  // じゃんけんの種類を指定
31                  Text("グー")
32                  // 下辺に余白を設定                    追加
33                      .padding(.bottom)
34              } else if answerNumber == 2 {
```

次は、「チョキ」の Text への設定です。

赤枠のコードを追加してください。

▼「チョキ」Text の下部に余白を設定

```
34              } else if answerNumber == 2 {
35                  // じゃんけんの数字が2だったら、チョキ画像を指定
36                  Image("choki")
37                  // リサイズを指定
38                      .resizable()
39                  // 画面に収まるように、アスペクト比（縦横比）を維持する指定
40                      .scaledToFit()
41                  // じゃんけんの種類を指定
42                  Text("チョキ")
43                  // 下辺に余白を設定                    追加
44                      .padding(.bottom)
45              } else {
```

最後は、「パー」の Text へも設定します。

赤枠のコードを追加してください。

▼「パー」Text の下部に余白を設定

```
45              } else {
46                  // じゃんけんの数字が「1」、「2」以外だったら、パー画像を指定
47                  Image("pa")
48                  // リサイズを指定
49                      .resizable()
50                  // 画面に収まるように、アスペクト比（縦横比）を維持する指定
51                      .scaledToFit()
52                  // じゃんけんの種類を指定
53                  Text("パー")
54                  // 下辺に余白を設定                    追加
55                      .padding(.bottom)
56              } // if ここまで
```

いったん、ここまで設定できたら、Canvas のプレビューでそれぞれの View の下辺に余白が設定されているか確認しましょう。

Lesson 3-4　じゃんけん画像を切り替えよう

▼ 空間を広げる、Spacer（スペーサー）を追加

```
10    struct ContentView: View {
11        // じゃんけんの結果を格納する変数（0=初期画面、1=グー、2=チョキ、3=パー）
12        @State var answerNumber = 0
13
14        var body: some View {
15            // 垂直にレイアウト（縦方向にレイアウト）
16            VStack {
17                // スペースを追加        ❶追加
18                Spacer()
19
20                // じゃんけんの数字が0だったら
21                if answerNumber == 0 {
22                    // 初期画面のテキストを表示
23                    Text("これからじゃんけんをします！")
24                    // 下辺に余白を設定
25                        .padding(.bottom)
```

❷画面下部
いっぱいに広がる

SwiftUI の Spacer は、空間を広げるものという意味で、自動的に利用可能なスペースを広げます。

Point

スペーサーのサイズを固定したい場合は、他の View と同じように、「.frame」に height を指定してください。

```
VStack {
    Text("グー")
    Spacer()
        .frame(height: 256)
    Text("チョキ")
}
```

例えば、これは 2 つの Text の間に 256 ポイントの Spacer を入れています。

同じように、「グー」画像と Text の間にも Spacer を追加します。

赤枠のコードを追加してください。

▼ 「グー」の空間を広げる

```
25            } else if answerNumber == 1 {
26                // じゃんけんの数字が1だったら、グー画像を指定
27                Image("gu")
28                // リサイズを指定
29                    .resizable()
30                // 画面に収まるように、アスペクト比（縦横比）を維持する指定
31                    .scaledToFit()
32                // スペースを追加        追加
33                Spacer()
34
35                // じゃんけんの種類を指定
```

155

次は、「チョキ」画像と Text の間にも Spacer を追加します。

赤枠のコードを追加してください。

▼「チョキ」の空間を広げる

最後は、「パー」画像と Text の間にも Spacer を追加します。

赤枠のコードを追加してください。

▼「パー」の空間を広げる

おめでとうございます！これでじゃんけんアプリは完成です！

アプリが完成したら、アプリの動作を収録して、Twitter や Instagram の SNS で**「#iPhone アプリ開発集中講座」**とハッシュタグを付けて公開してみましょう。

ひとりで勉強していくのは疲れます。成果を公開してモチベーションアップに繋げることをお奨めします。

また、サンプルアプリをカスタマイズしたら公開して筆者達に教えてください。

最後に、Canvas かシミュレータを起動して動作確認をしましょう。

[command]＋[R] を同時に実行することでも、シミュレータを起動することができます。

▼ Live Preview（ライブプレビュー）で動作確認

このようなレイアウトになっているでしょうか？

　SwiftUIは様々な機能が追加され便利にはなっていますが、初学者には少し難しく感じるところも多々あると思います。

　この章以降も様々なアプリを開発して慣れていきますので、今、全てを理解できなくても大丈夫です。

　完成したこのじゃんけんアプリを、背景色や、文字色、文字サイズを変えたりして、少しずつご自身の好きなようにレイアウトやデザインを変えたりしてみてください。

　書籍通りにできたら、自分なりにカスタマイズすると理解が深まります。ぜひ、色々と試してみてください。

> **Point**
>
> じゃんけんアプリの制作で学んだことを応用すると実際にはどのようなアプリができるのか、考えてみましょう。
> 市販のじゃんけんアプリでは、プログラム側がランダムにじゃんけんを出してきて、ユーザーがグー、チョキ、パーのどれかを選んで対戦するといったアプリがあります。
> 勝つとコインがもらえたり、アイテムがもらえたりと演出効果が加えられたアプリもあります。また、「ランダムに結果を出す」という観点だと「おみくじアプリ」なども考えられます。

　お疲れさまでした。159ページからは「ステップアップ」になります。余裕のある方はぜひ、チャレンジしてみてください。

命名規則

変数や状態変数の名前は、数字や記号は最初1文字目には利用できないのと、予約語（Swiftで既に利用されている単語）を省いて開発者が自由に決められます。

今回は、「answerNumber」として状態変数に名前を付けましたが、なぜ、突然「N」だけ大文字なのか、不思議に感じる方もいらっしゃるかもしれません。

変数名や関数名、メソッド名、プログラムファイル名、画像名等はルールを定めて、そのルールに沿った名前を付けるのが良いとされていて、命名規則といったりします。

プログラミングにおいて、命名規則とは、ソースコードやドキュメントの中で、変数、型、関数、その他の実体を表す名前を決める際の規則です。

今回の変数のように、最初の文字を小文字から始めて、単語の区切りの文字を大文字にする規則を、**lowerCamelCase（ローワーキャメルケース）** といいます。

逆に最初の文字を大文字から始めて、以降の単語の区切りも大文字にする規則を、**UpperCamelCase（アッパーキャメルケース）** といいます。

Swiftの場合は、型、プロトコルの名前はUpperCamelCaseで、それ以外は全てlowerCamelCaseで指定することがガイドラインで推奨されています。

```
// lowerCamelCase（ローワーキャメルケース）の例：answerNumber
@State var answerNumber = 0

// UpperCamelCase（アッパーキャメルケース）の例：ContentView、View
struct ContentView: View {
    （省略）
}
```

大文字小文字はそれぞれ別の名前として区別されます。

上記を例にすると、「answerNumber」と宣言する場合と、「AnswerNumber」と宣言する場合では、別の名前として識別されます。

他にも別の法則があり、言語によって採用している規則は違いますが、どの規則を採用していても、記述的で一貫性のある名前は、ソフトウェアを読みやすく、理解しやすくします。

ちなみに、Camelは、ラクダを意味していて、その突出した大文字の「こぶ」が、一般的なラクダのこぶに似ていることから名付けられました。

下記が、Swiftのガイドラインなので、興味がある方は確認してください。

「API Design Guidelines」
https://swift.org/documentation/api-design-guidelines/

Day 1 Lesson 3-5 アイコンを設定しよう

ステップアップ

Day 1

 このレッスンで学ぶこと

- iPhone のホーム画面に表示するためのアイコンを設定しましょう。
- アイコンの基礎知識を習得しましょう。

完成イメージ

　iPhone のホーム画面にオレンジ色の「じゃんけんアプリ」のアイコンが表示されます。
　ホーム画面に表示されるアイコンは、他のアプリと識別できる重要な要素です。ひと目で用途がわかるような直感的なイメージがよいでしょう。
　ホームアイコンの基礎知識と、設定方法を学びます。

159

1 アイコンを設定しよう

　Xcode13 までは、iPhone・iPad 等のデバイスの違いや、iOS 内での用途の違いによって、さまざまなサイズの画像をそれぞれ用意する必要がありました。

　Xcode14 からは、1 つの画像からすべてのアプリアイコンサイズのバリエーションを自動的に作成することができるようになりました。

　アセットカタログに 1 つの 1024×1024 ピクセルのアプリアイコンを設定することで、各デバイスのアイコンをターゲットサイズに自動的にリサイズされます。

▼ [AppIcon] のエリアを確認

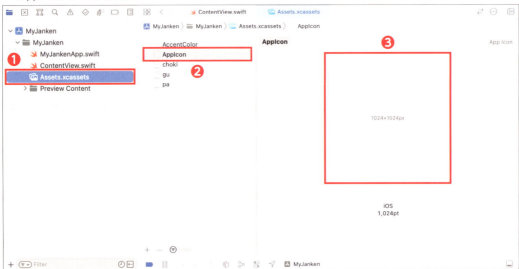

❶ [Assets.xcassets] を選択します。
❷ [AppIcon] を選択します。
❸ 赤枠のエリアに、1024×1024 ピクセルの画像を配置します。

Lesson 3-5　アイコンを設定しよう

▼「appicon.png」を配置

　素材フォルダ「MyJanken/material」の「appicon.png」を選択して、ドラッグ＆ドロップで配置をします。

 Point

▼ サイズが違う画像を配置した場合

　上記は、1024 × 1024 ピクセル以外の画像を配置した例です。
　⚠ が表示され、クリックをすると、1024 × 1024 ピクセルの画像である必要がある旨の警告が確認できます。
　また、シミュレータを起動しようとしても、エラーが出力されます。
　1024 × 1024 ピクセルの画像を用意してください。

2 アイコンを確認しよう

アイコンの配置ができたら、シミュレーターを起動して確認をしてみましょう。

画像が配置できたら、シミュレータを起動してみましょう。

シミュレータでも、実機と同等にiPhoneの操作が行なえます。シミュレータを起動して、ホームアイコンを確認してみましょう。

▼ シミュレータの起動

▼ シミュレータでホームアイコンを確認

❶ [Home] アイコンをクリックすると、実機と同様にホーム画面を表示することができます。
❷ 「MyJanken」のホームアイコンが反映されていることを確認してください。

ホーム画面へは、[Simulator] メニュー→[Device] →[Home] を選択することでも切り替えることができます。

ホーム画面に、アプリアイコンが反映されていることが確認できたら成功です！

Lesson 3-5 アイコンを設定しよう

Point

シミュレータでも、実機と同様にアプリの削除を行えます。

▼ シミュレータでアプリを削除する手順

シミュレータを起動してください。

❶ ［Home］アイコンをクリックします。
❷ 「MyJanken」を長押しします。
❸ メニューが表示されるので［App を削除］をクリックします。
❹ 「App を削除」をクリックします。
❺ ［削除］をクリックします。これで、シミュレータでもアプリが削除できました。

プログラミングのスコープ

プログラミングにおいて、スコープは重要な概念です。
スコープとは、変数、定数、関数、メソッド、struct、class のアクセスできる範囲です。
定数を例にして、スコープを確認しましょう。

```
let count = 15
if count > 10 {
    let display = "10より大きいよ！"
    print(display)    // スコープ内なのでアクセス可能
}
print(display)    // スコープ外なのでエラーが発生
```

上記は、定数 count が 10 より大きければ定数 display の内容を print 文でメッセージ出力しています。
if 文の中で、定数を宣言しているので、if 文の「{ }」ブロック内ではアクセス可能ですが、if 文のブロック外ではアクセスができないので、エラーになってしまいます。
では、どうすれば、if 文の外でも定数にアクセスできるようになるでしょうか？

```
let count = 15
let display = "10より大きいよ！"
if count > 10 {
    print(display)    // スコープ内なのでアクセス可能
}
print(display)    // スコープ内なのでアクセス可能
```

if 文の外で、定数を宣言してあげると、display のスコープは、if 文の外にも広げられるので、アクセス可能になります。

この概念は、変数、関数、メソッド、struct、class でも同じです。
この概念はとても重要で、スコープの範囲を小さくするとプログラムコードの安全性が高まります。
利用できる範囲が広いということは、影響を与える範囲も広くなるということです。
複雑で大規模なコードになると、複数人での開発もあります。広いスコープの処理を変更する場合に、影響範囲が広くなってしまい開発者が予期しない影響が発生してしまう可能性が高くなります。
開発に慣れてくると、スコープを意識して影響範囲を小さく閉じるコードを書けるように意識をしてください。

Day 1 / Day 2

Lesson 4

楽器アプリを作ろう
―音の扱い方を学ぶ―

音を扱うことができる「AVFoundation」を利用して、楽器アプリを開発します。シンバルとギターをタップすると楽器の音が流れます。

また、背景などViewを重ねるときに用いるレイアウトZStackについても習得します。

Lesson 4-1
完成をイメージしよう

Lesson 4-2
シンバルとギターを配置しよう

Lesson 4-3
タップで音を鳴らそう

ステップアップ

Lesson 4-4
リファクタリングで見通しを改善しよう

Day 1 Lesson 4-1 完成をイメージしよう

 このレッスンで学ぶこと

- 楽器アプリの機能を理解しましょう。
- 楽器アプリに必要な View（部品）を把握しましょう。

完成イメージ

これから開発する楽器アプリは、シンバルとギターをタップすることで、それぞれの音を鳴らすことができます。

部品レイアウト

- 楽器アプリで配置される「シンバル」「ギター」はすべて Button を利用します。
- ZStack、HStack を活用したレイアウトを体得しましょう。

> SwiftUI を使ったアプリでは、レイアウトの方法として 3 種類あります。
> ZStack は奥行き方向のレイアウトを指定します。今回は、背景画像に使います。
> HStack は、横方向のレイアウトを指定します。今回は、「シンバル」「ギター」のレイアウトに使います。
> 最後に、VStack は縦方向のレイアウトを指定します。今回は利用しません。
> ぜひ、習得してください。

 ## ユーザー操作

- シンバルとギターをタップすることで、一度だけ音を鳴らすことができます。

 Point

> iOS アプリの開発で大切なことはたくさんあります。使いやすいボタンの配置、全体的な色彩のバランス、画面の
> デザイン、理解しやすい画面遷移など、思いつくことはたくさんあります。いろいろな大切なことがあるなかで、
> 音もアプリのクオリティを高める大切な要素です。たとえば、ユーザーが間違った操作をしている場合に、この操
> 作は間違っているんだなとわかるような効果音を鳴らしたり、逆に、クイズアプリで正解した場合に正解だとわか
> るような音を鳴らしたりするのも効果的です。
> この Lesson では、iOS アプリ開発の音の扱い方を攻略しましょう。

Day 1 - Lesson 4　楽器アプリを作ろう ―音の扱い方を学ぶ―

1 プロジェクトを作成しよう

▼ プロジェクトの作成

Xcode を起動して、プロジェクトを作成します。

ここでは、「Product Name」には「MyMusic」と入力します。プロジェクトの作成方法がわからない場合は、「Day1 Lesson2-4 Xcode を起動して、プロジェクトを作成しよう」（P.40）を確認してください。

> **Point**
> 本書では、[Organization Identifier] に「Swift-Beginners」と入力しています。ですが、学習の際には、別の ID にしてください。たとえば、ご自身のホームページのドメインのように、重複しにくい ID を入力してください。

Day 1 Lesson 4-2 シンバルとギターを配置しよう

このレッスンで学ぶこと

- 楽器の画像ファイルを取り込んで、Button として配置しましょう。
- ZStack、HStack を活用したレイアウトを体得しましょう。

---

1 レイアウトを理解しよう

1-1 HStack、ZStack とは

▼ HStack と ZStack のレイアウト例

　HStack は、横方向に View（部品）をレイアウトするときに用います。楽器アプリの場合、「シンバル」と「ギター」が横に並んでいるレイアウトに用いています。

2 パーツを配置しよう

2-1 楽器の画像と、背景画像の取り込み

では、楽器アプリを作っていきましょう。
最初に、ボタンに使うギターとシンバルの画像と背景画像を取り込みましょう。

▼ 画像ファイルの取り込み

❶ Assets.xcassets を選択して、
❷ 素材フォルダ「MyMusic/material/」から「cymbal.png」「guitar.png」「background.png」を、Assets.xcassets にドラッグ＆ドロップします。

「cymbal.png」がシンバルの画像、「guitar.png」がギターの画像、「background.png」が画面背景用の画像です。

▼ 画像ファイルの取り込み後の画面

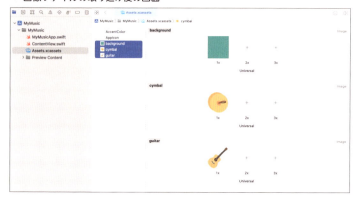

このような状態になると、画像の取り込みは成功しています。

Lesson 4-2　シンバルとギターを配置しよう

2-2　背景画像の配置

背景画像を追加しましたので、その画像を使って背景を表示します。

▼ コードの削除

```
⌄  MyMusic
  ⌄  MyMusic
      MyMusicApp.swift
 ❶   ContentView.swift
      Assets.xcassets
  >   Preview Content
```

```
MyMusic > MyMusic > ContentView.swift > No Selection
1   //
2   //  ContentView.swift
3   //  MyMusic
4   //
5   //  Created by Swift-Beginners.
6   //
7
8   import SwiftUI
9
10  struct ContentView: View {
11      var body: some View {
12          VStack {
13              Image(systemName: "globe")
14                  .imageScale(.large)
15                  .foregroundColor(.accentColor)
16              Text("Hello, world!")
17          }                              削除
18          .padding()
19      }
20  }
21
22  struct ContentView_Previews: PreviewProvider {
23      static var previews: some View {
24          ContentView()
25      }
26  }
```
❷

背景画像を配置します。

❶ 🪶 ContentView.swift を選択します。
❷ 青枠の箇所のコードを削除してください。

❸ 赤枠の箇所のコードを入力
してください。

▼ 背景画像を配置

```
1   //
2   //  ContentView.swift
3   //  MyMusic
4   //
5   //  Created by Swift-Beginners.
6   //
7
8   import SwiftUI
9
10  struct ContentView: View {
11      var body: some View {
12          ZStack {                                    追加
13              // 背景画像を指定する
14              Image("background")
15              //リサイズする
16                  .resizable()
17              // 画面いっぱいになるようにセーフエリア外まで表示されるように指定
18                  .ignoresSafeArea()
19              // アスペクト比（縦横比）を維持して短辺基準に収まるようにする
20                  .scaledToFill()
21          } // ZStack ここまで
22      } // body ここまで
23  } // ContentView ここまで
```
❸

Day
・
1

4

171

コード解説 これから、さきほど変更したコードをステップごとに説明します。

```
ZStack {
    （省略）
} // ZStack ここまで
```

奥行き方向をレイアウトすることを宣言しています。その { } 内に配置したい View（部品）を記述します。

```
// 背景画像を指定する
Image("background")
```

背景画像を表示します。引数にドラック＆ドロップして取り込んだ画像「background.png」を指定しています。

```
// リサイズする
.resizable()
```

大きな画像を適切なサイズに変更し画面内に収まるように指示しています。

```
// 「画面いっぱいになるようにセーフエリア外まで表示されるように指定」
.ignoresSafeArea()
```

FaceID 搭載 iPhone のベゼル部分の内側（赤枠）をセーフエリアと呼びます。そのセーフエリア外まで表示範囲とする指示をしています。よって画面全体に画像が表示されるようになります。

Lesson 4-2　シンバルとギターを配置しよう

Day
・
1

```
// アスペクト比（縦横比）を維持して短辺基準に収まるようにする
.scaledToFill()
```

　表示する画像のサイズ変更方法を指示しています。「.scaledToFill()」は画像の短辺基準にサイズ変更します。これにより余白がない画像が表示されます。

2-3　シンバル、ギターボタンの配置

　シンバルとギターの画像を追加しましたので、その画像を使ってボタンを作ります。
　赤枠のコードを追加します。

4

▼ シンバル、ギターボタンの配置

```
10    struct ContentView: View {
11        var body: some View {
12            ZStack {
13                // 背景画像を指定する
14                Image("background")
15                //リサイズする
16                    .resizable()
17                // 画面いっぱいになるようにセーフエリア外まで表示されるように指定
18                    .ignoresSafeArea()
19                // アスペクト比（縦横比）を維持して短編基準に収まるようにする
20                    .scaledToFill()
21
22                // 水平にレイアウト（横方向にレイアウト）                追加
23                HStack {
24                    // シンバルボタン
25                    Button {
26                        // ボタンをタップしたときのアクション
27                    } label: {
28                        // 画像を表示する
29                        Image("cymbal")
30                    } // シンバルボタンはここまで
31
32                    // ギターボタン
33                    Button {
34                        // ボタンをタップしたときのアクション
35                    } label: {
36                        // 画像を表示する
37                        Image("guitar")
38                    } // ギターボタンはここまで
39                } // HStack ここまで
40            } // ZStack ここまで
41        } // body ここまで
42    } // ContentView ここまで
```

173

コード解説 これから、さきほど変更したコードをステップごとに説明します。

```
// 水平にレイアウト(横方向にレイアウト)
HStack {
    (省略)
} // HStack ここまで
```

横方向のレイアウト指示をしています。シンバルとギターを横に並べて配置するために指示しています。

```
// シンバルボタン
Button {
    // ボタンをタップしたときのアクション
} label: {
    // 画像を表示する
    Image("cymbal")
} // シンバルボタンはここまで
```

「Button()」はタップすると何らかの Swift コードを実行できる View（部品）です。最初の { } 内に Swift コードを記述するとタップしたときに実行されます。次の「label : { }」は、ボタンに表示する View（部品）を記述します。今回は「Image()」を使ってボタンとして画像を表示しています。

Point

「Preview paused」と表示されている場合、[Live Preview] が停止しています。
[Live Preview] を再開する場合には 🔄 を選択しましょう。

Lesson 4-2　シンバルとギターを配置しよう

▶ [Live Preview] で表示を確認してみましょう。

▼ [Live Preview] で確認

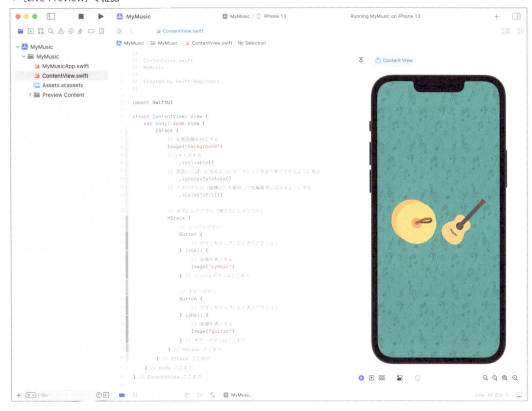

Day
1

4

Day 1 Lesson 4-3 タップで音を鳴らそう

 このレッスンで学ぶこと

- 音源ファイルを取り込み、ユーザーのアクションで再生しましょう。
- 画像やボタンがタップされたタイミングでプログラムを実行する方法を体得しましょう。
- 例外処理の仕組みを理解し、予期せぬエラーに備えましょう。

次は、楽器の音源ファイル（mp3）を取り込んで、シンバルとギターがタップされたらそれぞれの音源を鳴らすように実装します。

1 これから作るファイルとその役割を理解しよう

複数の swift ファイルを作るため、最初に各レッスンでどのような作業をするのか理解しておきましょう。

▼ swift ファイルとその役割

画面表示
タップを受け付ける
ContentView.swift

実行する

音を鳴らす
SoundPlayer.swift

SwiftUI では、画面を表示する部品と音などのプログラムを分けて作る必要があります。

このレッスンでは音を鳴らすための機能を作ります。指定された音を鳴らすことをできるようにし、最後にタップされたときに音が鳴るようにします。

最初に、音を鳴らすための機能を作り、次にタップされたときに音を鳴らす機能を呼び出すように作ってアプリを完成させます。

それでは作りましょう。

Lesson 4-3 タップで音を鳴らそう

2 音を扱う準備をしよう

音源ファイルを Xcode に取り込みます。

▼ 音源ファイルの取り込み

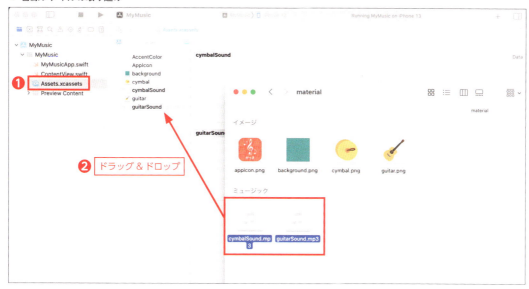

❶ Assets.xcassets を選択して、
❷ 音源ファイル（mp3）の取り込み素材フォルダ「MyMusic/material/」にある「cymbalSound.mp3」、「guitarSound.mp3」を、Assets.xcassets にドラッグ＆ドロップして、音源ファイルを取り込みます。

▼ 音源ファイル取り込み完了の確認

❶ 取り込んだ2つのファイルを複数選択します。commandキーを押しながら選択すると複数選択できます。

❷ Xcode画面の右上の [Inspectors] ボタンをクリックします。

❸ [Show the File inspector] をクリックします。

❹ 「MyMusic」にチェックがついているか確認をしてください。チェックをしていなければ、オンにしておきましょう。

音源ファイルが取り込めたら、次は音を鳴らすためのSoundPlayer.swiftの追加を行いましょう。

3 SoundPlayer.swift ファイルを追加しよう

音を鳴らすための機能を追加するためにSoundPlayer.swiftを作成します。

▼ 新規Viewのファイルを追加

❶ [Project navigator] のMyMusic内の適当な場所で、

❷ 右クリック、もしくは [control] キーを押しながらクリックして、サブメニューを表示します。

❸ 「New File...」を選択します。

[Choose a template for your new file] 画面が表示されます。この画面では、いろいろな種類のテンプレートから用途に応じてファイルを新規作成できます。

▼ [Cocoa Touch Class] を選択

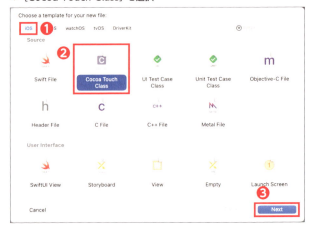

❶ OSの種類は [iOS] を選択します。

❷ [Cocoa Touch Class] を選択します。

❸ [Next] をクリックします。

Lesson 4-3　タップで音を鳴らそう

❶ クラス名として音を鳴らすための機能を追加したいので、「SoundPlayer」と入力します。
❷ 継承するクラスを選択します。ここでは基本的なクラス「NSObject」を選択します。
❸ プログラム言語は「Swift」を選択します。
❹ [Next] をクリックします。

▼ クラス名を設定

Point

NSObject は、基本的なクラスです。クラスを新規に作成する際には NSObject から派生して作成します。

　保存先確認画面が表示されます。そのまま [Create] をクリックします。

▼ 保存先を選択

「🪄SoundPlayer.swift」が作成されていることを確認します。

▼ 「SoundPlayer.swift」の確認

179

4 音を便利に扱うことができる「AVFoundation」を読み込もう

実際に音を鳴らす機能を作成していきます。最初に音を扱う準備をします。
　iOSプログラムで音を扱うためには、「AVFoundation」というフレームワークを読み込んでコードを書きます。「AVFoundation」は、iOSプログラムが標準で音を扱いやすくしてくれるフレームワークです。また、AVFoundationは、音の他に画像や動画も扱いやすくしてくれます。このようなフレームワークがあるお陰で、私たちがほんの数行のコードを書くだけで、本当は複雑な機能を簡単に実装することができます。
　SoundPlayer.swiftを選択したあとに、以下の赤枠のコードを追加してください。

❶ 🔸 SoundPlayer.swift を選択します。
❷ 赤枠の箇所のコードを追加してください。

▼ AVFoundation 取り込み指定

このように、フレームワークを利用するためには、import 文で指定して読み込みます。

5 シンバルを鳴らす機能を作ろう

5-1　シンバルの音源データと、シンバルのプレイヤーを宣言

シンバルを鳴らす機能を作るための準備を行います。
赤枠のコードを追加してください。

▼ シンバルの音源データ読み込みとインスタンスの宣言

```
 8  import UIKit
 9  import AVFoundation
10
11  class SoundPlayer: NSObject {
12      // シンバルの音源データを読み込み
13      let cymbalData = NSDataAsset(name: "cymbalSound")!.data
14
15      // シンバル用プレイヤーの変数
16      var cymbalPlayer: AVAudioPlayer!
17
18  }
```

ここでも、じゃんけんの章でご紹介した「入力補完」の機能（P.115）を使って入力してください。

Lesson 4-3 タップで音を鳴らそう

コード解説 これから、さきほど追加したコードを説明します。

```
// シンバルの音源データを読み込み
let cymbalData = NSDataAsset(name: "cymbalSound")!.data
// シンバル用プレイヤーの変数
var cymbalPlayer: AVAudioPlayer!
```

NSDataAsset が、Assets.xcassets 内のファイルや画像を管理してくれるクラスです。取り込んだ音源のファイル名を指定し、ファイルの内容を取得しています。

「!」は強制アンラップを意味しています。詳細はこの Lesson の「COLUMN オプショナル型とアンラップを理解しよう」（P.194）を参考にしてください。

AVAudioPlayer を利用して、シンバルを鳴らすインスタンス変数を用意しています。

AVAudioPlayer は、音源ファイルを再生できるようにする機能です。

Point

インスタンスは、「実体（じったい）」とも言われています。クラスをインスタンス（実体）として生成することで、クラスに書かれたコードを実行できるようになります。最初はこの単語だけで難しく感じてしまうかもしれません。ただ、いまは、インスタンスを生成すればクラスの便利な機能を利用できるようになる、という認識で大丈夫です。頭で考えるより、どんどんコードを書いて慣れていきましょう。

Tips

● **「変数」と「定数」**

音源データの場所を保持している「cymbalData」とシンバル用のプレイヤーインスタンスを保持している「cymbalPlayer」の前に「let」と「var」を指定しています。

じゃんけんアプリでは「var」を指定して変数を作成していましたが、「let」は、はじめて出てきました。これらの違いは何でしょう？ 「let」は一度値を設定したら変更できないという指定で、「定数（ていすう）」と呼ばれています。

対して「var」は値の変更が可能で、「変数（へんすう）」と呼ばれます。定数を宣言したあとに値を書き換えようとすると、Xcode はエラーを発生させて定数は変更できないことを教えてくれます。

どうして、Swift は「変数」と「定数」をきっちりと使い分けるように提案するのでしょうか？

ここでも、Swift が安全性を重視している言語だということが読み取れます。Swift は、プログラムが安全に実行できるようにさまざまな工夫がなされている言語です。プログラムの中で、変わってしまってはいけない値を明示的に宣言して、「もし変更されていればもう一度よく考えてみよう」と、Xcode がプログラマーに教えてくれます。

Day 1 - Lesson 4　楽器アプリを作ろう —音の扱い方を学ぶ—

5-2　シンバルの音が鳴るコードを追加

シンバルを鳴らすコードを書きます。
赤枠のコードを追加してください。

▼ シンバルを鳴らすコード

```
11    class SoundPlayer: NSObject {
12        // シンバルの音源データを読み込み
13        let cymbalData = NSDataAsset(name: "cymbalSound")!.data
14
15        // シンバル用プレイヤーの変数
16        var cymbalPlayer: AVAudioPlayer!
17
18        func cymbalPlay() {
19            // シンバル用のプレイヤーに、音源データを指定
20            cymbalPlayer = AVAudioPlayer(data: cymbalData)
21
22            // シンバルの音源再生
23            cymbalPlayer.play()
24        } // cymbalPlay ここまで                         追加
25    }
```

コード解説　これから、さきほど変更したコードをステップごとに説明します。

```
// シンバル用のプレイヤーに、音源データを指定
cymbalPlayer = AVAudioPlayer(data: cymbalData)

//シンバルの音源再生
cymbalPlayer.play()
```

書くコードはシンプルです。

最初に、シンバルの音源データを入れた変数「cymbalData」を AVAudioPlayer に渡して、「cymbal Sound.mp3」の情報を cymbalPlayer に格納しています。

そして次の行で格納した cymbalPlayer の play メソッドを実行することで、音を鳴らすことができます。

▼ シンバルの例外処理実装前の画面

```
18    func cymbalPlay() {
19        // シンバル用のプレイヤーに、音源データを指定
20        cymbalPlayer = AVAudioPlayer(data: cymbalData)
21        ⊘ Call can throw, but it is not marked with 'try' and the error is not handled    ⊗
22        // シンバルの音源再生
23        cymbalPlayer.play()
24    } // cymbalPlay ここまで
25    }
```

ただ、実際にコードを書くと、上記のようにエラーが発生してしまいます。エラーメッセージに「Call can throw, but it is not marked with 'try' and the error is not handled」と表示されていることが確認できます。ここでは Xcode は、try を記述しないとエラーを管理することはできない、と教えてくれています。

Swift では、エラーが発生する可能性があるクラスを利用する場合は、このようにエラーが表示されま

す。たとえば、AVAudioPlayer は、音源データが正しくないため音が鳴らない場合があります。

そのような正常な状態ではない場合のエラーが発生したときの処理を記述することができます。プログラミングの世界では、「例外処理」とも言います。例外処理を記述しておかないと、予期せぬ状態の場合にアプリが強制終了してしまったりするので、事前にそのような可能性があるクラスを利用する場合は、Xcode がこのようにエラーで知らせてくれます。

以下の赤枠のコードに修正してください。

```
11  class SoundPlayer: NSObject {
12      // シンバルの音源データを読み込み
13      let cymbalData = NSDataAsset(name: "cymbalSound")!.data
14
15      // シンバル用プレイヤーの変数
16      var cymbalPlayer: AVAudioPlayer!
17
18      func cymbalPlay() {
19          do {
20              // シンバル用のプレイヤーに、音源データを指定
21              cymbalPlayer = try AVAudioPlayer(data: cymbalData)
22
23              // シンバルの音源再生
24              cymbalPlayer.play()
25          } catch {
26              print("シンバルで、エラーが発生しました！")
27          }
28      } // cymbalPlay ここまで
```

修正

コード解説　これから、追加したコードを説明します。

具体的には、音を再生させるコードを、「try」文と「do-catch」文を組み合わせて、エラーが発生した場合の処理を書いています。

```
do {
    try メソッド呼び出し
} catch {
    // エラー処理
}
```

ここでは、エラー処理として、コンソールに「シンバルで、エラーが発生しました！」と表示させます。

 Point

func ではじまるキーワードは、Swift では関数を意味しています。
関数とは、何らかの結果を得るためのコードの組み合わせで、「{ }」のブロックで囲みます。

5-3 タップしたらシンバルの音が鳴るように準備しよう

シンバルをタップしたらシンバルの音が鳴るための準備をします。
以下の赤枠のコードを追加してください。

▼ 音の鳴らすための準備するコード

❶ 🔶ContentView.swift を選択します。
❷ 赤枠の箇所のコードを追加してください。

先ほど作成した SoundPlayer を ContentView から実行できるようにインスタンス変数を用意します。

5-4 タップしたらシンバルの音が鳴るようにしよう

シンバルをタップしたらシンバルの音が鳴るコードを実行します。

これによりシンバルが鳴るようになります。

赤枠のコードを追加してください。

▼ タップしたらシンバルが鳴るようにするコード

```
            // 水平にレイアウト（横方向にレイアウト）
            HStack {
                // シンバルボタン
                Button {
                    // ボタンをタップしたときのアクション
                    // シンバルの音を鳴らす
                    soundPlayer.cymbalPlay()
                } label: {
                    // 画像を表示する
                    Image("cymbal")
                } // シンバルボタンはここまで
```

 コード解説　これから、追加したコードを説明します。

```
// シンバルボタン
Button {
    // ボタンをタップしたときのアクション
    // シンバルの音を鳴らす
    soundPlayer.cymbalPlay()
```

Lesson 4-3　タップで音を鳴らそう

```
} label: {
    // 画像を表示する
    Image("cymbal")
}// シンバルボタンはここまで
```

　ボタンをタップしたときのアクションに **soundPlayer.cymbalPlay()** と記述することによって SoundPlayer 内の cymbalPlay() を実行します。

　では ▶ [Live Preview] で、シンバルをタップしてみましょう！

▼ [Live Preview] 画面

　次に、ギターを鳴らす実装をしますが、実は、シンバルの手順とまったく一緒です。試しに、復習として先ほどの手順を思い出して実装をしてみるのもよいでしょう。わからなくなった場合はギターの実装手順を見ながら、一緒に復習しましょう。

「クラス」と「インスタンス」の関連性を知る

クラスは、いろいろな機能が集まった雛形（テンプレート）のようなものです。

クラスは、いろいろな機能が書かれたプロパティ（変数）とメソッドの集まりであり、設計書です。ただ、クラスは単なる設計書なので、そのままでは実行ができません。

実行するには、「クラス」を変数に「インスタンス」として生成する必要があります。インスタンス（実体）として生成することで、クラスの変数とメソッドを利用できるようになります。生成したインスタンスに対して操作を行うことで、さまざまな機能を利用することができます。

SoundPlayer クラスで説明すると、次のような図になります。

▼ クラスとインスタンス

SoundPlayer クラスを、soundPlayer 変数に代入することで、インスタンスを生成することができます。

つまりは、インスタンス生成した soundPlayer 変数で、SoundPlayer クラスの機能を利用することができるようになりました。

● **インスタンス.メソッド**

クラスをインスタンス化（実体化）することで、定義していた変数やメソッドを利用できるようになるということを、しっかり覚えてください。

6 ギターを鳴らそう

6-1 ギターの音源データと、ギターのプレイヤーを宣言

ギターを鳴らすための準備を行います。
以下の赤枠のコードを追加してください。

▼ ギターの音源データ読み込みとインスタンスの宣言

❶ SoundPlayer.swift を選択します。
❷ 赤枠の箇所のコードを追加してください。

ギターの音源データと、ギター用のインスタンス変数を追加しています。

6-2 ギターの音が鳴るコードを追加

ギターを鳴らすコードを書きます。
赤枠のコードを追加してください。
シンバルのコードとの違いは変数名の名称の違いだけです。

▼ ギターを鳴らすコード

```
        print("シンバルで、エラーが発生しました！")
    }
} // cymbalPlay ここまで

func guitarPlay() {                        追加
    do {
        // ギター用のプレイヤーに、音源データを指定
        guitarPlayer = try AVAudioPlayer(data: guitarData)

        // ギターの音源再生
        guitarPlayer.play()
    } catch {
        print("ギターで、エラーが発生しました！")
    }
} // guitarPlay ここまで
```

6-3 タップしたらギターの音が鳴るようにしよう

ギターをタップしたらギターの音が鳴るコードを実行します。
これによりギターが鳴るようになります。
以下の赤枠のコードを追加してください。

▼ タップしたらギターを鳴るようにするコード

❶ ContentView.swift を選択します。
❷ 赤枠の箇所のコードを追加してください。

先ほどのシンバルとコードとの違いは呼び出すメソッド名の違いだけです。
ここまで実装して、▶[Live Preview] でギターをタップして音が鳴れば成功です！　おめでとうございます！
これで、Swift で音を扱うことができるようになりました！　ユーザーの操作のタイミングで音が鳴るようになりました。

お疲れ様でした！
次からは「ステップアップ」になります。余裕のある方はぜひ、チャレンジしてみてください。

Day 1 Lesson 4-4 ステップアップ📈 リファクタリングで見通しを改善しよう

 このレッスンで学ぶこと

- 長くなった View を分割する方法を学びます。
- コードを見やすく、修正しやすいコードに改善しましょう。

　リファクタリングとは、プログラムの機能や動作は変更せず、内部のコードを読みやすくしたり、コードの修正を行いやすくしたり、構造を改善したりすることです。

　先ほど実装した楽器アプリでもわかるように、コードを書いていくと、何度も同じ（冗長な）処理を書いたり、無駄の多いコードになったりします。実際の開発でも、ある程度の機能ができた時点で、冗長な処理をまとめたり見やすいコードに改善したりと、リファクタリングを行います。

 Point

リファクタリングは応用技術なので、まだ行えなくても大丈夫です。
いま、難しく感じたらこの章は飛ばして、2 周目で学んでも大丈夫です。いまはできなくても、心配無用です。

　ここからは、いままでのコードを整理して、リファクタリングを体験していきましょう！
　今回は、背景を表示している箇所を 1 つの View にまとめます。
　下記の流れで、リファクタリングを進めます。

 背景を表示するために View を作成する

 背景を表示している箇所を、BackgroundView に差し替え

　では、実際にリファクタリングにチャレンジしましょう！

1 共通化する View を作成する

1-1 新規 View を作成する

背景画像を表示するために新しい View を追加します。

▼ 新規 View のファイルを追加

❶ 📁 ［Project navigator］の MyMusic 内の適当な場所で、
❷ 右クリック、もしくは［control］キーを押しながらクリックして、サブメニューを表示します。
❸ 「New File...」を選択します。

［Choose a template for your new file］画面が表示されます。この画面では、いろいろな種類のテンプレートから用途に応じてファイルを新規作成できます。

ここでは、❶［iOS］→ ❷［SwiftUI View］を選択して、❸［Next］をクリックします。

▼［SwiftUI View］を選択

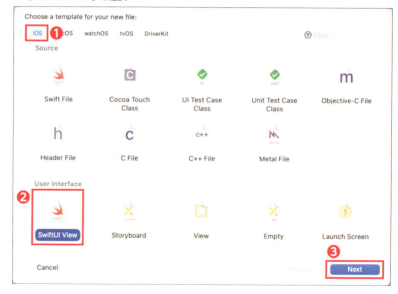

❶ [Save As] に、追加するファイルの名前を入力します。
　この設定は任意なので、わかりやすい名前を付けましょう。ここでは、背景を表示する View を追加したいので、「BackgroundView.swift」とします。
❷ [Create] をクリックします。

▼ ファイルの名前を入力

「BackgroundView.swift」が作成されていることを確認します。

▼「BackgroundView.swift」の確認

1-2　変数を追加する

背景画像のファイル名を覚えるための変数を作成します。

以下の赤枠のコードを追加してください。

▼ 変数の追加

```
import SwiftUI

struct BackgroundView: View {
    // 画像ファイル名
    let imageName: String

    var body: some View {
        Text("Hello, World!")
    }
}
```
追加

1-3　プレビューできるように修正

変数を追加したことが原因でプレビューするためのコードがエラーになります。

▼ エラー箇所

```
struct BackgroundView_Previews: PreviewProvider {
    static var previews: some View {
        BackgroundView()
    }
}
```
⊗ Missing argument for parameter 'imageName' in call
　Insert 'imageName: <#String#>'   Fix

Day 1 - Lesson 4　楽器アプリを作ろう ―音の扱い方を学ぶ―

そこで、赤線の箇所を修正してください。

▼ プレビューコードの修正

```
19    struct BackgroundView_Previews: PreviewProvider {
20        static var previews: some View {
21            BackgroundView(imageName: "background")
22        }
23    }
```

プレビューするためにここでは背景画像のファイル名を指定するように修正しました。

1-4　背景画像を表示するための View を作成しよう

背景画像を表示するための View を作成します。

「Text("Hello , World!")」を削除します。

▼ Text("Hello , World!") を削除

```
8     import SwiftUI
9
10    struct BackgroundView: View {
11        // 画像ファイル名
12        let imageName: String
13
14        var body: some View {
15            Text("Hello, World!")      削除
16        }
17    }
```

赤枠のコードを追加してください。

▼ 背景画像を表示

```
10    struct BackgroundView: View {
11        // 画像ファイル名
12        let imageName: String
13
14        var body: some View {
15            // 背景画像を指定する
16            Image(imageName)
17            // リサイズする
18                .resizable()
19            // 画面いっぱいになるようにセーフエリア外まで表示されるように指定
20                .ignoresSafeArea()
21            // アスペクト比（縦横比）を維持して短辺基準に収まるようにする   追加
22                .scaledToFill()
23        } // body ここまで
24    } // BackgroundView ここまで
```

背景画像を表示するために作成した Image とモデファイアが記述されています。

これで ContentView の Image とモデファイアを置き換えることができるようになります。

ここまでで、背景を表示するための View を作成することができました。

次からは、元のコードを修正してリファクタリングをしましょう。

2 背景画像表示のImageを、BackgroundViewに差し替え

では、さっそく、次のリファクタリング前のコードを、リファクタリング後のコードのように修正してみましょう。

▼ シンバルボタンのコードを削除

❶ ContentView.swift を選択します。

❷ 背景画像表示の青枠のコードを削除します。

❸ そして、赤枠のコードを追加して差し替えしましょう。

▼ リファクタリングしたシンバルボタンを追加

作成した BackgroundView を呼び出しています。引数として、背景画像のファイル名を指定しています。

このように View の中に View を呼び出すことができます。長くなったコードの一部の View を分割して、元の View から分割した View を呼び出すことによって見やすくすることができます。

これで、リファクタリングは完了です。▶ [Live Preview] で、リファクタリング前と同じ動きが確認できたら成功です！

オプショナル型とアンラップを理解しよう

　Swiftでは、変数の宣言時に、なにも値がない状態を許すか許さないかを、データ型で指定する必要があります。「オプショナル型」はデータ型の種類のひとつです。

```
// オプショナル変数(Int)の変数yearを宣言する
var year: Int?

// 変数yearに値がある場合には、変数unwrapYearに値を格納し{ }内が実行される
if let unwrapYear = year {
    // ここではyearに何も代入してないのでアンラップできない
    // アンラップできないので実行されない→表示されない
    print("アンラップ成功：\(unwrapYear)")
}

// 変数yearに2020を代入する
year = 2020

// 変数yearに値がある場合には、変数unwrapYearに値を格納し{ }内が実行される
if let unwrapYear = year {
    // ここではyearに2020(数値)を代入したのでアンラップできる
    print("アンラップ成功：\(unwrapYear)")   // アンラップ成功：2020
}

// 変数yearを強制アンラップしてInt型にしてから2を加算する
year! += 2

// 強制アンラップした値を表示する
print("強制アンラップ：\(year!)")           // 強制アンラップ：2022
```

● **オプショナル型とは**
　値がない状態を許すデータ型は「オプショナル型」で、変数宣言時のデータ型のあとに「?」か「!」を指定します。「?」や「!」を付けない宣言は、値がない状態を許さない「非オプショナル型」になります。一般的なオプショナル型は「?」を利用します。
　「?」も「!」は両方とも値がない「nil（ニル）」を保持することが許されています。「?」で宣言したオプショナル変数を利用する場合には、アンラップが必要です。「!」で宣言したオプショナル変数を利用する場合には、アンラップをしなくても使用することができますが、開発者が値があることを保証する必要があります。

● **アンラップとは**
　オプショナル型の変数やメソッドを、安全に取り扱う手法を「アンラップ」といいます。アンラップは値がないこと「nil（ニル）」をチェックして使う方法とチェックせずに使う方法があります。
　チェックして使う方法は、「if let 〜」「guard let 〜」を利用します。
　チェックせずに使う方法は、強制アンラップといい「!」を記述します。強制アンラップは開発者が値があるとわかっているときに使います。

Day 1 / **Day 2**

Lesson 5

マップ検索アプリを作ろう
―MapKit とクロージャを学ぶ―

マップの表示ができる「MapKit」を利用して、マップアプリを開発します。テキストエリアにキーワードを入力すると、該当する場所を検索し、ピンを立てます。

SwiftUI での MapKit の使い方、クロージャの概念についても解説します。

 START
Lesson 5-1
完成をイメージしよう

Lesson 5-2
マップパーツを作成しよう

 GOAL
Lesson 5-3
マップ検索アプリの動作をプログラミングしよう

📈 ステップアップ

Lesson 5-4
マップの種別(衛星写真など)を
切り替えできるようにしよう

Day 1 Lesson 5-1 完成をイメージしよう

 このレッスンで学ぶこと

- マップアプリの機能を理解し、これから作るアプリの動作をイメージしましょう。
- アプリを作るために必要な部品やユーザー操作を想定します。

完成イメージ

　マップ検索アプリは、検索窓でランドマークや地名などのキーワードを入力して位置情報を取得し、マップにピンを設置するアプリです。

　マップ検索アプリでは、文字を入力する箇所（検索窓）とマップを表示する箇所の2つのView（部品）が必要となります。

完成したマップ検索アプリ1

初期画面 / キーワード入力中画面

- キーワード入力する欄がある（TextField）
- マップパーツ 地図が表示される（MapKit）
- 位置情報を検索するためのキーワードを入力する
- キーボードで入力

部品レイアウト

- マップを検索するために、文字を入力する TextField を用意します。
- 地図を表示するために MapKit で View を作ります。

Point

SwiftUI で MapKit の View を作成するために、UIViewRepresentable プロトコルの使い方を学びます。
SwiftUI にも Map 機能があり、UIViewRepresentable プロトコルを使用しなくても使えるようになりました。ですが、まだ十分な機能が提供されていません。そのため本書では、WWDC にて発表された内容をもとに、従来の MapKit を使用して学習します。

ユーザー操作

- 検索窓（TextField）をタップしてキーボードを使って、地名などのキーワードを入力ができます。
- 検索キーワードの入力後に、キーワードから緯度経度を検索し、結果の場所にピンが表示されます。
- ピンの下部に検索時のキーワードが表示されます。

Point

検索窓の TextField での文字入力と入力完了後（onCommit）の使い方を学びます。
検索では、クロージャという関数の利用方法を学びます。

Day 1 Lesson 5-2 マップパーツを作成しよう

 このレッスンで学ぶこと

- キーワードから、緯度経度を検索しマップの上にピンを立てることを学びます。
- イベント発生後に処理を行う仕組み、クロージャを学びます。
- SwiftUI での MapKit の利用方法について学びます。

1 これから作るファイルとその役割を理解しよう

複数の swift ファイルを作るため、最初に各レッスンでどのような作業をするのか解説します。

▼ swift ファイルとその役割

Lesson 5-2 マップパーツを作成しよう

このレッスンではマップパーツ（地図を表示する部品）を作ります。役割は、指定されたキーワードで検索してマップを作成することです。マップを表示する機能を1つのファイル（MapView.swift）にまとめて構造体 MapView として利用できるようにします。

次のレッスン「Lesson 5-3 マップ検索アプリの動作をプログラミングしよう」ではアプリが起動されたときのメイン画面を作ります。ユーザーからテキスト入力を受けて、マップを再描画します。

最初に、マップを描画する部品を作り、あとでメインの画面を作ってアプリを完成させます。

それでは MapView.swift を作りましょう。

2 プロジェクトを作成しよう

▼ プロジェクトの作成

Xcode を起動して、プロジェクトを作成しましょう。

［Product Name］には、「MyMap」と入力しましょう。

プロジェクトの作成方法や［Organization Identifier］の解説については、「Day1 Lesson2-4 Xcode を起動して、プロジェクトを作成しよう」（P.39）を確認してください。

> **Point**
>
> 本書では、［Organization Identifier］に「Swift-Beginners」と入力しています。ですが、学習の際には、別の ID にしてください。たとえば、ご自身のホームページのドメインのように、重複しにくい ID を入力してください。

3 MapView.swift ファイルを追加しよう

マップパーツ（地図を表示する部品）のコードは、MapView.swift ファイルに記述します。
Xcode のプロジェクトが開いたら swift ファイルを追加します。

❶ [ContentView.swift] の上で「control」キーを押しながらクリックしてサブメニューを表示します。

❷ [New File...] を選択します。

▼ swift ファイルの追加

❶ OS の種類で [iOS] を選択します。
❷ [SwiftUI View] を選択します。
❸ [Next] をクリックします。

> **Point**
>
> 作成するファイルタイプで [SwiftUI View] を選択することで「import SwiftUI」の記述が追加された swift ファイルが作成されます。

▼ SwiftUI View の選択

▼ MapView.swift の追加

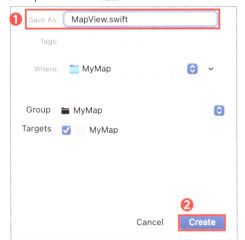

❶ [Save As:] に「MapView.swift」を入力。
❷ 保存先確認画面が表示されます。そのまま [Create] をクリックします。

新しい Swift ファイル「MapView.swift」の追加ができていることを確認しましょう。

▼ MapView.swift ファイル追加の確認

4 最初のマップを表示しよう

アプリでマップを表示するために、MapKit をインポートします。
import 文を記述することによって、フレームワークやライブラリを読み込み、その機能を利用できます。
詳しいコードの解説はあとでしますので、まずはマップを表示してみましょう。

> **Point**
> フレームワーク (Framework) とは、アプリの標準的な機能を作るための、クラスやライブラリの集まりのことです。
> ライブラリとは、プログラムを再利用可能な形でひとまとまりにしたものです。

4-1 MapKit のインポート

地図を表示するために必要なライブラリである MapKit をインポートします。

❶ 🗎「MapView.swift」を選択してファイルを開きます。
❷「import MapKit」を追加します。

▼ MapKit フレームワークの追加

フレームワークやライブラリの中にある関数やクラスを取り込み利用するために import を使います。

import はプログラムの最初に書くのが一般的です。

今回は、マップを使うために MapKit を取り込んでいます。**MapKit は、アプリ内に地図や衛星画像の表示、地図にピンを配置、住所から地図座標の検索**をすることができます。

> **Point**
>
> import 文を記述することによってフレームワークやライブラリを読み込み、その機能を利用できるようになります。

4-2 マップを表示するためのコードの追加

MapKit の View を SwiftUI の View として利用するために UIViewRepresentable プロトコルを使います。UIViewRepresentable に関しては、あとで解説します。

赤線のコードを変更し、青枠のコードを削除しましょう。

Lesson 5-2　マップパーツを作成しよう

❶ 構造体 MapView で指定しているプロトコルを、View から UIViewRepresentable に変更します。「View」から「UIView Representable」へ変更したときに「Type 'MapView' does not conform to protocol 'UIViewRepresentable'」というエラーが表示されることがありますが、気にせず作業を進めてください。このあとにコードを追加するとエラーが解消されます。

▼ View から UIViewRepresentable に変更

```
 8    import SwiftUI
 9    import MapKit            ❶  View → UIViewRepresentable へ変更
10
11    struct MapView: View {
12        var body: some View {
13            Text("Hello, World!")   ❷  削除
14        }
15    }
16
17    struct MapView_Previews: PreviewProvider {
18        static var previews: some View {
19            MapView()
```

❷ 最初に記述されている、body プロパティは不要なので削除します。

　最初のマップを表示するために必要な、最低限のコードを追加します。赤枠のコードを追加しましょう。

▼ makeUIView、updateUIView の追加

```
 8    import SwiftUI
 9    import MapKit
10
11    struct MapView: UIViewRepresentable {
12
13        // 表示する View を作成するときに実行
14        func makeUIView(context: Context) -> MKMapView {
15            // MKMapViewのインスタンス生成
16            MKMapView()
17        } // makeUIView ここまで
18
19        // 表示した View が更新されるたびに実行
20        func updateUIView(_ uiView: MKMapView, context: Context) {
21
22        } // updateUIView ここまで
23
24    } // MapView ここまで          追加
25
26    struct MapView_Previews: PreviewProvider {
27        static var previews: some View {
28            MapView()
```

🛈 Point

Xcode は変更内容を自動的に保存します。ファイルの保存を気にせずに、操作を進めてください。

Day

1

5

203

Day 1 - Lesson 5　マップ検索アプリを作ろう ―MapKit とクロージャを学ぶ―

ここで、［Live Preview］でマップの表示を確認しましょう。

プレビューの操作がわからないときは、「Lesson 2-6 プレビューを表示」（P..58）に戻って確認してください。

プレビューでマップが表示されていることを確認します。さきほど追加したコードでは、画面全体に初期状態のマップが表示されます。

▼ プレビューでマップを確認

 Point

SwiftUI ではパーツ（機能）ごとに Swift ファイルを作り、プレビュー機能を利用することで部分的に動作を確認することができます。このことを単体テストともいいます。
確認ができたパーツを最後にまとめて結合することで、効率的に 1 つのアプリを作ることができます。

 コード解説　これから、さきほど追加したコードをステップごとに説明します。

```
struct MapView: UIViewRepresentable {
    （省略）
} // MapView ここまで
```

MapKit の View（表示機能）を SwiftUI で利用する場合は、UIViewRepresentable プロトコルを指定します。

UIViewRepresentable プロトコルを指定すると、makeUIView メソッド、updateUIView メソッドの 2 つのメソッドの記述が必要になります。

 Point

プロトコル（protocol）とは、クラスや構造体・列挙型の枠組みのことで、基本的には実装のない機能の羅列です。クラスや構造体を作るときに、目的を実現するための最低限の「ルール決め」がプロトコルの役割です。

204

Lesson 5-2　マップパーツを作成しよう

▼ UIViewRepresentable と MKMapView（MapKit の View）のイメージ

　UIViewRepresentable プロトコルは MapKit の MKMapView（MapKit の View）を SwiftUI の View で使うためのラッパー（橋渡しするコード）です。

> **Tips**
>
> ● **MapKit と SwiftUI**
>
> 　SwiftUI は UI 部品が構造体（struct）で定義されます。ですが、MapKit の UI 部品はクラス（class）で定義されています。構造体とクラスではデータ型が異なるために、そのままでは利用できません。
>
> 　MapKit の MKMapView は、UIViewRepresentable プロトコルでラップ（橋渡し）して、SwiftUI の View で利用できるようにします。
>
> 　SwiftUI では Map が新しく追加され、UIViewRepresentable プロトコルを使用しなくても使えるようになりました。ですが、まだ十分な機能が提供されていません。そのため本書では、WWDC にて発表された内容をもとに、従来の MapKit を使用して学習します。

そして、これから解説する makeUIView と updateUIView の 2 つを図に整理しました。それぞれの役割の概要がつかめると思いますので、この図を参考に読みすすめてください。

▼ makeUIView と updateUIView の役割

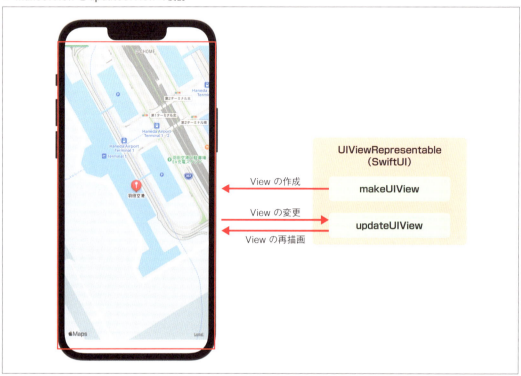

```
// 表示する View を作成するときに実行
func makeUIView(context: Context) -> MKMapView {
    // MKMapViewのインスタンス生成
    MKMapView()
} // makeUIView ここまで
```

makeUIView メソッドは UIViewRepresentable プロトコルで必須のメソッドです。

makeUIView メソッドは、画面に表示する前に一度だけ実行され、表示に必要な View を作成します。今回は MKMapView で初期状態のマップを作成します。

▼ makeUIView メソッドの引数と戻り値

番号	引数名	内容
第一引数	context	関連する View が渡されるが、ここでは利用しない。

> ● 関数での return 文の省略
>
> Swift では、関数（メソッド）本体が return だけの場合は、return を省略することができます。
> 例えば、先程の makeUIView メソッドでは、「return MKMapView()」と書いても「MKMapView()」と書いても同じ意味です。
>
> ```
> func makeUIView(context: Context) -> MKMapView {
>     return MKMapView() // ここは MKMapView() だけでも良い
> }
> ```

```
// 表示した View が更新されるたびに実行
func updateUIView(_ uiView: MKMapView, context: Context) {

} // updateUIView ここまで
```

アプリの状態が変化すると、SwiftUI が影響を受けるインターフェースの部分を更新します。そのときに、updateUIView メソッドも実行されます。

updateUIView メソッドも UIViewRepresentable プロトコルで必須のメソッドです。

最初の引数 uiView は UIView 型のインスタンスで、makeUIView メソッドで作成した MKMapView が設定されます。

▼ updateUIView メソッドの引数

番号	引数名	内容
第一引数	uiView	makeUIView でインスタンス生成した View オブジェクト
第二引数	context	関連する View が渡されるが、ここでは利用しない。

> 🛈 Point
> updateUIView メソッドで使っている引数「_ uiView: MKMapView」の「_（アンダースコア）」はラベルの省略を意味します。

Day 1 - Lesson 5　マップ検索アプリを作ろう —MapKit とクロージャを学ぶ—

5 検索キーワードを設定し、シミュレータで動作確認しよう

マップパーツは検索キーワードからマップを表示しますので、検索キーワードを受け取る仕組みを作りましょう。

受け取る仕組みを作れたら、画面から簡易的にキーワードを渡してシミュレータで確認します。ここでマップパーツが正常に動くことを確認したのちに、次のレッスンでこのマップパーツを利用します。

5-1　定数 searchKey の追加とプレビュー機能の修正と確認

検索キーワードを保存するための定数 searchKey の追加と、プレビューでマップパーツが確認できるように修正します。

入力された文字をデバッグエリアに出力するコードを追加します。print文で記述している「\(searchKey)」の箇所の「\」（バックスラッシュ）は、「option」+「¥」キーで入力します。

赤枠のコードを追加してください。

▼ 検索キーワードの追加と確認

```swift
11    struct MapView: UIViewRepresentable {
12        // 検索キーワード                          追加
13        let searchKey: String
14
15        // 表示するViewを作成するときに実行
16        func makeUIView(context: Context) -> MKMapView {
17            // MKMapViewのインスタンス生成
18            MKMapView()
19        } // makeUIView ここまで
20
21        // 表示したViewが更新されるたびに実行
22        func updateUIView(_ uiView: MKMapView, context: Context) {
23
24            // 入力された文字をデバッグエリアに表示      追加
25            print("検索キーワード：\(searchKey)")
26
27        } // updateUIView ここまで
28                              「\」は「option」+「¥」で入力
29    } // MapView ここまで
30
31    struct MapView_Previews: PreviewProvider {
32        static var previews: some View {
33            MapView(searchKey: "羽田空港")      修正
34        }
35    }
```

▼ ContentView.swift を選択

```swift
     5    // Created by Yoshinori Kobayashi on 2022/09/18.
     6    //
     7
     8    import SwiftUI
     9
    10    struct ContentView: View {
    11        var body: some View {
    12            VStack {
    13                Image(systemName: "globe")
    14                    .imageScale(.large)
    15                    .foregroundColor(.accentColor)      削除
    16                Text("Hello, world!")
    17            }
    18            .padding()
    19        }
    20    }
```

MyMap
　MyMap
　　MyMapApp.swift
❶　ContentView.swift
　　MapView.swift
　　Assets.xcassets
　> Preview Content

208

Lesson 5-2　マップパーツを作成しよう

❶ 🦅 ［ContentView.swift］を選択します。
❷ body の「{}」の中にある、VStack、Image と Text の View を削除します。コードを削除するとエラーが表示されることがあります。あとでコードを追加することで、エラーが解消されますので、そのまま学習をすすめてください。

赤枠のコードを追加してください。

まずは、MapView の引数に、検索キーワードを固定の文字列で指定して、MapView に値を引き渡せるか確認をしましょう。

今後、入力フィールドの TextField と MapView を垂直にレイアウトをしたいので、あらかじめ VStack で MapView を囲んでおきます。

▼ マップを表示

```
struct ContentView: View {
    var body: some View {
        // 垂直にレイアウト（縦方向にレイアウト）
        VStack {
            // マップを表示
            MapView(searchKey: "羽田空港")
        } // VStack ここまで
    }
}

struct ContentView_Previews: PreviewProvider {
    static var previews: some View {
        ContentView()
    }
}
```

▼ シミュレータを起動

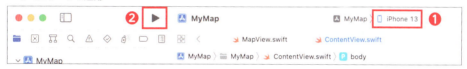

❶ お好きなデバイスを選択してください。
❷ ▶️ ［Run］をクリックして、シミュレータを起動します。

💡 Point

ショートカットキーでもシミュレータを起動できます。「command」＋「R」を同時に入力することで、シミュレータが起動します。

Day 1 - Lesson 5　マップ検索アプリを作ろう —MapKit とクロージャを学ぶ—

▼ デバッグエリアに出力

MapView の引数 searchKey に指定した文字列がデバッグエリアに出力されていることが確認できれば、キーワードの引き渡しと受け取りは成功しています。

コード解説　これから、さきほど追加したコードをステップごとに説明します。

```
struct ContentView: View {
    var body: some View {
        // 垂直にレイアウト（縦方向にレイアウト）
        VStack {
            // マップを表示
            MapView(searchKey: "羽田空港")
        }
    }
}
```

アプリ起動時に描画される ContentView で、MapView を呼び出しています。
「searchKey: " 羽田空港 "」を指定をして、MapView に固定の検索キーワードを引き渡しています。

210

次は、MapView.swift に追加したコードを見ていきましょう。

```
struct MapView: UIViewRepresentable {
    // 検索キーワード
    let searchKey: String
    （省略）
} // MapView ここまで
```

マップパーツ（MapView）では、検索キーワードを元に位置情報を取得し地図を表示します。そのため、マップパーツを利用するときは、検索キーワードを入力値として受け取る必要があります。

定数 searchKey が検索キーワードを保存します。構造体 MapView では searchKey の値が変わることはない（状態は変化しない）ので、定数 let として宣言します。

構造体内で宣言されている変数や定数のことをプロパティと呼びます。初期値のないプロパティは構造体を利用するときに値を設定する必要があります。

構造体については、「COLUMN 構造体（struct）について」（P.234）を確認してください。

```
// 表示した View が更新されるたびに実行
func updateUIView(_ uiView: MKMapView, context: Context) {
    // 入力された文字をデバッグエリアに表示
    print("検索キーワード：\(searchKey)")
} // updateUIView ここまで
```

updateUIView メソッドは起動時の View 更新時にも実行されます。

print を使って searchKey の中身をデバッグエリアに出力して確認できるようにします。デバッグエリアに出力される情報をわかりやすくするために、print では「" 検索キーワード：\(searchKey)"」と記述しています。文字列を示す「""」（ダブルクォーテーション）の中で、変数の値を出力するときは「\(searchKey)」と 「\」（バックスラッシュ）と括弧を使います。デバッグエリアには「" 検索キーワード：羽田空港 "」のように、変数の値が文字列に埋め込まれるようにして出力されます。とても便利ですので、ぜひ覚えておきましょう。

```
struct MapView_Previews: PreviewProvider {
    static var previews: some View {
        MapView(searchKey: "羽田空港")
    }
}
```

プレビューを設定します。

このプレビューを利用して、マップパーツである構造体 MapView の動作を確認します。

MapView では、「let searchKey: String」でプロパティが宣言されています。そのため MapView を利用するときは初期値を設定する必要があります。その初期値が「searchKey: " 羽田空港 "」です。

> **Point**
>
> 「struct MapView_Previews: 〜」は、[Live Preview] を起動してプレビューを Canvas に描画している場合にのみ実行される、ということを理解する必要があります。
> シミュレータでアプリを起動したときには実行されません。

5-2 シミュレータでプログラムが実行される順番

ここで、シミュレータでアプリを起動してからどの順番でプログラムが実行されていくのか確認していきましょう。

アプリを起動すると最初に「MyMapApp.swift」が実行されます。 今は、プロジェクト名が「MyMap」なので、「MyMapApp.swift」ですが、例えば楽器アプリの場合は、「MyMusicApp.swift」が最初に実行されます。

▼ アプリ起動時に最初に実行されるファイル

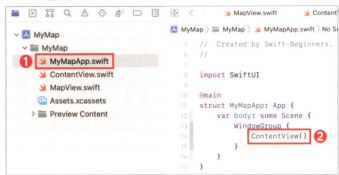

❶ 「MyMapApp.swift」を選択してファイルを開きます。
❷ ContentView を実行していることが確認できます。

「MyMapApp.swift」から起動された、ContentView を確認してみましょう。

▼ ContentView で、MapView を呼び出し

❶ 「ContentView.swift」を選択してファイルを開きます。
❷ ContentView の 中 では、MapView が実行されていることが確認できます。

次に ContenteView から実行された MapView のプログラムが動く順番を整理しましょう。
図の番号はプログラムが動く順番です。

❶ ContentView から MapView が実行されると、「struct MapView:〜」が実行されます。

❷ searchKey プロパティには、「羽田空港」がセットされます。

❸ View（画面）を表示する最初の 1 回だけ、makeUIView メソッドが実行されます。

❹ MKMapView クラスのインスタンスをおこない、マップを表示します。

❺ View が更新されるたびに updateUIView メソッドが実行されます。最初に View が表示されるときも実行されます。

❻ print 文でデバッグエリアに「検索キーワード：羽田空港」と出力します。

▼ マップパーツのプログラムが動く順番

5-3　プレビュー機能でプログラムが実行される順番

シミュレータでアプリを起動する場合と、画面毎にレイアウトを確認できるプレビュー機能の場合では、プログラムの実行順序が変わります。

［Canvas］で［Live Preview］が選択されていることを確認します。プレビューが表示されていないときは、［Preview paused］とバーが表示されているはずですので、⟳［Resume］ボタンを押してプレビューを実行しましょう。

▼ ［Live Preview］を起動

❶ [Live Preview] が実行されたときに、最初に読み込まれるのは構造体「MapView_Previews」です。

❷ マップパーツ（MapView）を使ってマップのインスタンスを作成します。searchKey プロパティの初期値に「羽田空港」をセットします。

❸ MapView が指定されると、「struct MapView: ～」が実行されます。

▼ [Live Preview] で MapView のプログラムが動く順番

その後の、MapView 内の実行順序は、シミュレータと同じです。

このように、プレビュー機能で確認する際には、❶❷のコードを先に実行して Canvas にプレビューしていることを理解してください。

6 検索キーワードから緯度経度を検索しよう

6-1 位置情報を検索し、緯度経度を確認しよう

検索キーワードから位置情報を取得し、緯度経度情報をデバッグエリアに表示します。

MapView.swift を開いて、赤枠のコードを追加しましょう。

追加したコードは、検索キーワードから位置情報を取得し、緯度経度情報をデバッグエリアに表示します。print で記述している「\(targetCoordinate)」の「\」（バックスラッシュ）は「option」+「¥」で入力できます。

▼ 位置情報から緯度経度情報を取得

```
// 表示したViewが更新されるたびに実行
func updateUIView(_ uiView: MKMapView, context: Context) {

    // 入力された文字をデバッグエリアに表示
    print("検索キーワード：\(searchKey)")

    // CLGeocoderインスタンスを生成
    let geocoder = CLGeocoder()

    // 入力された文字から位置情報を取得
    geocoder.geocodeAddressString(
        searchKey,
        completionHandler: { (placemarks, error) in
            // リクエストの結果が存在し、1件目の情報から位置情報を取り出す
            if let placemarks,
               let firstPlacemark = placemarks.first,
               let location = firstPlacemark.location {

                // 位置情報から緯度経度をtargetCoordinateに取り出す
                let targetCoordinate = location.coordinate

                // 緯度経度をデバッグエリアに表示
                print("緯度経度：\(targetCoordinate)")

            } // if ここまで
        }) // geocoder ここまで

} // updateUIView ここまで

} // MapView ここまで
```

▼ デバッグエリアでの緯度経度情報の確認

シミュレータを起動して、ここまでで入力したプログラムの動きを確認します。

デバッグエリアの最後に、緯度経度情報が表示されています。「CLLocationCoordinate2D」に入っている**「latitude」が緯度、「longitude」が経度**です。

 コード解説　これから、さきほど追加したコードをステップごとに説明します。

```
// CLGeocoderインスタンスを生成
let geocoder = CLGeocoder()
```

CLGeocoder インスタンスを生成しています。

CLGeocoder クラスを使うと、緯度経度から住所を検索することができます。また、住所から緯度経度を検索することもできます。

```
// 入力された文字から位置情報を取得
geocoder.geocodeAddressString(
    searchKey,
    completionHandler: { (placemarks, error) in
    （省略）
}) // geocoder ここまで
```

geocodeAddressString は、住所やランドマークの文字列を Apple のサーバーに問い合わせて、位置情報を取得します。

▼ geocodeAddressString メソッドの引数

番号	引数名	内容
第一引数	addressString	検索したい場所を記述した文字列。addressString はラベルが不要な引数です。そのため、メソッド利用時には「searchKey」のように引き渡す変数のみを書きます。
第二引数	completionHandler	結果と一緒に実行するまとまった処理（クロージャ）。ジオコーダーは、リクエストが成功したか失敗したかに関係なく、このクロージャを実行します。

　位置情報の取得が完了したときに、「completionHandler: { }」が実行されます。このときに、引数の placemarks には取得した位置情報が格納され、error には取得時のエラーが格納されます。これは「クロージャ」という機能を使っています。詳しくはあとで説明します。

　住所やランドマークでの検索では、ひとつの場所に特定できないときは、複数の位置情報が Apple のサーバーから送られてきます。placemarks も複数の検索結果が格納されている可能性があるために、配列のデータ型で「[CLPlacemark]?」のように管理されています。「CLPlacemark」は、位置情報が含まれているデータ型でクラスです。

▼ 取得した位置情報（placemarks）のイメージ

　これから placemarks の情報を取り出しますが、上のイメージ図を参考にして、読み進めてください。

```
// リクエストの結果が存在し、1件目の情報から位置情報を取り出す
if let placemarks,
   let firstPlacemark = placemarks.first,
   let location = firstPlacemark.location {
    （省略）
} // if ここまで
```

　if let 文では、複数個のオプショナル型（nil を許容しているデータ型）の値を使いたいときは「,」（カンマ）で区切って、記述を並べることができます。複数個のオプショナル型をアンラップするときは、すべてのアンラップが成功すれば true となり、if let の { }（ブロック）が実行されます。

Lesson 5-2 マップパーツを作成しよう

Day
·
1

Tips

● **if let 文の複数条件の記述とネストによる記述**

次の if let 文は同じ意味になります。

ネストの階層が深くなると、コードが読みにくくなるので、「,」（カンマ）で複数条件を記述してコードを見やすくします。

```
// ネストによる記述
if let placemarks {
    if let firstPlacemark = placemarks.first {
        if let location = firstPlacemark.location {
            (省略)
        }
    }
}

// カンマで複数条件の記述
if let placemarks,
    let firstPlacemark = placemarks.first,
    let location = firstPlacemark.location {
      (省略)
}
```

5

if let 文では複数の条件がカンマで区切られていますので、これから 1 つずつ条件を確認しましょう。

```
let placemarks
```

「if let placemarks,」は省略された書き方です。省略せずに書くと「if let placemarks = placemarks,」となります。右辺の placemarks はオプショナル型（nil を含む）で「[CLPlacemark]?」というデータ型です。アンラップに成功すると、左辺の placemarks に代入されます。左辺の placemarks は、nil を含まないデータ型で「[CLPlacemark]」となります。placemarks は取得に成功した位置情報が格納されています。ですが、nil になる（値がない、結果がない）ことも想定しているので、オプショナル型です。アンラップ（オプショナル型から nil でない値を取り出すこと）して値があることを確認できたら、条件がtrue になるので、次の条件に進みます。

```
let firstPlacemark = placemarks.first
```

217

Day 1 - Lesson 5　マップ検索アプリを作ろう ―MapKit とクロージャを学ぶ―

　if let 文で 2 つ目の条件です。1 つ目でアンラップできた変数 placemarks は 2 つ目以降の条件でも使うことができます。

　placemarks はアンラップされているので、必ず位置情報が格納されている変数です。

　placemarks は、1 つの位置情報に特定できないときは、候補となる複数の位置情報（検索結果）が格納されている配列です。ここでは、配列の 1 つ目のデータがもっとも目的に近い情報であると仮定して取得しています。配列については「COLUMN 配列（Array）について」（P.224）で解説していますので、参考にしてください。

　「.first」を使うことによって先頭の配列を取り出すことができます。「.first」で取得できる値もオプショナル型なので、アンラップして取り出します。

```
let location = firstPlacemark.location
```

　if let 文で 3 つ目の条件です。

　firstPlacemark には取得した位置情報の最初の 1 件目が格納されています。

　緯度経度、高度などの情報が格納されている「location」を取り出します。「location」もオプショナル型なので、アンラップします。

```
// 位置情報から緯度経度をtargetCoordinateに取り出す
let targetCoordinate = location.coordinate
```

　緯度経度、高度などの情報が格納されている「location」中にある「coordinate」は、緯度経度が格納されている変数です。「targetCoordinate」に緯度経度を格納します。

```
// 緯度経度をデバッグエリアに表示
print("緯度経度：\(targetCoordinate)")
```

　緯度経度情報 targetCoordinate を、デバッグエリアに表示させます。デバッグエリアに出力される情報をわかりやすくするために、print では「" 緯度経度：\(targetCoordinate)"」と記述しています。デバッグエリアには「緯度経度：CLLocationCoordinate2D(latitude: 35.5476696, longitude: 139.7851272)」のように、変数の値が文字列に埋め込まれるようにして出力されます。

6-2 緯度経度の検索結果を使ってピンを置こう

取得した緯度経度情報を使って、ピンをマップ上に置きます。そして、ピンが画面の中心にくるようにマップを移動します。

赤枠のコードを追加しましょう。

コードを入力したら、[Live Preview]でプログラムの動きを確認します。

[Live Preview]の使い方は、「Day1 Lesson 2-7 1-1 Live Preview（ライブプレビュー）」（P.83）で解説していますので、参考にしてください。

▼ マップにピンを置く

指定されたキーワードに応じた位置にピンが置かれていることを確認します。ピンの下にタイトルが表示されます。

▼ [Live Preview]で確認

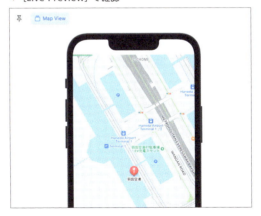

コード解説 これから、さきほど追加したコードをステップごとに説明します。

```
// MKPointAnnotationインスタンスを生成し、ピンを作る
let pin = MKPointAnnotation()
```

MKPointAnnotation インスタンスを生成します。MKPointAnnotation では、ピンを置くための機能が利用できます。

```
// ピンを置く場所に緯度経度を設定
pin.coordinate = targetCoordinate
```

targetCoordinate には、緯度経度情報が設定されていますので、そのままピンの位置情報として設定しています。coordinate プロパティで、ピンを置く座標点が設定できます。

```
// ピンのタイトルを設定
pin.title = searchKey
```

ピンのタイトルを設定します。タイトルには入力された検索キーワードを表示します。タイトルは、ピンの下に表示されます。

```
// ピンを地図に置く
uiView.addAnnotation(pin)
```

マップ上にピンを置きます。

```
// 緯度経度を中心に半径500mの範囲を表示
uiView.region = MKCoordinateRegion(
    center: targetCoordinate,
    latitudinalMeters: 500.0,
    longitudinalMeters: 500.0)
```

最後に、ピンを置いた場所にマップの表示位置を移動します。
MKCoordinateRegion メソッドでは、中心位置（緯度経度）と縦横の表示する幅（メートル単位）を指定できます。

クロージャについて

クロージャ (closure) とは文の中に埋め込むことができる関数のような処理のかたまりです。クロージャは、特定の条件が満たされたときに自動で実行する仕組みです。

1 クロージャの仕組み

マップアプリでは、geocoder.geocodeAddressString メソッドでクロージャを利用しています。位置情報の取得が完了したらクロージャが実行されました。

第一引数には、ユーザーが検索したいキーワードが入っている定数 searchKey を指定しています。第二引数には、{ } でまとめた処理の塊をオブジェクトとして引数に指定しています。この { } でまとめて処理を実行させる方法を「クロージャ」と言います。

geocodeAddressString メソッドを利用して、入力されたキーワードで位置情報の取得が完了したときに、クロージャである {} 枠内のコードが実行されます。

▼ クロージャの仕組み

クロージャは、次のように記述します。また、比較のために関数の書式も記載します。

▼ クロージャの書式

```
{(引数：データ型) -> 戻り値のデータ型 in
    実行したいコード
    return 戻り値
}
```

▼ 関数の書式（比較のために記載）

```
func 関数名 (引数：データ型) -> 戻り値のデータ型 {
    実行したいコード
    return 戻り値
}
```

Day 1 - Lesson 5　マップ検索アプリを作ろう ―MapKit とクロージャを学ぶ―

　クロージャの全体は 1 つのコードブロックとして、{ } で囲みます。引数や戻り値の指定は関数と似ています。実行するコードの記述を始める前に **in キーワード**が必要です。

関数の場合は、関数名を指定することで実行します。クロージャの場合は、特定の条件が揃うと自動実行されるため関数名は不要です。そのためクロージャは**無名関数**とも呼ばれます。

2　クロージャの省略形（トレイリングクロージャ）

　クロージャは書き方が数パターン発生することがあります。

　例えば、geocodeAddressString も別の書き方があります。

▼ クロージャの展開

　入力候補から geocodeAddressString を選択したときに、引数 completionHandler の「CLGeocodeCompletionHandler」の背景が青くなっています。青くなっていないときは、クリックして選択してください。このときに「return」キーもしくは「ダブルクリック」します。そうすると書き方が変化することがわかると思います。

▼ クロージャの省略形

completionHandler のクロージャ部分が引数リスト「()」の外側に「{}」をつけて移動されています。引数名 completionHandler は省略されています。こちらの省略形のほうが、クロージャの引数や in キーワードが付加されて、よりコードが書きやすくなっています。この省略形をトレイリングクロージャともいいます。

　本書ではクロージャを省略せずに利用していますが、実際の開発では省略形のほうがよく使われます。

　最後に本書で利用している geocodeAddressString メソッドをトレイリングクロージャで記述したコードを紹介しますので、今まで学習したコードと比較してみましょう。

▼ トレイリングクロージャ

```swift
            // 入力された文字から位置情報を取得
            geocoder.geocodeAddressString(searchKey) { placemarks, error in
                // リクエストの結果が存在し、1件目の情報から位置情報を取り出す
                if let placemarks = placemarks,
                    let firstPlacemark = placemarks.first,
                    let location = firstPlacemark.location {

                    // 位置情報から緯度経度をtargetCoordinateに取り出す
                    let targetCoordinate = location.coordinate
```
```swift
                    uiView.addAnnotation(pin)

                    // 緯度経度を中心に半径500mの範囲を表示
                    uiView.region = MKCoordinateRegion(
                        center: targetCoordinate,
                        latitudinalMeters: 500.0,
                        longitudinalMeters: 500.0)

                } // if ここまで
            }) // geocoder ここまで
```

配列（Array）について

1 配列とは
よく似た変数をバラバラで利用するよりも、まとめて管理ができたほうが便利です。

▼ 配列の例

```
var fruits1 = "リンゴ"
var fruits2 = "ミカン"
var fruits3 = "パイナップル"

// 配列でまとめる
var fruits = ["リンゴ", "ミカン", "パイナップル"]
```

配列を使うことで、文字列、数値などの任意の数のデータをまとめて管理でき、データの取得や変更がとても簡単にできます。

2 配列の宣言
▼ 配列の宣言

```
var 配列名 = [値1, 値2, 値3, …]
```

var まはた let で宣言します。変数のときと同様に var で宣言した場合は、後で変更ができます。let で宣言した場合は定数になり、後で変更はできません。

[] （ブランケット）で配列に設定する値を記述します。値の1つ1つは「,」（カンマ）で区切ります。この値を配列では**要素**と呼びます。

配列にも文字列型や数値型などのデータ型があります。

▼ 配列のデータ型

```
var number1 = [2, 5, 6, 9]              // 自動的にInt型の配列になる
var number2: [Int] = [2, 5, 6, 9]       // 明示的にInt型の配列を指定

var moji1: [String] = []                // 文字を格納できるString型、空の配列
var moji2 = ["朝", "昼", "夜"]           // 自動的にStrint型の配列になる
```

Swift はデータ型を自動的に推論します。配列の要素から適切なデータ型を設定します。データ型は明示的に指定することもできます。

Lesson 5-2　マップパーツを作成しよう

Day
・
1

3　配列の要素（値）の取得

　配列の要素を取得するには、[]（ブランケット）と**添字**（そえじ）を使います。添字は配列に格納されたデータの順番を示す番号で、0から始まることに注意してください。

▼ 要素の取得

```
var season = ["春", "夏", "秋", "冬"]
print(season[0])    // "春"を出力
print(season[3])    // "冬"を出力
print(season[4])    // エラーになる
```

　配列 season は要素数が4つです。添字が0から始まるために、3の「"冬"」が最後の値になります。要素の数を超えてアクセスするとエラーになります。

5

4　配列の要素（値）の追加と削除

　配列に新しく要素を追加する場合は、append メソッドを利用して要素を追加します。append メソッドでは配列の最後に要素を追加します。

▼ 要素の追加

```
var season = ["春", "夏"]
season.append("秋")
season.append("冬")
print(season)          // ["春", "夏", "秋", "冬"]を出力
```

　配列の要素を削除する場合は、remove メソッドを利用します。remove メソッドでは引数に添字を指定することで、その添字の要素のみを削除することができます。要素の削除が完了すると、その要素が空になるのではなく、後の要素が1つ前に移動して格納されます。

▼ 要素の削除

```
var season = ["春", "夏", "秋", "冬"]
season.remove(at:0)    // "春"を削除
print(season)          // ["夏", "秋", "冬"]を出力
```

225

5　配列の要素（値）の変更

　配列の要素を変更したいときは、取得のときと同様に［ ］（ブランケット）と添字を使います。配列の要素を変更すると、以前の値は上書きされてしまいます。

▼ 要素の変更

```
var season = ["春", "夏", "秋", "冬"]
season[0] = "Spring"
season[1] = "Summer"
season[2] = "Autumn"
season[3] = "Winter"
print(season[0])      // "Spring"を出力
print(season[3])      // "Winter"を出力
```

　配列の要素を変更するときも、要素の数を超えてアクセスするとエラーになりますので、注意してください。

6　配列のプロパティ

　配列のプロパティを利用すると配列の情報が取得できます。配列操作では、よく利用されますので、使い方に慣れておきましょう。

▼ 配列のプロパティ

```
var season = ["春", "夏", "秋", "冬"]
print(season.first)     // 1つ目の要素「"春"」を出力
print(season.last)      // 最後の要素「"冬"」を出力
print(season.count)     // 要素の総数「4」を出力
```

　season.first は season[0] と同じです。同じ要素「"春"」を取得できます。
　season.last は season[3] と同じです。同じ要素「"冬"」を取得できます。

Day 1 Lesson 5-3 マップ検索アプリの動作をプログラミングしよう

このレッスンで学ぶこと

- **TextField を使って、マップ検索画面の作り方を学びます。**
- **地図を表示する部品（MapView.swift）を使ってマップを表示する方法を学びます。**

1 検索キーワードを入力する TextField を作ろう

　前のレッスンではマップを表示するマップパーツ（MapView.swift）を作りました。このレッスンでは検索キーワードをマップパーツに指定し、該当するマップを表示します。まずは、検索キーワードを取得するために、検索したい場所が入力できる TextField を作りましょう。

1-1　検索キーワードの入力が完了したときの処理

　検索窓（TextField）で、文字の入力が完了したときの処理を作ります。
　確認のために、print で入力された文字をデバッグエリアに出力します。
　ContentView.swift を選択しましょう。以下の赤枠のコードを追加して、赤線のコードを修正しましょう。固定文字列の「羽田空港」を変数 displaySearchKey に差し替えます。

 Point

コードを追加する場所の行番号は目安です。追加の指示が記載されている前後のコードを確認してください。
コードを書いていく中で、行番号は本書のキャプチャとはずれる可能性があります。追加する場所の目印は行番号ではなく、キャプチャに表示されている前後のコードで判断をしてください。

Day 1 - Lesson 5　マップ検索アプリを作ろう ―MapKit とクロージャを学ぶ―

▼ TextField で入力が完了した処理 (ContentView.swift)

```swift
struct ContentView: View {

    // 入力中の文字列を保持する状態変数
    @State var inputText: String = ""
    // 検索キーワードを保持する状態変数
    @State var displaySearchKey: String = ""                    追加

    var body: some View {
        // 垂直にレイアウト（縦方向にレイアウト）
        VStack {
            // テキストフィールド（文字入力）
            TextField("キーワード", text: $inputText, prompt: Text("キーワードを入力してください"))
            // 入力が完了された時
                .onSubmit {
                    // 入力が完了したので検索キーワードに設定する
                    displaySearchKey = inputText
                }
            // 余白を追加
                .padding()                                       追加

            // マップを表示
            MapView(searchKey: displaySearchKey)
        } // VStack ここまで
    } // body ここまで                                            修正
} // ContentView ここまで
```

追加と修正ができたら、シミュレータを起動してプログラムの動きを確認します。

❶ お好きなデバイスを選択してください。ここでは、「iPhone 13」を選択します。

▼ シミュレータを起動

❷ ［Run］をクリックしてシミュレータを起動します。

初期の設定では、シミュレータが日本語を入力できるキーボードの設定ではありません。

検索キーワードに日本語を入力するための設定を行っておきます。実機の設定と同様にシミュレータの設定をすることができます。

▼ ［Home］（ホーム）を表示

❶ ［Home］をクリックします。［Settings］（設定）アイコンが表示されていなければ、スワイプして探してください。

❷ シミュレータの［Settings］をクリックします。

228

Lesson 5-3　マップ検索アプリの動作をプログラミングしよう

▼ シミュレータの設定

❶ [General]（一般）をクリックします。
❷ [Keyboard] をクリックします。
❸ [Keyboards] をクリックします。

日本語キーボードを追加します。

▼ 日本語キーボードの追加

❹ [Add New Keyboard] をクリックします。
❺ 各言語用のキーボードが検索できます。[Japan] と入力して、検索をしましょう。
❻ [Japanese] が日本語キーボードです。クリックします。
❼ [Kana] と [Romaji] どちらでもお好きな入力方法を選択してください。ここでは [Kana] と [Romaji] の2つを選択しています。
❽ [Done] をクリックして確定します。

Day 1 - Lesson 5　マップ検索アプリを作ろう ―MapKit とクロージャを学ぶ―

ここまで設定ができたら、再度シミュレータの ▶ [Run] を実行してアプリを起動してください。

▼ キーボードの表示方法

❶ TextField にカーソルを当てて、キーボードが表示されない場合は、❷を設定してください。
❷ [I/O] → [Keyboard] → [Toggle Software Keyboard] をクリックしてください。

▼ キーワードで検索

❶ 入力フィールドに、キーワードを入力します。
❷ キーワードで検索された位置にピンが表示されます。

230

> **Point**
> プレビュー機能である［Live Preview］では、TextFieldへの日本語入力ができません。今後、バージョンアップに伴い改善されるとは思いますが、日本語入力が必要な場合は、シミュレータや実機で確認してください。

 コード解説 これから、さきほど追加したコードをステップごとに説明します。

```
// 入力中の文字列を保持する状態変数
@State var inputText: String = ""
```

　inputTextは、TextFieldで入力中の文字列が保存される状態変数です。
　状態変数として宣言している理由は、TextFieldでは入力するたびにその値を使用して変更を反映したいときがあります。そのため、TextFieldと連携するときは状態変数が必要になります。

```
// 検索キーワードを保持する状態変数
@State var displaySearchKey: String = ""
```

　入力が完了した文字列を保存するための変数です。displaySearchKeyで保存している文字列を検索キーワードとして利用します。

```
// テキストフィールド（文字入力）
TextField("キーワード", text: $inputText, prompt: Text("キーワードを入力してください"))
```

　TextFieldは画面に入力項目を作ります。
　1つ目の引数は、多言語対応で使われるタイトルキーです。今回は対応しないので、適当なタイトルを設定しています。
　2つ目の引数は、入力中の文字列を保存するための状態変数です。状態変数を指定するときは先頭に $ マークをつけます。TextFieldの入力に変化があるたびに、状態変数 inputText の内容も変化します。
　3つ目の引数は、プレースホルダー（入力欄に表示するメッセージ）です。

▼ TextField View のイニシャライザの引数

番号	引数名	内容
第一引数	なし	テキストフィールドの目的を説明するタイトルで、多言語対応をした場合に利用されます。
第二引数	text	入力中の文字を保存する状態変数です。$ を先頭につけて状態変数を指定します。
第三引数	prompt	プレースホルダー用の文字列です。

```
// 入力が完了された時
    .onSubmit {
        // 入力が完了したので検索キーワードに設定する
        displaySearchKey = inputText
    }
```

　TextField に、onSubmit モディファイアを付与することで、ユーザが入力をして改行を行ったタイミングで「{ }」ブロック内のコードが実行されます。

　キーワードの入力が完了したときに、状態変数 inputText から状態変数 displaySearchKey へコピーします。displaySearchKey の状態が変化する（入力が完了した）タイミングで View を更新することができます。

 Point

> onSubmit モディファイアは、iOS 15.0 から利用できる新機能です。

```
// 余白を追加
    .padding()
```

入力した文字が見えやすいように、TextField の内側に余白を設定しています。

```
// マップを表示
MapView(searchKey: displaySearchKey)
```

MapView の引数 searchKey に検索キーワードが格納されている displaySearchKey を指定します。

2 入力されたデータの流れを確認しよう

ContentView.swift からの MapView の利用と、MapView.swift での宣言の関係を次の図にまとめました。

❶ MapView.swift で構造体（struct）として宣言されている MapView を利用します。この構造体の中でマップが生成されます。

❷ 状態変数の displaySearchKey を指定することで、検索キーワードが変化するたびに、マップの検索が実行されてマップが更新されます。TextField で指定した状態変数 inputText と違って、「$」を指定しないのは、状態変化の通知が一方通行だからです。マップパーツ（MapView）で検索キーワードの状態が変わることはありません。そのため、MapView では searchKey を通常の変数（プロパティ）で宣言しています。

▼ MapView の利用と宣言

```
            // 余白を追加
            .padding()

            // マップを表示
            MapView(searchKey: displaySearchKey)
        } // VStack ここまで
    } // body ここまで
} // ContentView ここまで
```
ContentView.swift
検索キーワードをセット

```
import SwiftUI
import MapKit

struct MapView: UIViewRepresentable {
    // 検索キーワード
    let searchKey: String

    // 表示するViewを作成するときに実行
    func makeUIView(context: Context) -> MKMapView {
```
MapView.swift

文字入力し、最後に「改行」をタップすると、入力された文字に応じた位置にピンが置かれます。ピンの下にタイトルが表示されることも確認しましょう。

シミュレータの場合、言語設定がデフォルトが英語になっているため、表示された住所や施設名に英語と日本語が混在して表示されています。

シミュレータでも実機でも言語を切り替えることができます。切り替える方法は、「COLUMN マップアプリの地名や施設名の日本語表示について」（P.256）に掲載しています。

お疲れ様でした！　これでマップ検索アプリは完成です。
次のページからは「ステップアップ」になります。余裕のある方はぜひ、チャレンジしてみてください。

▼ シミュレータで確認

構造体 (struct) について

SwiftUI では構造体 (struct) は重要であるため、基本の解説をします。難しく感じた方は、本書の学習を終えてからこのページを学習するとより理解が深まります。

1　構造体を利用する目的

Swift だけでなく、他のプログラミング言語でも構造体は利用されています。

そもそも、構造体を利用する目的はなんでしょうか？

カテゴリが良く似ているデータをバラバラに利用するよりも、1つにグルーピングして管理・利用したほうが便利です。

例えば、個人の名前と年齢を管理したい場合は、次のような構造体 Person を作り、必要な要素をグルーピングして使うと便利です。

▼ 構造体の定義と使い方の例

```swift
// 名前と年齢を管理する構造体
struct Person {
    var lastName: String
    var firstName: String
    var age:Int
}

// 名前、年齢の設定
var myPerson = Person(lastName: "山田", firstName: "太郎", age:22)
print("名前: \(myPerson.lastName) \(myPerson.firstName)")  // 名前: 山田太郎
print("年齢: \(myPerson.age) 歳")                           // 年齢: 22 歳
```

2　構造体の定義、プロパティ、メソッド

構造体は変数や、定数、関数などを1つの型名でまとめることができます。

▼ 構造体の定義

```swift
struct 型名 {
    変数（プロパティ）
    定数（プロパティ）
    関数（メソッド）
}
```

Lesson 5-3　マップ検索アプリの動作をプログラミングしよう

▼ 構造体のプロパティとメソッド

```
// 名前を管理する構造体
struct Person {
    // プロパティ
    var lastName: String
    var firstName: String
    // 氏名を作成するメソッド
    func shimei() -> String {
        return lastName + firstName
    }
}
```

```
// 名前の設定
var myPerson = Person(lastName: "山田", firstName: "太郎")
print("氏名: \(myPerson.shimei())") // 氏名：山田太郎
```

　特に、構造体で使われる変数、定数のことをプロパティといいます。プロパティ（property）は、物体の特性・特質を意味する言葉です。

　関数のことをメソッドと呼びます。メソッド（method）は、方法、方式を意味する言葉です。

3　構造体のインスタンスとイニシャライザ

　構造体を定義したときはテンプレート（雛形）であって、まだ使用できません。**構造体を使えるようにして値が保存できる状態にすることをインスタンス生成といいます。**

　構造体のインスタンスを生成するときに、初期化のための手続きのことをイニシャライザ（initializer）といいます。

▼ 構造体のインスタンスとイニシャライザ

```
// 名前と年齢を管理する構造体
struct Person {
    var lastName: String
    var firstName: String
    var age: Int
}
```

```
// 名前、年齢の設定（インスタンス生成とイニシャライザ）
var myPerson = Person(lastName: "山田", firstName: "太郎", age: 22)
```

Person のインスタンスを生成するときに、引数で初期値をセットしています。

イニシャライザの方法には、イニシャライザの定義と全項目イニシャライザがあります。

3-1　イニシャライザの定義 (init)

イニシャライザを作るときは init というキーワードを使います。イニシャライザの定義には、次のルールがあります。

- init 以外のキーワードを利用することはできない
- init のコードブロック {} には初期化のための手続きを記述
- init のコードブロック {} 内では、構造体のプロパティに自由にアクセス可能
- 複数個のイニシャライザを定義することが可能

▼ イニシャライザの定義 (init)

```
// 簡単な加算
struct SimplePlus {
    var plus: Int
    var message: String
    // 1つ目のイニシャライザ。加算のみ
    init(number1: Int, number2: Int) {
        plus = number1 + number2
        message = ""
    }
    // 2つ目のイニシャライザ。メッセージで式を出力
    init(number1: String, number2: String) {
        plus = Int(number1)! + Int(number2)!
        message = "\(number1) + \(number2) = \(plus)"
    }
}

var answer1 = SimplePlus(number1: 1, number2: 2)
print(answer1.plus)                // 3
var answer2 = SimplePlus(number1: "1", number2: "2")
print(answer2.message)             // 1 + 2 = 3
```

同じイニシャライザ (init) ですが、引数の数や型によって複数定義できます。それぞれの引数に合致したイニシャライザが実行されます。

3-2 SwiftUI の TextField のイニシャライザ

マップ検索アプリで使用している TextField ですが、これも構造体であり、イニシャライザを使っています。

▼ マップ検索アプリで使用している TextField

```
var body: some View {
    VStack {
        TextField("キーワード", text: $inputText, prompt: Text("キーワードを入力してください"))
    }
}
```

公式ドキュメントで確認してみましょう。

▼ 公式ドキュメントへの手順

❶ TextField を選択して control キー＋クリックでサブメニューを表示します。[Show Quick Help] を選択します。

❷ 表示された [Quick Help] を下方向にスクロールして右下の [Open in Developer Documentation] を選択します。

▼ 公式ドキュメントでの init

❶ ドキュメントを下にスクロールして、［Creating a text field with a string］のカテゴリを探します。

❷ 使用できる init キーワードでのイニシャライザが掲載されています。利用用途に応じて、複数の init が用意されているのがわかります。今回、使用している init は上から 3 つ目です。

TextField も複数のイニシャライザ（init）を持っていて、TextField を最初に記述するときに初期化してインスタンスを作成しています。SwiftUI で使用している Image、Text、Button などの View も同じです。

3-3　全項目イニシャライザ

イニシャライザの定義（init）の省略形です。

構造体で個々のプロパティの値を指定してインスタンスを生成する初期化方法を全項目イニシャライザ（memberwise initializer）といいます。このときは init キーワードを省略できます。

全項目イニシャライザには、次のルールがあります。

- 構造体で初期値を設定していないプロパティは、インスタンス生成時に初期値の設定が必要
- 構造体で初期値を設定しているプロパティは、インスタンス生成時の初期値の設定を省略可能
- 引数はプロパティが宣言されている順番で指定

▼ 全項目イニシャライザ

```
// age のみ初期値あり
struct Person {
    var lastName: String
    var firstName: String
    var age:Int = 18
}

// インスタンス生成のときに初期値を設定する
var myPerson1 = Person(lastName: "山田", firstName: "太郎", age: 22)
var myPerson2 = Person(lastName: "山田", firstName: "太郎") // age は省略可能
```

Lesson 5-3　マップ検索アプリの動作をプログラミングしよう

4　格納型プロパティ（stored property）と計算型プロパティ（computed property）

構造体の変数・定数はプロパティと呼びましたが、Swift ではさらに 2 つのプロパティに区別できます。

▼ プロパティの種類と機能の比較

プロパティの種類	特徴	宣言時のキーワード	型名の省略
格納型プロパティ （stored property）	変数や定数が値を保持する機能を提供するプロパティ。値を保持するのが目的なので格納型（stored）と呼ばれる。	var もしくは let	可能
計算型プロパティ （computed property）	値の参照と更新の機能を手続きで構成するプロパティ。関数のように計算する機能を持たすことができることから計算型（computed）と呼ばれる。	var のみ	不可能

格納型プロパティは、従来の変数と定数が構造体内部で使えることを意味しますので理解できると思います。

計算型プロパティについて解説します。

4-1　計算型プロパティ（computed property）

宣言時のキーワードは var のみが使えます。これは値が常に一定とは限らないからです。

参照した結果の値を計算する部分が get 節（ゲッタ：getter）、指定された値を使って更新する部分が set 節（セッタ：setter）と呼びます。

▼ 計算型プロパティの定義

```
var  プロパティ名: データ型 {
    get {
        プロパティの値を返す文
    }
    set(仮引数) {
        プロパティの値を更新する文
    }
}
```

get 節を get キーワードで記述し、set 節を set キーワードで記述します。

set 節の仮引数を省略した場合は、**newValue** という引数名がデフォルトで利用できます。

Day 1 - Lesson 5　マップ検索アプリを作ろう ―MapKit とクロージャを学ぶ―

▼ 計算型プロパティの使用例

```swift
// 名前を管理する構造体
struct Person {
    // プロパティ
    var lastName: String
    var firstName: String
    // 計算型プロパティ
    var shimei: String {
        get {
            lastName + firstName
        }
        set {
            // set で仮引数を省略すると newValue という引数名で使える
            lastName = newValue
        }
    }
}

// 名前の設定
var myPerson = Person(lastName: "山田", firstName: "太郎")
print("名前: \(myPerson.shimei)") // 名前: 山田太郎
// "田中" をセットする
myPerson.shimei = "田中"
print("名前: \(myPerson.shimei)") // 名前: 田中太郎
```

4-2　計算型プロパティの省略記法

　読み込み専用プロパティを定義する場合は、get 節だけを使って、set 節は使いません。そのため、set 節を省略することが可能です。そして、get 節にも省略記法があり、省略後はまったく異なる形になるため注意が必要です。

　次の計算型プロパティの省略前後では形が異なりますが、同じ意味になります。

▼ プロパティの省略前

```swift
struct Person {
    var lastName: String
    var firstName: String
    // 計算型プロパティ省略前
    var shimei: String {
        get {
            lastName + firstName
```

Lesson 5-3　マップ検索アプリの動作をプログラミングしよう

```
            }
        }
    }
```

▼ 計算型プロパティの省略後

```
struct Person {
    var lastName: String
    var firstName: String
    // 計算型プロパティ省略後
    var shimei: String {
        lastName + firstName
    }
}
```

次の箇所が省略されています。

● get 節のみの場合は、get キーワードとその {} を省略可能

4-3　ContentView.swift の body プロパティの解説

新規プロジェクトを SwiftUI で作成したときに、最初に body プロパティのコードが記述されています。この body プロパティは計算型プロパティです。

```
import SwiftUI

struct ContentView: View {
    // body は計算型プロパティ
    var body: some View {
        （省略）
    }
}
```

body プロパティでは、set 節と get キーワードが省略されています。

body プロパティのデータ型は some View です。some キーワードはデータ型を Swift に推論してもらうために指定されていて、View プロトコルに関連したデータ型という意味です。

241

COLUMN クラス（Class）について

クラスも構造体とよく似ています。
Swiftでは構造体での記述が推奨されていて、どうしても必要な場合にクラスで記述をします。

1　クラスと構造体の違い

クラスと構造体は良く似ていますが、違いもいくつかあります。
初学者の人は、**値型と参照型の違い**を理解することが重要です。

1-1　構造体は値型、クラスは参照型

Swiftはインスタンスによるデータの管理方法が値型と参照型の2種類があります。
構造体、列挙体、整数型、文字列型などは、すべて値型です。そして、クラスは参照型です。

1-2　Swiftのコードで値型と参照型を確認

構造体が値型であることを、次のコードで確認しましょう。

▼ 構造体は値型

```swift
// 名前を管理する構造体
struct Person {
    var lastName = "山田"
}

var myPerson1 = Person()
var myPerson2 = myPerson1
myPerson1.lastName = "田中"
myPerson2.lastName = "鈴木"
print(myPerson1.lastName)    // 田中　と出力される
print(myPerson2.lastName)    // 鈴木　と出力される
```

　myPerson1でインスタンスが生成された後は、myPerson2にmyPerson1をコピーします。その後に、myPerson1とmyPerson2でそれぞれ異なる値をセットします。その後に、データを出力してもmyPerson1はmyPerson2の影響を受けていないことが確認できます。

▼ 構造体は値型

つまり、myPerson1、myPerson2 が使用する構造体 Person は別々のものとして扱われていることが確認できます。

次にクラスが参照型であることを、次のコードで確認しましょう。

▼ クラスは参照型

```
// 名前を管理するクラス
class Person {
    var lastName = "山田"
}

var myPerson1 = Person()
var myPerson2 = myPerson1
myPerson1.lastName = "田中"
myPerson2.lastName = "鈴木"
print(myPerson1.lastName)   // 鈴木　と出力される
print(myPerson2.lastName)   // 鈴木　と出力される
```

「myPerson2.lastName = " 鈴木 "」でセットすると、「myPerson1.lastName」も「" 鈴木 "」に変更されています。参照型は同じものを共有していることが確認できます。

▼ クラスは参照型

Day 1 Lesson 5-4

ステップアップ

マップの種類（衛星写真など）を切り替えできるようにしよう

 このレッスンで学ぶこと

- マップの種類の切り替え方法を学びます。
- マップの種類を列挙型を使って管理する方法を学びます。

完成イメージ

前のレッスンで作ったマップ検索アプリをカスタマイズしながら学習をすすめます。
このレッスンでは、マップの種類を標準以外に、衛星写真や衛星写真＋交通機関ラベルに切り替えできるようにします。

画面の右下に設置した
［マップ種類切り替えボタン］
をタップすることで、
マップの種類が切り替わります。

マップ種類切り替えボタン

Lesson 5-4 マップの種類（衛星写真など）を切り替えできるようにしよう

Day
·
1

1 マップの種類を切り替える処理の実装をしよう

「マップ種類切り替えボタン」を追加して、ボタンがタップされたらマップ種類が切り替えできるようにします。

1-1 マップの種類を管理する列挙型を宣言

前のレッスンで作ったマップ検索アプリの［MapView.swift］を選択して、エディタを表示します。

▼［MapView.swift］の選択

```
∨  MyMap
   ∨  MyMap
        MyMapApp.swift
        ContentView.swift
        MapView.swift
        Assets.xcassets
      >  Preview Content
```

5

赤枠のコードを追加しましょう。

マップの種類を管理するために、列挙型（enum：イナム）を宣言します。発生するマップの種類をパターンとして設定します。列挙型では、case 文で使用したいパターンを宣言します。ここで列挙型を宣言しておくことで、マップの種類を選びやすくかつ設定しやすくなります。

列挙型 MapType を追加する場所に注意してください。「struct MapView」の上に追加して

▼ 列挙型の追加

```
8   import SwiftUI
9   import MapKit
10
11  // マップの種類を示す列挙型         追加
12  enum MapType {
13      case standard      // 標準
14      case satellite     // 衛星写真
15      case hybrid        // 衛星写真+交通機関ラベル
16  }
17
18  struct MapView: UIViewRepresentable {
19      // 検索キーワード
20      let searchKey: String
21
```

います。この場所に追加することで、「struct MapView」内でも「struct ContentView」内でも利用することができます。

245

Day 1 - Lesson 5　マップ検索アプリを作ろう —MapKitとクロージャを学ぶ—

1-2　マップの種類を格納する変数の宣言

前のレッスンで作ったマップ検索アプリの[ContentView.swift]を選択して、エディタを表示します。

▼ ContentView.swift の選択

```
∨ MyMap
  ∨ MyMap
      MyMapApp.swift
      ContentView.swift
      MapView.swift
      Assets.xcassets
    > Preview Content
```

赤枠のコードを追加しましょう。

選択したマップの種類を格納するための状態変数 displayMapType を宣言します。MapType はさきほど宣言したマップ種類を管理している列挙型です。列挙型 MapType の列挙ケース「.standard」は標準マップを示しています。

▼ MapKit フレームワークの利用

```
 8  import SwiftUI
 9
10  struct ContentView: View {
11
12      // 入力中の文字列を保持する状態変数
13      @State var inputText: String = ""
14      // 検索キーワードを保持する状態変数
15      @State var displaySearchKey: String = ""
16      // マップ種類　最初は標準から              追加
17      @State var displayMapType: MapType = .standard
18
19      var body: some View {
20          // 垂直にレイアウト（縦方向にレイアウト）
```

🔵 Point

列挙型を利用するメリットとして、コードを入力するときに入力補完が働くことです。事前に列挙型で発生するパターンを宣言することで、使うときには入力補完のリストから選ぶだけでよいです。

今回の displayMapType は、データ型を列挙型の MapType で宣言しています。初期値をセットするときに「.」（ドット）を入力すると、MapType で設定することができる候補がリストされます。ここで表示される候補は、MapType の case 文で宣言したものです。

このように入力ミスを防止できて、効率的にアプリを作ることができます。

▼ 列挙型の入力補完

Lesson 5-4 マップの種類（衛星写真など）を切り替えできるようにしよう

● 列挙型

列挙型は特定の意味をもつ集合を作成して、1つのデータ型として扱うことができます。

▼ 書式：列挙型の宣言

```
enum 列挙体名 {
    case 値名
    case 値名
    ...
}
```

▼ 書式：列挙体の値の取得

```
var 変数名 = 列挙体名.値名
```

▼ 書式：列挙体の値の取得（列挙体名の省略）

```
var 変数名 = .値名
```

列挙型の例として、フルーツ（Fruits）を作り、簡単な解説をコメントで追加しました。

```
// 列挙型は enum キーワードを使う
enum Fruits {
    case apple      // case で要素を列挙する
    case orange     // case で指定する要素を列挙ケースともいう
    case banana
}
// データ型として使える
let myLikes1: Fruits = Fruits.apple
// 「Fruits」は省略して「.（ドット）」から記述できる
let myLikes2: Fruits = .orange
print(myLikes1)     // apple と出力される
print(myLikes2)     // orange と出力される
```

Day 1

5

247

1-3　ZStack を追加

「マップ種類切り替えボタン」をマップの上に配置したいので、ZStack で View の重なりを定義します。

赤枠のコードのように変更しましょう。Map View を囲うようにして、ZStack を追加します。

マップの上に「マップ種類切り替えボタン」を配置するために、ZStack で View を重ね合わせます。

「alignment: .bottomTrailing」を指定すると画面の右下を基準に配置されます。

```swift
// テキストフィールド（文字入力）
TextField("キーワード", text: $inputText, prompt:
    Text("キーワードを入力してください"))
// 入力が完了された時
    .onSubmit {
        // 入力が完了したので検索キーワードに設定する
        displaySearchKey = inputText
    }
// 余白を追加
    .padding()                                    // 変更

// 奥から手前方向にレイアウト（右下基準で配置する）
ZStack(alignment: .bottomTrailing) {
    // マップを表示
    MapView(searchKey: displaySearchKey)

} // ZStack ここまで

    } // VStack ここまで
} // body ここまで
```

> 🔔 **Point**
>
> Xcode の入力補完機能（にゅうりょくほかんきのう）は、コードを書く負担とスペルミスを軽減してくれます。
> Xcode は、統合開発環境（IDE：アイディイー）とも言われ、開発者が効率良く開発できるように様々な機能を提供してくれています。
> 開発を行う際には、IDE の機能を活用し、開発効率を高めることも重要なスキルのひとつです。積極的に利用して、どんどん慣れていきましょう。

1-4　マップ種類切り替えボタンの追加

「マップ種類切り替えボタン」を追加します。ボタンをタップしたときに、マップ種類を変更します。

以下の赤枠のコードを追加しましょう。

Lesson 5-4　マップの種類（衛星写真など）を切り替えできるようにしよう

Day
・
1

5

▼ マップ種類切り替えボタンの追加

```
29          //  余白を追加
30              .padding()
31
32          //  奥から手前方向にレイアウト（右下基準で配置する）
33          ZStack(alignment: .bottomTrailing) {
34              //  マップを表示
35              MapView(searchKey: displaySearchKey)
36
37              //  マップ種類切り替えボタン                      追加
38              Button {
39                  //  標準  →  衛星写真  →  衛星写真+交通機関ラベル
40                  if displayMapType == .standard {
41                      displayMapType = .satellite
42                  } else if displayMapType == .satellite {
43                      displayMapType = .hybrid
44                  } else {
45                      displayMapType = .standard
46                  }
47              } label: {
48                  //  マップアイコンの表示
49                  Image(systemName: "map")
50                      .resizable()
51                      .frame(width: 35.0, height: 35.0)
52              } // Buttonここまで
53              //  右の余白を20空ける
54              .padding(.trailing, 20.0)
55              //  下の余白を30空ける
56              .padding(.bottom, 30.0)
57
58          } // ZStack ここまで
59
60      } // VStack ここまで
```

コード解説　これから、さきほど追加したコードをステップごとに説明します。

if 文を使って、現在表示しているマップの種類に応じて、次に表示すべきマップの種類に値を書き換えています。

if 文を確認してみましょう。

```
// 標準  →  衛星写真  →  衛星写真+交通機関ラベル
if displayMapType == .standard {
    displayMapType = .satellite
} else if displayMapType == .satellite {
    displayMapType = .hybrid
} else {
```

249

```
        displayMapType = .standard
    }
```

　displayMapType は MapType の列挙型です。指定できるマップ種類はあらかじめ決められています。
　displayMapType が「.standard」（標準の地図）が指定されていたときは、次の種類として「.satellite」（衛星写真）に書き換えています。
　このように、if 文で判断して書き換えることで、.standard（標準）→ .satellite（衛星写真）→ .hybrid（衛星写真＋交通機関ラベル）の順に、マップの種類を切り替えることができます。

　状態変数 displayMapType が変化すると関連する View が更新されるため、マップも更新されます。
　列挙型 MapType のマップ種類の定義を次の表に整理しました。

▼ マップ種類の定義一覧

定義	.standard	.satellite	.hybrid
内容	標準の地図	衛星写真	衛星写真＋交通機関ラベル

```
// マップアイコンの表示
Image(systemName: "map")
    .resizable()
    .frame(width: 35.0, height: 35.0)
```

Lesson 5-4 マップの種類（衛星写真など）を切り替えできるようにしよう

マップ種類切り替えボタンのアイコンを作成します。
Image(systemName: "map") を指定するとマップアイコンを表示できます。

Image(systemName:) で指定できるアイコンは、Xcode で使えるアイコンセットです。アプリ内のボタンやツールバー、アラートなど様々な場所で利用することができます。

初期状態でアイコンは小さいため、サイズを変更します。.resizable() で画像をリサイズしつつ .frame() を使用すると、枠（フレーム）を作成して、枠内いっぱいにアイコンを拡大して表示することができます。

▼ マップ種類切り替えボタン

Tips

●「SF Symbols」の利用

Image(systemName:) で利用できるアイコン（シンボル）は、「SF Symbols」と呼ばれ、サンフランシスコのシステムフォントと統合できるように設計されたシンボルです。

▼ SF Symbols アプリ

> SF Symbols アプリをダウンロードすると使用できるシンボルを一覧で確認することができます。
> 次のリンク先から SF Symbol アプリをダウンロードします。
>
> https://developer.apple.com/sf-symbols/

1-5　MapView の引数を変更

MapView にマップの種類を渡せるように引数も変更します。

赤枠のコードのように追加しましょう。コード変更後に「Extra argument 'mapType' in call」とエラーが表示されます。これはマップを表示する MapView に、追加した引数 mapType を受け取るコードを書いていないためです。

のちに MapView のプロパティを設定することでエラーが解消されますので、そのまま学習を進めてください。

2　マップパーツ（MapView）をマップ種類の切り替えに対応させよう

指定されたマップ種類に切り替えができるように、マップパーツ（MapView）を変更します。

2-1　マップ種類を保存する変数を宣言

［MapView.swift］を選択します。　▼ MapView.swift の選択

Lesson 5-4 マップの種類（衛星写真など）を切り替えできるようにしよう

赤枠のコードを追加しましょう。

マップパーツ（MapView）が、マップ種類（列挙型 MKMapType）を受け取るためのプロパティmapType を宣言します。このプロパティを追加することで、Content View の MapView を呼び出す際に発生していた「Extra argument 'mapType' in call」というエラーが解消されます。

▼ マップ種別の変数

```
    // マップの種類を示す列挙型
    enum MapType {
        case standard    // 標準
        case satellite   // 衛星写真
        case hybrid      // 衛星写真+交通機関ラベル
    }

    struct MapView: UIViewRepresentable {
        // 検索キーワード
        let searchKey: String

        // マップ種類                          [追加]
        let mapType: MapType

        // 表示するViewを作成するときに実行
        func makeUIView(context: Context) -> MKMapView {
            // MKMapViewのインスタンス生成
            MKMapView()
        } // makeUIView ここまで
```

2-2 マップ種類を表示されているマップ（MKMapView）にセット

「マップ種類切り替えボタン」をタップすると、状態変数 displayMapType が変化します。マップパーツ（MapView）は状態変数を利用しているため、View が更新されます。updateUIView は、UIViewRepresentable プロトコルが提供している機能の一つで、View が更新される度に実行されます。

以下の赤枠のコードを追加しましょう。

▼ マップ種別の設定

```
    // 表示したViewが更新されるたびに実行
    func updateUIView(_ uiView: MKMapView, context: Context) {

        // 入力された文字をデバッグエリアに表示
        print("検索キーワード：\(searchKey)")

        // マップ種類の設定
        switch mapType {
        case .standard:
            // 標準
            uiView.preferredConfiguration = MKStandardMapConfiguration(elevationStyle: .flat)

        case .satellite:
            // 衛星写真
            uiView.preferredConfiguration = MKImageryMapConfiguration()

        case .hybrid:
            // 衛星写真+交通機関ラベル               [追加]
            uiView.preferredConfiguration = MKHybridMapConfiguration()
        }

        // CLGeocoderインスタンスを生成
        let geocoder = CLGeocoder()

        // 入力された文字から位置情報を取得
        geocoder.geocodeAddressString(
            searchKey,
            completionHandler: { (placemarks, error) in
```

コード解説 これから、さきほど追加したコードをステップごとに説明します。

```
// マップ種類の設定
switch mapType {
case .standard:
    （省略）
case .satellite:
    （省略）
case .hybrid:
    （省略）
}
```

　mapType には、「マップ種類切り替えボタン」をタップしたときの次のマップ種類が保存されています。そして、mapType は列挙型であるために、設定されている値を switch 文にて 1 つずつチェックすることができます。
　例えば、mapType に「.standard」が設定されている場合は、「case .standard:」で書かれているコードを実行して、switch 文を終了します。次の「case .satellite:」は、実行されないことに注意してください。

```
// 標準
uiView.preferredConfiguration =    MKStandardMapConfiguration(elevationStyle: .flat)
```

　「case .standard:」は、標準のマップが選択されていたときに実行するコードです。
　MKStandardMapConfiguration は、MapKit でデフォルトの地図表示を表すクラスです。「elevationStyle: .flat」を引数に指定することで、橋や道路などの標高を平坦なスタイルで描画するマップを生成します。
　uiView は、updateUIView メソッド実行時に設定されます。MKMapView 型のクラスで、マップアプリが提供するような、埋め込み型の地図インターフェースを提供します。もっと簡単に書くと、uiView には表示するマップそのものが格納されています。preferredConfiguration プロパティは、マップの種類やマップが表示する機能などを設定します。

```
// 衛星写真
uiView.preferredConfiguration = MKImageryMapConfiguration()
```

　MKImageryMapConfiguration は、衛星画像を表示するためのクラスです。

```
// 衛星写真+交通機関ラベル
uiView.preferredConfiguration = MKHybridMapConfiguration()
```

MKHybridMapConfiguration は、衛星画像ベースのマップに道路ラベルや POI（Point of Interest：目標物）などのマップ機能を追加して表示するためのクラスです。

2-3　プレビュー機能での変更とシミュレータでの確認

プロパティ mapType が追加されたので、プレビューで利用している MapView の引数も変更します。

以下の赤い下線部のコードを追加しましょう。

これでカスタマイズは終了です。
プレビューでは検索キーワードで日本語入力ができませんので、シミュレータを起動して、ここまで入力したプログラムの動きを確認します。
完成イメージを確認して、マップ種類切り替えボタンをタップするとマップの種類が切り替わることを確認しましょう。

▼ プレビュー機能の修正

```
        } // updateUIView ここまで

    } // MapView ここまで

struct MapView_Previews: PreviewProvider {
    static var previews: some View {
        MapView(searchKey: "羽田空港", mapType:.standard)  ← 追加
    }
}
```

マップアプリの地名や施設名の日本語表示について

マップアプリの地名や施設名を、日本語で表示する手順（ローカライズ設定）を説明します。

Xcodeでのアプリの日本語表示設定

　Xcodeのローカライズの設定と、iOSデバイス自体の言語設定が必要です。ローカライズは、iOSデバイスの言語設定によって、アプリで表示する言語を切り替える設定です。デフォルトでは英語に設定されていますので、日本語の設定を追加します。

❶ プロジェクトを選択します。
❷ [PROJECT] と [TARGETS] が表示されていないときは、[project and target list] を選択して表示します。

▼ PROJECT の表示

❶ プロジェクトを選択します。
❷ [Localizations] の [＋] をクリックします。
❸ 「Japanese(ja)」を選択します。

▼ Localizations の追加

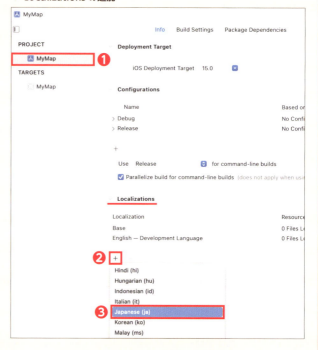

Lesson 5-4　マップの種類（衛星写真など）を切り替えできるようにしよう

[Localization] に [Japanese] が追加されていることを確認します。

▼ Localization の設定後

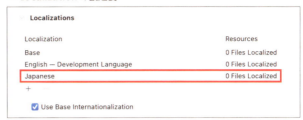

シミュレータの日本語表示設定

シミュレータでも実機での操作と同じく、日本語表示設定ができます。シミュレータでの操作方法を、一緒に確認しましょう。

マップアプリのシミュレータを起動すると、まだ英語表記であることが確認できます。ここでは、iPhone のシミュレータで説明をしますが、実機でも同様の手順で日本語表示が可能です。

▼ シミュレータの起動

シミュレータを起動している状態で、❶ [Device] → ❷ [Home] をクリックします。

▼ シミュレータで、ホーム画面に移動

Day 1 - Lesson 5　マップ検索アプリを作ろう ―MapKitとクロージャを学ぶ―

▼ シミュレータのホーム画面

実機と同様にホーム画面が表示されます。[Settings] をクリックします。

▼ Settings

[General] をクリックします。お持ちの iPhone で日本語表示になっている場合に、[一般] と表示されている項目のことです。

▼ Language & Region

[Language & Region] をクリックします。

▼ 言語設定切り替え後

❶ [日本語] を一番上に移動します。
❷ [Continue] をクリック。

▼ ホーム画面

英語で表記されていた文言が、日本語に切り替わっていることが確認できます。

▼ マップアプリ起動

マップアプリを起動して、日本語表記に切り替わっていれば成功です。

258

Day 1 / Day 2　Lesson **1**

タイマーアプリを作ろう
―画面遷移とデータの永続化―

いままで単一画面で完結するアプリを作ってきましたが、この章では画面遷移の方法を学びます。

また、設定画面で選択した秒数をタイマー画面で利用できるように、設定画面でデータを保持しておく必要があるので、その方法も学びましょう。

START　Lesson 1-1
完成をイメージしよう

Lesson 1-2
タイマー画面と秒数設定画面を作ろう

GOAL　Lesson 1-3
タイマー処理と設定した秒数を保存しよう

ステップアップ

Lesson 1-4

タイマー終了後にアラートを表示しよう

Day 2
Lesson 1-1 完成をイメージしよう

 このレッスンで学ぶこと

- タイマー画面と、終了時間（秒数）を設定する画面の動きを確認します。
- 2つの画面で画面遷移を行い、共通のデータ（秒数）を利用するアプリのイメージをしてください。

完成イメージ

今回は2つの画面を作成し、画面遷移を行います。

タイマー画面では、「スタート」「ストップ」ボタンと、カウントダウンの秒数を表示させるテキストも配置します。

「スタート」ボタンでカウントダウンを開始・再開し、「ストップ」ボタンでカウントダウンを一時停止できます。

そして、「秒数設定」をタップすることで、終了時間（秒数）を設定できる画面に遷移します。

画面遷移は、iOS16 から利用できるようになった、NavigationStack を利用して実装します。設定画面では、カウントダウンを開始する秒数を、「Picker」を配置して設定できるようにします。「＜Back」ボタンをタップすると、タイマー画面に戻ります。

また、タイマー画面と設定画面で、カウントダウンする秒数を保持する必要があるので、@Appstorage を利用したデータの保存方法も学びます。

Day
・
2

1

タイマー画面（1画面目）

⚙️ 部品レイアウト

● 「Text」パーツに秒数設定画面で選択された秒数を表示します。初期表示は、10秒に設定します。
● カウントダウンを開始・停止する「スタート」「ストップ」ボタンを配置します。
● 「スタート」「ストップ」ボタンは、「clipShape」を用いて円形のボタンにします。
● 秒数設定画面に遷移するためのボタンとして「NavigationLink」を配置します。

⚠️ Point

複数の画面を階層的に管理してくれる、NavigationStack（iOS16 以降で利用可）を利用して画面遷移を実装します。

👤 ユーザー操作

● タイマー画面が表示されるときに「.onAppear」が実行されて変数の値を初期値にします。
● 「スタート」「ストップ」ボタンをタップしてカウントダウンを開始・停止・再開します。
● 「秒数設定」をタップすることで、秒数の設定画面に遷移します。

⚠️ Point

カウントダウンする秒数を、タイマー画面と秒数設定画面で共通して利用する必要があるので、アプリ内でデータを保存（永続化）できる @Appstorage の利用方法を学びます。

秒数設定画面（2画面目）

部品レイアウト

- カウントダウンする秒数を、「Picker」パーツを配置して設定できるようにします。
- 「Text」パーツを利用して現在設定されている秒数を表示できるようにします。

> **Point**
> いくつかの選択肢の中から1つ選択できる「Picker」を利用します。

ユーザー操作

- 「10秒」から「60秒」までの表示されている秒数のいずれかを選択します。
- NavigationStack によって自動的に「< Back」ボタンが表示されます。タップして、タイマー画面に戻ります。

> **Point**
> カウントダウンする秒数を、タイマー画面と秒数設定画面で共通して利用する必要があるので、アプリ内でデータを保存（永続化）できる @Appstorage の利用方法を学びます。

1 プロジェクトを作成しよう

Xcode を起動して、プロジェクトを作成します。

ここでは、「Product Name」には「MyTimer」と入力します。プロジェクトの作成方法がわからない場合は、「Day 1 Lesson 2-4 Xcode を起動して、プロジェクトを作成しよう」（P.39）を確認してください。

▼ プロジェクトの作成

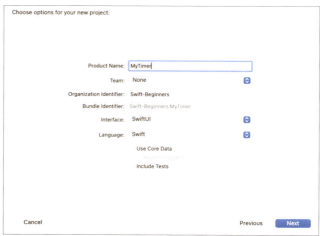

Day 2

Lesson 1-2

タイマー画面と秒数設定画面を作ろう

このレッスンで学ぶこと

- NavigationStack を利用して、ふたつの画面を遷移する方法を学びます。
- 円形のボタンを作成する方法を学びます。

1 これから作るファイルと画面を理解しよう

複数の Swift ファイルを作るため、最初に Swift ファイルと画面の対応を確認します。

▼ Swift ファイルと画面の対応表

タイマー画面を ContentView.swift で作成し、秒数設定画面は SettingView.swift で作成します。各画面と Swift ファイルの関連を意識して学習を進めましょう。

2 NavigationStack で画面遷移してみよう

NavigationStack は、階層的な画面遷移を管理する機能です。次から 2 つの画面を NavigationStack を用いて画面遷移できるようにします。また、画面遷移先には自動的に戻るボタンが追加されます。

2-1 秒数設定画面を追加しよう

新たに秒数設定画面を追加します。

❶ 📁 [Project navigator] の MyTimer 内の適当な場所で、
❷ 右クリック、もしくは [control] キーを押しながらクリックして、サブメニューを表示します。
❸ 「New File...」を選択します。

▼ 設定画面用のファイルを追加

[Choose a template for your new file] 画面が表示されます。この画面では、いろいろな種類のテンプレートから用途に応じてファイルを新規作成できます。

ここでは、❶ [iOS] → ❷ [SwiftUI View] を選択して、❸ [Next] をクリックします。

▼ [SwiftUI View] を選択

Lesson 1-2　タイマー画面と秒数設定画面を作ろう

❶ [Save As] に、追加するファイルの名前を入力します。この設定は任意なので、わかりやすい名前を付けましょう。ここでは、設定画面の View を追加したいので「SettingView.swift」とします。
❷ [Create] をクリックします。
❸ 🦅「SettingView.swift」が作成されていることを確認します。

2-2　画面遷移できるようにしてみよう

タイマー画面（ContentView）から秒数設定画面（SettingView）に遷移できるようにします。
最初に入力されているコードで、不要なコードを削除します。

❶ 🦅ContentView.swift を選択します。
❷ 青枠の箇所のコードを削除してください。

▼ Text("Hello , World!") を削除

💡 Point

本書では学習しやすいように、Xcode でエディタの行番号を掲載しています。行番号は編集段階やコード修正でズレることがありますので、目安として使用してください。

265

Day 2 - Lesson 1　タイマーアプリを作ろう ―画面遷移とデータの永続化―

　NavigationStackにテキストと「秒数設定」ボタンを追加します。

　赤枠のコードを追加してください。

　コードが書けたら「command」+「B」を実行してビルドが成功するかチェックをして、エラーが出力されたら間違いを訂正してください。

　プレビュー機能で動きを確認してみましょう。

▼ 画面遷移を実装

```
struct ContentView: View {
    var body: some View {
        NavigationStack {
            VStack {
                Text("タイマー画面")
            }
            // ナビゲーションにボタンを追加
            .toolbar {
                // ナビゲーションバーの右にボタンを追加
                ToolbarItem(placement: .navigationBarTrailing) {
                    // ナビゲーション遷移
                    NavigationLink {
                        SettingView()
                    } label: {
                        // テキストを表示
                        Text("秒数設定")
                    } // NavigationLink ここまで
                } // ToolbarItem ここまで
            } // .toolbar ここまで
        } // NavigationStack ここまで
    } // body ここまで
} // ContentView ここまで
```
（追加）

　左上のシミュレータの設定で、確認したいデバイスを選択します。

　今回は❶「iPhone 13」を選択して、❷プレビューが一時停止している場合は、[Resume]をクリックしてプレビューを再開させてください。

▼ シミュレータ起動

　プレビューの「秒数設定」ボタンをクリックすると、秒数設定画面が表示されます。今回は、秒数設定画面は初期画面のままなので「Hello, Wrold!」と表示されます。

　また、秒数設定画面の上部にある「＜ Back」をクリックするとタイマー画面に戻ることが確認できます。

▼ 画面遷移をプレビューで確認

266

Lesson 1-2　タイマー画面と秒数設定画面を作ろう

🔍 **コード解説**　これから、さきほど変更したコードをステップごとに説明します。

```
NavigationStack {
    (省略)
} // NavigationStack ここまで
```

NavigationStack の先頭の画面であることを宣言しています。「{ }」内に画面デザインを記述し、VStack/HStack/ZStack のいずれかを記述する必要があります。今までは画面のデザインは「var body: some view { }」の中に記述しましたが、NavigationStack では「NavigationStack { }」の中に記述することに注意してください。

```
VStack {
    (省略)
} // VStack ここまで
```

「VStack」は、縦方向のレイアウト指示します。「{}」内に画面デザインを記述します。「NavigationStack { }」内の画面デザインの記述では「VStack」、「HStack」、「ZStack」のいずれかのレイアウト指示する必要があります。今回は、「VStack」を利用しています。

```
Text("タイマー画面")
```

「Text」は、文字を表示します。今回は、画面遷移がわかりやすいように画面名を表示します。

```
// ナビゲーションにボタンを追加
.toolbar {
    // ナビゲーションバーの右にボタンを追加
    ToolbarItem(placement: .navigationBarTrailing) {
        // ナビゲーション遷移
        NavigationLink {
            SettingView()
        } label: {
            // テキストを表示
            Text("秒数設定")
        } // NavigationLink ここまで
    } // ToolbarItem ここまで
} // .toolbar ここまで
```

Day

2

1

267

Day 2 - Lesson 1　タイマーアプリを作ろう ―画面遷移とデータの永続化―

「.toolbar」は「NavigationStack」でのボタン配置を指示するモディファイアです。

「ToolbarItem」は、ボタンとボタンの配置を指定します。「ToolbarItem」の引数 placement に、ボタンを配置する位置を指定します。今回は「.navigationBarTrailing」と指定して、ナビゲーションバーの右端に配置します。

「NavigationLink」は画面遷移を指示します。最初の引数である「{SettingView()}」は、クロージャになっており遷移先を指定します。今回は、設定画面（SettingView）に遷移します。2つ目の引数（label:）では、表示するボタンデザインを指示します。今回は、「Text」を用いて画面に「秒数設定」と表示します。

Tips

● **ToolbarItem でのアイテムの配置方法**

ナビゲーションバーに配置するアイテムは、ToolbarItem の placement で場所を指定します。

```
.toolbar {
    ToolbarItem(placement: 配置する場所) {
        配置するアイテム
    }
}
```

placement では、次の2パターンの指定方法があります。

❶ Positional placements（ポジショナルプレイスメント）

追加するアイテムを、正確な位置を指定して配置します。

▼ placement で指定できる「Positional placements」の例

プロパティ	解説
.bottomBar	アイテムを下部のツールバーに配置します。
.navigationBarLeading	アイテムをナビゲーションバーの左端に配置します。
.navigationBarTrailing	アイテムをナビゲーションバーの右端に配置します。

❷ Semantic placements（セマンティックプレイスメント）

追加するアイテムの配置の「意味合い」を指定して、周囲のコンテンツの状態から適切な配置を決定します。

▼ placement で指定できる「Semantic placements」の例

プロパティ	解説
.automatic	周囲のコンテンツの状態からアイテムを自動的に配置します。
.navigation	ユーザーがコンテキスト間を移動できるナビゲーションアクションを配置します。iOS、iPadOS、および tvOS では、ナビゲーションアイテムはナビゲーションバーの左端に表示されます。

これで、画面遷移する機能を実装することができました。
次より画面デザインを作ります。

Point

iOS15 まで利用されていた NavigationView は、iOS16 以降は非推奨（Deprecated）に変更されました。
非推奨とは、一般的には「認められているが、推奨されないもの」という意味です。どこかのタイミングで利用が廃止されます。

Apple の公式ドキュメントを参照すると、構造体やメソッドが、iOS/iPadOS/macOS 等のどのバージョンから利用できるのかが確認でき、また非推奨のバージョンも確認できます。
赤枠の箇所で表示されているように非推奨の場合は、替わりに利用できる代案が示されているのでそちらを利用するようにします。

Apple Documentation：NavigationView
https://developer.apple.com/documentation/swiftui/navigationview

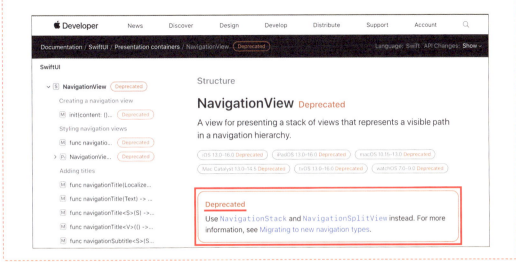

3 タイマー画面の View（部品）を配置しよう

3-1 タイマー画面の素材を取り込む

タイマー画面で利用する背景画像を取り込みます。

▼ 画像の取り込み

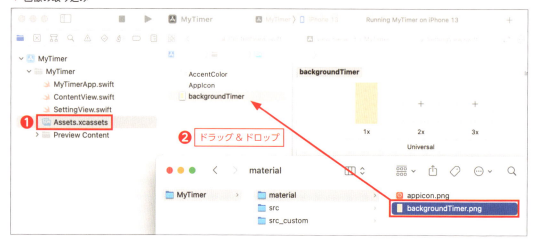

❶ Assets.xcassets を選択して、
❷ 素材フォルダ「MyTimer/material/」から「backgroundTimer.png」を、Assets.xcassets にドラッグ＆ドロップします。

▼ 画像の取り込み完了

このような状態になっていれば、取り込み完了です。

 Point

取り込んだ画像を削除したい場合は、画像を選択して「delete」キーで削除できます。

3-2 タイマー画面の色の定義を追加する

　Xcodeにはデフォルトで基本の色が用意されています。そのままデフォルトの色を利用してもいいですが、色を自分で作ること（定義すること）もできます。

　自分で色に名前を付けて定義をしておくと、コード上でその名前で色を指定することができます。

　そのため、あとで修正するときに定義を修正するだけで、まとめて修正できるようになります。

　今回は、自分で色の定義をする方法を学びます。

　色の定義ではライトモード（Light mode）とダークモード（Dark mode）の2つを定義します。2つのモードはiOSの設定に応じて自動で切り替わります。2つのモードに関しては「Day1 Lesson2-7 アプリの動きを確認する方法を学ぼう」の「3-6 iOSのダークモード」（P.98）を確認してください。

　色を定義するときは、Assets.xcassetsで色の定義をします。

　これからスタートボタン、ストップボタンで利用する色を定義します。

「スタート」ボタンで使用する色の定義を追加します。この後、「スタート」ボタンを配置するときに利用します。

▼「スタート」ボタンの色の定義の追加

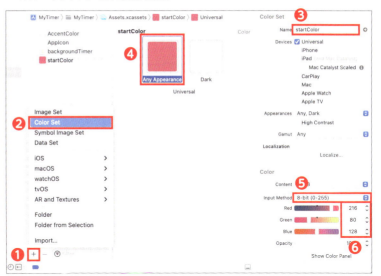

❶ ［＋］を選択し、
❷ ［Color Set］を選択します。
❸ ［Name］に「startColor」と入力します。
❹ ［Any Appearance］を選択します。［Any Appearance］で定義した色がライトモードで使われます。
❺ ［Input Method］のリストボックスから「8-bit(0-255)」を選択します。
❻ ［Red］に「216」、［Green］に「80」、［Blue］に「128」と入力します。

Day 2 - Lesson 1　タイマーアプリを作ろう　―画面遷移とデータの永続化―

❼ [Dark] を選択します。[Dark] で定義した色がダークモードで使われます。

❽ [Input Method] のリストボックスから「8-bit (0-255)」を選択します。

❾ [Red] に「152」、[Green] に「0」、[Blue] に「128」と入力します。

▼「スタート」ボタンの色の定義の追加 2

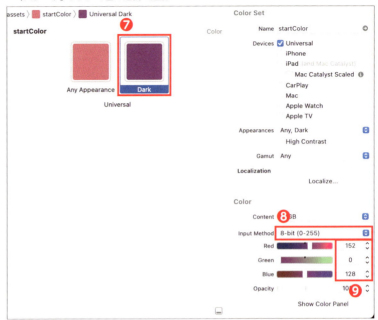

「ストップ」ボタンで使用する色の定義を追加します。この後、「ストップ」ボタンを配置するときに利用します。

❶ [+] を選択し、

❷ [Color Set] を選択します。

❸ [Name] に「stopColor」と入力します。

❹ [Any Appearance] を選択します。

❺ [Input Method] のリストボックスから「8-bit (0-255)」を選択します。

▼「ストップ」ボタンの色の定義の追加

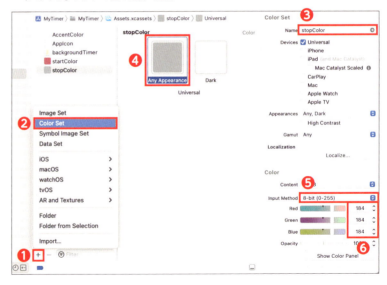

❻ [Red] に「184」、[Green] に「184」、[Blue] に「184」と入力します。

272

❼ ［Dark］を選択します。
❽ ［Input Method］のリストボックスから「8-bit(0-255)」を選択します。
❾ ［Red］に「128」、［Green］に「128」、［Blue］に「128」と入力します。

▼「ストップ」ボタンの色の定義の追加 2

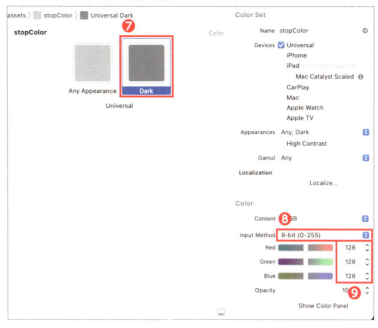

3-3　タイマー画面の背景を配置する

タイマー画面に背景画像を配置します。
画面遷移を確認するためにコーディングした VStack を削除します。

▼ VStack を削除

❶ ContentView.swift を選択します。
❷ 青枠の箇所のコードを削除してください。

Day 2 - Lesson 1　タイマーアプリを作ろう ―画面遷移とデータの永続化―

背景画像を配置します。赤枠のコードを追加してください。追加する場所に注意してください。NavigationStack{...} の中の「.toolbar」の上に追加します。

▼ 背景画像を配置

```
10    struct ContentView: View {
11        var body: some View {
12            NavigationStack {
13                // 奥から手前方向にレイアウト
14                ZStack {                                          追加
15                    // 背景画像
16                    Image("backgroundTimer")
17                    // リサイズする
18                        .resizable()
19                    // セーフエリアを超えて画面全体に配置します
20                        .ignoresSafeArea()
21                    // アスペクト比（縦横比）を維持して短辺基準に収まるようにする
22                        .scaledToFill()
23                } // ZStack ここまで
24                // ナビゲーションにボタンを追加
25                .toolbar {
26                    // ナビゲーションバーの右にボタンを追加
27                    ToolbarItem(placement: .navigationBarTrailing) {
```

 コード解説　これから、さきほど変更したコードをステップごとに説明します。

```
ZStack {
    (省略)
} // ZStack ここまで
```

奥行き方向をレイアウトすることを宣言しています。その { } 内に配置したい View（部品）を記述します。

```
// 背景画像
Image("backgroundTimer")
```

背景画像を表示します。引数にドラック＆ドロップして取り込んだ画像「backgroundTimer.png」を指定します。

```
// リサイズする
.resizable()
```

大きな画像を適切なサイズに変更し画面内に収まるように指示します。

```
// セーフエリアを超えて画面全体に配置します
.ignoresSafeArea()
```

FaceID 搭載 iPhone のベゼル部分の内側をセーフエリアと呼びます。そのセーフエリア外まで表示範

274

Lesson 1-2　タイマー画面と秒数設定画面を作ろう

Day
・
2
1

囲とする指示をします。よって画面全体に画像が表示されるようになります。

```
// アスペクト比（縦横比）を維持して短辺基準に収まるようにする
.scaledToFill()
```

　表示する画像のサイズ変更方法を指示します。画像の短辺基準にサイズ変更します。これにより余白が
ない画像が表示されます。

3-4　タイマー画面の残り時間を表示する Text を配置する

　タイマーの残り時間を表示する Text を配置します。
　以下の赤枠のコードを追加してください。

▼ Text の配置

```
13      // 奥から手前方向にレイアウト
14      ZStack {
15          // 背景画像
16          Image("backgroundTimer")
17          // リサイズする
18              .resizable()
19          // セーフエリアを超えて画面全体に配置します
20              .ignoresSafeArea()
21          // アスペクト比（縦横比）を維持して短辺基準に収まるようにする
22              .scaledToFill()
23          // 垂直にレイアウト（縦方向にレイアウト）
24          // View（部品）間の間隔を30にする
25          VStack(spacing: 30.0) {
26              // テキストを表示する
27              Text("残り10秒")
28              // 文字のサイズを指定
29                  .font(.largeTitle)                追加
30          } // VStack ここまで
31      } // ZStack ここまで
```

　コード解説　これから、さきほど変更したコードをステップごとに説明します。

```
// View（部品）間の間隔を30にする
VStack(spacing: 30.0) {
    // テキストを表示する
    Text("残り10秒")
    // 文字のサイズを指定
        .font(.largeTitle)
} // VStack ここまで
```

275

秒数を表示する Text の下に「スタート」「ストップ」ボタンを配置するため「VStack」を用いてレイアウトを指示します。「spacing: 30.0」は各々の View（部品）の間隔を指示します。
「Text(" 残り 10 秒 ")」は画面の Text に表示させます。
ダブルクォーテーション「"」で文字を囲むと、文字列の値になります。
「.font(.largeTitle)」は文字のサイズを指示します。

3-5　タイマー画面の「スタート」ボタンを配置する

「スタート」ボタンを配置します。

赤枠の箇所のコードを追加してください。

▼ スタートボタンの配置

```
            // 垂直にレイアウト（縦方向にレイアウト）
            // View（部品）間の間隔を30にする
            VStack(spacing: 30.0) {
                // テキストを表示する
                Text("残り10秒")
                // 文字のサイズを指定
                    .font(.largeTitle)
                // 水平にレイアウト（横方向にレイアウト）
                HStack {
                    // スタートボタン
                    Button {
                        // ボタンをタップしたときのアクション
                    } label: {
                        Text("スタート")
                        // 文字サイズを指定
                            .font(.title)
                        // 文字色を白に指定
                            .foregroundColor(Color.white)
                        // 幅高さを140に指定
                            .frame(width: 140, height: 140)
                        // 背景を設定
                            .background(Color("startColor"))
                        // 円形に切り抜く
                            .clipShape(Circle())

                    } // スタートボタンはここまで
                } // HStack ここまで         追加
            } // VStack ここまで
```

 コード解説 これから、さきほど変更したコードをステップごとに説明します。

```
// 水平にレイアウト(横方向にレイアウト)
HStack {
    (省略)
} // HStack ここまで
```

Lesson 1-2 タイマー画面と秒数設定画面を作ろう

「スタート」ボタンと次に追加する「ストップ」ボタンを横並びにレイアウトするため「HStack」を用いてレイアウトを指示します。

```
Button {
    // ボタンをタップしたときのアクション
} label: {
    Text("スタート")
    // 文字サイズを指定
        .font(.title)
    // 文字色を白に指定
        .foregroundColor(Color.white)
    // 幅高さを140に指定
        .frame(width: 140, height: 140)
    // 背景を設定
        .background(Color("startColor"))
    // 円形に切り抜く
        .clipShape(Circle())
} // スタートボタンはここまで
```

「スタート」ボタンのソースコードを詳しく確認します。

「スタート」と表示するために「Text」を用いています。「Text」にモディファイアで装飾を指示します。

「.font(.title)」は、文字のサイズを指示します。

「.foregroundColor(Color.white)」は、文字色を指定します。ここでは「Color」構造体の定義「.white」を文字色として指定します。

「.frame(width: 140, height: 140)」は、幅と高さを指定します。円形ボタンにするため幅と高さを同じ値を指定します。

「.background(Color("startColor"))」は、「Text」の背景色を指定します。「3−2　タイマー画面の色の定義を追加する」で追加した色の定義を利用しています。

❗ Point

.background(Color("startColor")) の「startColor」は、色の定義をしたときの定義した名称を指定します。ここで定義した名称を指定することで、色の定義が変更されたときに、コードの修正をしなくても色が変更されます。また、ライトモード・ダークモードへの対応もこのコード1行で実現されます。

「.clipShape(Circle())」は、円形にくり抜くことを指示します。

これらを組み合わせることによって円形のボタンが表示されます。

3-6 タイマー画面の「ストップ」ボタンを配置する

「ストップ」ボタンを配置します。

赤枠の箇所のコードを追加してください。

さきほど追加した「スタート」ボタンの下に「ストップ」ボタンを追加します。「ストップ」ボタンも「スタート」ボタンとほぼ同じコードです。

▼ ストップボタンの配置

プレビューで下記のように表示が確認できれば成功です。

▼ レイアウト完成

色の設定は、ライトモードとダークモードそれぞれに設定をしました。

ダークモードの配色も確認してみましょう。

Canvasのプレビューでは、簡単にライトモードとダークモードを切り替えて確認をすることができます。

Lesson 1-2　タイマー画面と秒数設定画面を作ろう

❶ 🔲 [Device Settings] をクリックします。
❷ [Color Scheme] のスイッチをクリックして ON 状態にします。
❸ [Light appearance]（ライトモード）もしくは [Dark appearance]（ダークモード）で確認したいモードを変更できます。
❹ ダークモードでの配色が確認できます。

▼ プレビューでダークモードの確認

Tips

● シミュレータでのライトモード・ダークモード切り替え

ライトモードとダークモードの確認はシミュレータでも行えますが、実機での設定とは違いがあります。

▼ シミュレータでのダークモードへの切り替え

❶ シミュレーターを起動して、[Home] をクリックします。
❷ 実機と同様に [設定] を起動して、[デベロッパ] をクリックします。
❸ [ダークの外観モード] が OFF の状態が、ライトモードです。ON に変更することで、シミュレータ上でもダークモードに切り替わります。

設定を切り替えたら、ホーム画面に戻ってタイマーのアプリを再起動するか、シミュレータを再起動することで、それぞれの配色が確認できます。

4 設定画面の UI パーツを配置しよう

4-1 設定画面の色の定義を追加する

設定画面の背景色を Assets.xcassets に定義します。

▼ 背景の色の定義の追加

❶ Assets.xcassets を選択して、
❷ [＋] を選択し、❸ [Color Set] を選択します。
❹ [Name] に「backgroundSetting」と入力します。
❺ [Any Appearance] を選択します。
❻ [Input Method] のリストボックスから「8-bit (0-255)」を選択します。
❼ [Red] に「235」、[Green] に「235」、[Blue] に「235」と入力します。

Lesson 1-2 タイマー画面と秒数設定画面を作ろう

❽ [Dark] を選択します。
❾ [Input Method] のリストボックスから「8-bit (0-255)」を選択します。
❿ [Red] に「200」、[Green] に「200」、[Blue] に「200」と入力します。

▼ 背景の色の定義の追加 2

4-2 設定画面の背景を配置する

設定画面に背景色を表示するようにします。

▼ コードの削除

❶ SettingView.swift を選択します。
❷ 青枠の箇所のコードを削除してください。

赤枠のコードを追加してください。

「3-3 タイマー画面の背景を配置する」とほぼ一緒です。

タイマー画面は、背景画像を表示する **Image** を用いていましたが、設定画面は背景色を表示するので **Color** を用いています。

▼ 背景画像を配置

```
10  struct SettingView: View {
11      var body: some View {
12          // 奥から手前方向にレイアウト
13          ZStack {
14              // 背景色表示
15              Color("backgroundSetting")
16              // セーフエリアを超えて画面全体に配置します
17                  .ignoresSafeArea()
18          } // ZStack ここまで
19      } // body ここまで
20  } // SettingView ここまで
```
追加

4-3　設定画面の Picker を配置する

秒数を選択するために Picker を配置します。

以下の赤枠の箇所のコードを追加してください。

▼ Picker の画面表示

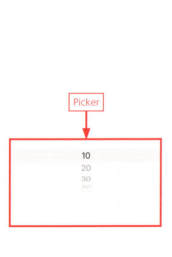

▼ Picker を設定するコード

```
10  struct SettingView: View {
11      // 秒数設定
12      @State var timerValue = 10
13
14      var body: some View {
15          // 奥から手前方向にレイアウト
16          ZStack {
17              // 背景色表示
18              Color("backgroundSetting")
19              // セーフエリアを超えて画面全体に配置します
20                  .ignoresSafeArea()
21
22              // 垂直にレイアウト（縦方向にレイアウト）
23              VStack {
24                  // Pickerを表示
25                  Picker(selection: $timerValue) {
26                      Text("10")
27                          .tag(10)
28                      Text("20")
29                          .tag(20)
30                      Text("30")
31                          .tag(30)
32                      Text("40")
33                          .tag(40)
34                      Text("50")
35                          .tag(50)
36                      Text("60")
37                          .tag(60)
38                  } label: {
39                      Text("選択")
40                  }
41                  // Pickerをホイール表示
42                  .pickerStyle(.wheel)
43              } // VStack ここまで
44          } // ZStack ここまで
45      } // body ここまで
46  } // SettingView ここまで
```
追加

Lesson 1-2　タイマー画面と秒数設定画面を作ろう

コード解説　これから、さきほど変更したコードをステップごとに説明します。

```
@State var timerValue = 10
```

「timerValue」は選択されている秒数を保持するために状態変数を定義します。ここでは初期値は「10」にします。

この後、秒数を表示する Text を上に配置したいので「VStack」を用いてレイアウト指示します。

```
Picker(selection: $timerValue) {
    Text("10")
        .tag(10)
    Text("20")
        .tag(20)
    Text("30")
        .tag(30)
    Text("40")
        .tag(40)
    Text("50")
        .tag(50)
    Text("60")
        .tag(60)
} label: {
    Text("選択")
}
```

Picker の第一引数で状態変数 timerValue が使われています。**timerValue には tag の値が設定されていて、tag と連動します。**

Picker で値が選択されると、選択された tag の値が timerValue へセットされます。また、timerValue の値が更新されたときは、その値をもつ tag の項目が Picker に表示されます。

双方向に状態の変化を連動するために、Picker の引数で状態変数を指定します。

▼ 引数とクロージャの意味

番号	ラベル名	内容
第一引数	selection	Picker の現在選択されている tag の値を格納する変数を設定。@State で宣言された変数を用いる必要があります。
クロージャ	{ }	Picker の候補リストで表示したい内容を、ここで記述します。
クロージャ	label	Picker を説明するラベルが設定できます。※

※執筆時点ではこのラベルを設定しても画面には表示されません。ですが、必須項目ですので設定がないとエラーになります。

```
Text("10")
    .tag(10)
```

Pickerのリスト表示するViewを生成しています。
「Text("10")」は表示するView、「.tag(10)」は選択されたときに第一引数（selection）に設定される値を表しています。Pickerに表示するViewを列挙することによりリスト表示されます。

```
// Pickerをホイール表示
.pickerStyle(.wheel)
```

PickerのpickerStyleモディファイアを指定すると、デザインを変更できます。「.wheel」を指定すると、Pickerがホイールデザインで選択できるようになります。
「.wheel」以外にも複数のデザインがあり、「.segmented」と指定すると、ラジオボタングループで表示され、「.menu」と指定するとタップ時にサブメニューが表示されて選択できるようになります。

4-4 設定画面の選択している秒数表示のTextを配置する

選択している秒数を表示するTextを配置します。
以下の赤枠の箇所のコードを追加してください。

▼ SpacerとTextの配置の配置

 コード解説 これから、さきほど変更したコードをステップごとに説明します。

```
// スペースを空ける
Spacer()
```

「Spacer()」は各々のView（部品）の間に空白を挿入するために指示します。

```
// テキストを表示する
Text("\(timerValue)秒")
    // 文字サイズを指定
    .font(.largeTitle)
```

「Text()」には設定された秒数を表示するように指示します。

このように表示されていれば大丈夫です。

▼ レイアウト完成

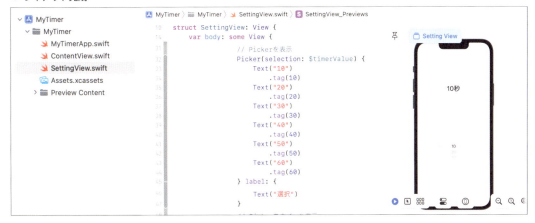

次からは、各View（部品）に対応するコードを書きます。

Day 2 Lesson 1-3

タイマー処理と設定した秒数を保存しよう

 このレッスンで学ぶこと

- 定期的に処理を実行できる、Timer クラスを利用してカウントダウン処理を実装します。
- 複数の画面にまたがって、共通の値を保持して利用する方法を学びます。
- 関数を用いて、ソースコードを整理します。
- ライフサイクル「.onAppear」について学びます。

1 変数の宣言を追加しよう

タイマー画面で利用する変数を宣言します。

▼ 変数の宣言追加

❶ ContentView.swift を選択します。
❷ body の上に赤枠のコードを追加してください。

Lesson 1-3　タイマー処理と設定した秒数を保存しよう

　コード解説　これから、さきほど変更したコードをステップごとに説明します。

必要な3つの変数を宣言します。定期実行をさせるTimerクラスのインスタンス、カウント（経過時間）を保持する変数、秒数設定を取得できる変数を宣言します。

```
// タイマーの変数を作成
@State var timerHandler: Timer?
```

Timer型の「timerHandler」という変数を作成します。
　Timerクラスを利用すると、指定した時間になんらかの処理を実行したり、定期的に繰り返し処理を行うことができます。

```
// カウント(経過時間)の変数を作成
@State var count = 0
```

経過時間を保持する変数「count」を作ります。今回は「0」を設定しますが、このように変数の宣言時に値をセットすることを**「初期化」**と言います。また、countに設定した「0」を**「初期値」**と呼びます。

```
// 永続化する秒数設定（初期値は10）
@AppStorage("timer_value") var timerValue = 10
```

設定したタイマーの時間を取得する変数を作ります。
　これまでの変数とは異なり「@AppStorage」と先頭に記述されていることがわかります。
「@AppStorage」は、データを永続化するUserDefaultsから値の読み込みを行います。

> **Point**
>
> UserDefaultsは、アプリで利用する値を保存する機能です。
> アプリを停止して、再度、起動させたときに、UserDefaultsを利用して保存していた値を利用します。
> データを保存して復元できるようにすることを「データの永続化」と言います。
> UserDefaultsはキーと記録したい値を指定することで、そのキーを使って自由に値を取り出したり、書き換えたりすることができます。

▼ AppStorage と UserDefaults の関係

書式

@AppStorage(キー) 変数宣言 = 初期値

宣言をすると自動的に UserDefaults から指定のキーの値を取得し宣言された変数に値が設定されます。

変数の値を書き換えると、自動的に UserDefaults の指定したキーに保存されます。

UserDefaults に指定のキーで値が保存されていない場合には、初期値が宣言された変数に値が設定されます。

▼ 変数 timerValue の更新フロー

@AppStorage を使った変数の値の変化を図にしました。上記の図のように値が変化することを理解してください。

Lesson 1-3　タイマー処理と設定した秒数を保存しよう

2　経過時間を処理する関数を作成しよう

SwiftUI では、いくつかの処理をわかりやすいように関数を使い部品化することができます。

タイマーの経過時間を計算する関数「countDownTimer」を作成します。あとで経過時間の計算が定期実行できるようにスケジューリングしますので、そのときに「countDownTimer」を実行します。

赤枠のコードを追加します。

▼ 経過時間を処理する関数

```
 86                    } // .toolbar ここまで
 87                } // NavigationStack ここまで
 88            } // body ここまで
 89
 90        // 1秒毎に実行されてカウントダウンする
 91        func countDownTimer() {
 92            // count (経過時間) に+1していく
 93            count += 1
 94
 95            // 残り時間が0以下のとき、タイマーを止める
 96            if timerValue - count <= 0 {
 97                // タイマー停止
 98                timerHandler?.invalidate()
 99            }
100        } // countDownTimer() ここまで                [追加]
101    } // ContentView ここまで
```

コード解説　これから、さきほど変更したコードをステップごとに説明します。

```
// count(経過時間)に+1していく
count += 1
```

経過時間 (count) に 1 秒足します。「+= 1」と書くことで、このコードが実行されるたびに、経過時間 (count) に「1」を足すという意味になります。Timer のスケジュール機能を利用して、1 秒ごとに呼び出されますので、count には 1 秒ごとに 1 が足されます。

```
// 残り時間が0以下のとき、タイマーを止める
if timerValue - count <= 0 {
    // タイマー停止
    timerHandler?.invalidate()
}
```

残り時間「0」で、タイマーを停止します。

残り時間は設定したタイマーの時間から経過時間を引くことで求めます。

残り時間が「0」以下になった場合、timerHandler?.invalidate() でタイマーを停止します。

3 タイマーを開始する関数を実装しよう

スタートボタンを押すとタイマーがスタートします。タイマーをスタートさせる関数「startTimer」をここで作成します。この関数は、スタートボタンをタップしたときに実行できるように、あとでスタートボタンのアクションに追加します。

経過時間を処理する関数の下に赤枠のコードを追加してください。

▼ タイマーを開始する関数

```
95          // 残り時間が0以下のとき、タイマーを止める
96          if timerValue - count <= 0 {
97              // タイマー停止
98              timerHandler?.invalidate()
99          }
100     } // countDownTimer() ここまで
101
102     // タイマーをカウントダウン開始する関数
103     func startTimer() {
104         // timerHandlerをアンラップしてunwrapedTimerHandlerに代入
105         if let unwrapedTimerHandler = timerHandler {
106             // もしタイマーが、実行中だったらスタートしない
107             if unwrapedTimerHandler.isValid == true {
108                 // 何も処理しない
109                 return
110             }
111         }
112
113         // 残り時間が0以下のとき、count（経過時間）を0に初期化する
114         if timerValue - count <= 0 {
115             // count（経過時間）を0に初期化する
116             count = 0
117         }
118
119         // タイマーをスタート
120         timerHandler = Timer.scheduledTimer(withTimeInterval: 1, repeats: true) { _ in
121             // タイマー実行時に呼び出される
122             // 1秒毎に実行されてカウントダウンする関数を実行する
123             countDownTimer()
124         }
125     } // startTimer() ここまで
126 } // ContentView ここまで
```

追加

 コード解説 これから、さきほど変更したコードをステップごとに説明します。

```
// timerHandlerをアンラップしてunwrapedTimerHandlerに代入
if let unwrapedTimerHandler = timerHandler {
    // もしタイマーが、実行中だったらスタートしない
    if unwrapedTimerHandler.isValid == true {
        // 何も処理しない
```

Lesson 1-3 タイマー処理と設定した秒数を保存しよう

```
        return
    }
}
```

タイマーが実行中かどうかチェックします。「if let」を利用して、timerHandler をアンラップすることで、timerHandler に値がある場合 (タイマーがスタートしているとき) のみ、unwrapedTimerHandler. isValid で、タイマーが実行中かどうかを調べています。

タイマーが実行中の場合は、「return」を実行することで、その後のプログラムは実行せずに終了します。

! Point

アンラップに関しては、「COLUMN オプショナル型とアンラップを理解しよう」(P.194) で解説していますので、復習してみてください。

```
// 残り時間が0以下のとき、count(経過時間)を0に初期化する
if timerValue - count <= 0 {
    // count(経過時間)を0に初期化する
    count = 0
}
```

残り時間が 0 以下のときは、経過時間 (count) を初期化します。タイマー開始時に残り時間が 0 秒以下の時は、初めからカウントダウンを開始するようになります。

```
// タイマーをスタート
timerHandler = Timer.scheduledTimer(withTimeInterval: 1, repeats: true) { _ in
    // タイマー実行時に呼び出される
    // 1秒毎に実行されてカウントダウンする関数を実行する
    countDownTimer()
}
```

タイマーをスタートします。Timer クラスの scheduledTimer は、一定間隔で処理を実行します。タイマー時間が満了するとクロージャ内の処理が実行されます。今回の場合は、1 秒に 1 回実行され、経過時間を処理する (countDownTimer) が実行されます。

Timer.sheduledTimer のインスタンスである「timerHandler」でタイマーのスケジュールを管理します。スケジュールを停止したいときにも「timerHandler」を使います。

また、in の前の「_」(アンダーバー) は、クロージャの引数の省略を意味します。

Day 2 - Lesson 1　タイマーアプリを作ろう ―画面遷移とデータの永続化―

「scheduledTimer」メソッドは Timer 型のオブジェクトを引数として利用することができますが、今回は利用しないので省略をしています。

このメソッドでは、3 つの引数を渡します。

▼ sheduledTimer メソッドの引数とクロージャの意味

番号	引数名	内容
第一引数	withTimeInterval	タイマーを実行させる間隔を設定。単位は「秒」で、0.0001 秒 （0.1 ミリ秒）まで指定できるが、今回は「1.0 秒」を設定
第二引数	repeats	繰り返しを指定。true（繰り返し）か false（1 回のみ）を指定。今回は繰り返し実行したいので「true」を設定
第三引数	block（省略）	タイマー実行時に呼び出されるトレイリングクロージャ。

Tips

● クイックヘルプを表示する

どうすれば、利用したいメソッドに対して、どんな引数を設定すればよいのか、またはそのメソッドの戻り値は何であるか、という事がどうやってわかるのでしょうか？

インターネットで調べる方法もありますが、Xcode で調べることもできます。

Xcode が提供しているクラスを利用するときに、どんな引数（Parameters）を設定すればよいのかは、次の手順で調べることができます。

❶ メソッド名にカーソルを当てて「option」キーを押すと、「?」マークが表示されます。

❷ 「?」をクリックすると、英語ですが、引数を調べることができます。

他のメソッドも調べてみてください。

英語な苦手な方も、英語の勉強だと思って、少しずつでもよいので取り組んでみてください。

▼ メソッド名にカーソルを当てて「option」キーをクリック

❶「option」キーを押して「?」を表示
❷「?」をクリック

Lesson 1-3　タイマー処理と設定した秒数を保存しよう

4　スタートボタンがタップされたらタイマーを開始しよう

スタートボタンのアクションにタイマーを開始するコードを書きます。

　赤枠のコードを追加してください。

　タイマーのカウントダウンを計算する関数「startTimer」は作成ずみですので、スタートボタンがタップされたときに実行できるようにアクションに追加します。

▼ スタートボタンをタップしたときの処理

```
37        // 水平にレイアウト（横方向にレイアウト）
38        HStack {
39            // スタートボタン
40            Button {
41                // ボタンをタップしたときのアクション
42                // タイマーをカウントダウン開始する関数を呼び出す    追加
43                startTimer()
44            } label: {
45                Text("スタート")
```

5　タイマーを停止する処理を実装しよう

ストップボタンのアクションにタイマーを停止するコードを書きます。

　赤枠のコードを追加してください。

　タイマーを停止させる処理を、「ストップ」ボタンがタップされたときに実行されるactionクロージャの中に追加します。

▼ タイマーを停止する処理

```
53                    .background(Color("startColor"))
54                // 円形に切り抜く
55                    .clipShape(Circle())
56        } // スタートボタンはここまで
57
58        // ストップボタン
59        Button {
60            // ボタンをタップしたときのアクション
61            // timerHandlerをアンラップしてunwrapedTimerHandlerに代入
62            if let unwrapedTimerHandler = timerHandler {
63                // もしタイマーが、実行中だったら停止
64                if unwrapedTimerHandler.isValid == true {
65                    // タイマー停止
66                    unwrapedTimerHandler.invalidate()
67                }                                              追加
68            }
69        } label: {
70            Text("ストップ")
```

Day
・
2

1

293

Day 2 - Lesson 1　タイマーアプリを作ろう　―画面遷移とデータの永続化―

 コード解説　これから、さきほど変更したコードをステップごとに説明します。

```
// timerHandlerをアンラップしてunwrapedTimerHandlerに代入
if let unwrapedTimerHandler = timerHandler {
  // もしタイマーが、実行中だったら停止
  if unwrapedTimerHandler.isValid == true {
    // タイマー停止
    unwrapedTimerHandler.invalidate()
  }
}
```

　タイマーが実行中かチェックし、タイマーを停止します。「if let」文を利用して timerHandler をアンラップし、timerHandler に値があれば「unwrapedTimerHandler」に代入します。そして、Timer クラスの invalidate メソッドを実行して、タイマーを停止します。

6　残り時間を表示しよう

　残り時間が画面に表示されるように修正します。
　赤枠のコードを変更してください。

▼ 残り時間をカウントダウンするように修正

```
30        // 垂直にレイアウト（縦方向にレイアウト）
31        // View（部品）間の間隔を30にする
32        VStack(spacing: 30.0) {
33            // テキストを表示する
34            Text("残り\(timerValue - count)秒")    ← 変更
35            // 文字のサイズを指定
36                .font(.largeTitle)
37            // 水平にレイアウト（横方向にレイアウト）
38            HStack {
```

```
Text("残り\(timerValue - count)秒")
```

　残り時間を計算して画面に表示します。残り時間は、秒数設定（timerValue）から経過時間（count）を引くことによって求めることができます。
　文字列の中に定数や変数を埋め込む場合は、「"\(定数または変数)"」と指定します。

 Point

「\」はバックスラッシュと呼びます。英語キーボードには「\」はありますが、日本語キーボードでは「Option」キーを押しながら「¥」キーを一緒に押すことで入力できます。

Lesson 1-3　タイマー処理と設定した秒数を保存しよう

7　秒数設定画面から戻ってきたら、設定した秒数で画面を更新しよう

タイマー設定画面から戻ってきたときに経過時間を初期化します。

赤枠のコードを追加してください。
この View が表示されるときに実行される「.onAppear」に追加します。
ここでは、経過時間をリセットして、タイマーの表示を更新します。

▼ 画面切り替えのタイミングで実行

```
}   // ストップボタンはここまで
}   // HStack ここまで
}   // VStack ここまで
}   // ZStack ここまで
// 画面が表示されるときに実行される
.onAppear {
    // カウント（経過時間）の変数を初期化
    count = 0
}   // .onAppear ここまで
// ナビゲーションにボタンを追加
.toolbar {
    // ナビゲーションバーの右にボタンを追加
    ToolbarItem(placement: .navigationBarTrailing) {
```
（追加）

　コード解説　これから、さきほど変更したコードをステップごとに説明します。

「.onAppear」は、ContentView が表示されるときに一度だけ実行されます。
「.onAppear」の中のコードを確認していきます。

```
// カウント（経過時間）の変数を初期化
count = 0
```

経過時間を初期化します。秒数設定画面から戻ってきたときに、経過時間を初期化しておかないと、このあとに実行するタイマーの表示を更新する際に、設定したタイマーの時間より経過時間が大きい場合があります。そこで「0」で初期化を行い設定したタイマーの時間を超えないようにします。

これで、タイマー画面の実装は完成です。

Tips

● 「onAppear」と「onDisappear」について
　SwiftUI には、「onAppear」と「onDisappear」の2つの画面表示に関するアクションが用意されています。
　2つのそれぞれの実行されるタイミングは次の通りです。

モデファイア	解説
onAppear	画面が表示されるときに実行
onDisappear	画面が消えるときに実行

Day・2-1

Day 2 - Lesson 1　タイマーアプリを作ろう ―画面遷移とデータの永続化―

8　シミュレータでカウントダウンを確認しよう

ここで、タイマー画面をシミュレータで起動して、カウントダウンできるかどうかを確認してみましょう。

　Xcodeの左上のシミュレータの設定で、確認したいデバイスを選択します。

▼ シミュレータ起動

　今回は❶「iPhone 13」を選択して、❷実行ボタンをクリックして、シミュレータを起動します。

　シミュレータの「スタート」ボタンをクリックして、「残り10秒」と表示されたラベルのカウントダウンが始まり、「ストップ」ボタンでタイマーが停止できれば成功です。

　また、再度「スタート」ボタンをクリックすることで、カウントダウンが再開されることを確認してください。

▼ タイマー画面をシミュレータで確認

　これで、タイマー画面でカウントダウンする機能を実装することができました。カウントダウンが「0」になった場合も、タイマーが停止するか確認してみてください。

　次は、秒数設定画面を作ります。

9 設定したタイマーの時間を保存できるようにしよう

設定したタイマーの時間を UserDefaults を用いて保存できるようにします。

▼ 変数の宣言追加

❶ SettingView を選択します。
❷ body の上の赤枠のコードを変更してください。

これはタイマー画面でも、「@AppStorage」を使い設定したタイマーの時間を取得していましたね。
「@AppStorage」は、データを永続化する UserDefaults から値を読み込みします。宣言をすると自動的に UserDefaults から指定のキーの値を取得し宣言された変数に値が設定されます。変数の値を書き換えると自動的に UserDefaults に指定のキーで保存をします。UserDefaults に指定のキーで値が保存されていない場合には、初期値が宣言された変数に値が設定されます。

「timer_value」は、設定したタイマー時間を書き換えたり、取得したりするときに使用するキーです。タイマー画面と共通で設定したタイマー時間の値を利用したいので、設定画面でも文字列の「timer_value」をキーとして宣言します。

Point

「メモリ」とはコンピューター（iOS デバイス）で情報を記憶している装置のひとつですが、一時的な記憶なのでアプリを閉じたりすると情報が消えてしまいます。データを「永続化」するということは、アプリを閉じて再度起動しても記憶していた情報を覚えている状態を指します。情報を保存していつでも読み出せるアプリを作るには、「UserDefaults」などを利用してデータを永続化する必要があります。

Canvas のプレビューか、シミュレータを起動してアプリの動きを確認してください。
完成イメージと同じ動きになっていれば、タイマーアプリは完成です！おめでとうございます！
次は、ステップアップで、アラートの使い方を学びます。ぜひ、チャレンジしてください。

Day 2 Lesson 1-4 タイマー終了後にアラートを表示しよう

ステップアップ

 このレッスンで学ぶこと

- アラートの表示する方法を学びます。
- ダイアログのカスタマイズ方法を学びます。

完成イメージ

　タイマーアプリのステップアップ編では、タイマー終了時にダイアログを表示させてみます。

　ダイアログを表示するには、Alert を利用します。Alert の使い方が理解できると、ユーザーにさまざまなタイミングで通知を示すことができるようになります。

　それでは、実装しましょう。

▼ カスタマイズ完成図

「残り0秒」になると、ダイアログをポップアップ

Lesson 1-4　タイマー終了後にアラートを表示しよう

Day
2
1

1　状態変数の宣言を追加しよう

アラート表示の有無を管理する状態変数を追加します。

▼ 状態変数の宣言追加

❶ 🔻 ContentView.swift を選択します。

❷ body の上に赤枠のコードを追加してください。

アラートの表示有無を管理する状態変数を用意します。初期値は非表示を意味する false にします。

2　アラート表示タイミングで変数を書き換えよう

残り時間が0秒になったタイミングで、アラート表示の有無を管理する状態変数を書き換えします。

赤枠のコードを追加してください。

アラートを表示したいタイミングで状態変数 showAlert を true にします。

今回は、残り0秒になる箇所で状態変数 showAlert を true に書き換えします。

▼ アラートを表示するために変数を書き換え

299

3 アラート表示をしよう

アラート表示の有無を管理する状態変数が書き換わったときにアラートを表示するようにします。

▼ アラートを表示する

```
 92          // ナビゲーションにボタンを追加
 93          .toolbar {
 94              // ナビゲーションバーの右にボタンを追加
 95              ToolbarItem(placement: .navigationBarTrailing) {
 96                  // ナビゲーション遷移
 97                  NavigationLink {
 98                      SettingView()
 99                  } label: {
100                      // テキストを表示
101                      Text("秒数設定")
102                  } // NavigationLink ここまで
103              } // ToolbarItem ここまで
104          } // .toolbar ここまで
105
106          // 状態変数showAlertがtrueになったときに実行される
107          .alert("終了", isPresented: $showAlert) {
108              Button("OK") {
109                  // OKをタップしたときにここが実行される
110                  print("OKタップされました")
111              }
112          } message: {
113              Text("タイマー終了時間です")
114          } // .alert ここまで
115
116      } // NavigationStack ここまで
117  } // body ここまで
```
（追加）

赤枠のコードを追加してください。

 コード解説 これから、さきほど変更したコードをステップごとに説明します。

```
// 状態変数showAlertがtrueになったときに実行される
.alert("終了", isPresented: $showAlert) {
    // （中略）
} message: {
    Text("タイマー終了時間です")
} // .alert ここまで
```

変数 showAlert が true になると、アラートが表示され、ダイアログのタイトルとして「終了」、メッセージとして「タイマー終了です」が表示されます。

```
Button("OK") {
    // OKをタップしたときにここが実行される
    print("OKタップされました")
}
```

アラートの View を記述しています。

今回は、Button を表示させてタップがされたことが確認できるように print 文を記述しました。

ユーザーがアラートのアクションの 1 つをタップすると、システムは isPresented で指定された Bool 値を自動的に false に変更しアラートを終了します。

Point

Button の記述方法もいくつかあります。

下記は、今まで記載してきた方法で、action (アクション) と label (ラベル) を指定します。
label のブロック {} で、Button の装飾を行います。

```
Button {
    // ボタンをタップしたときのアクション
} label: {
    // ボタンの動作の目的を説明するビュー
}
```

Button の装飾が Text だけで良い場合は、下記のような書式で記述が可能です。

```
Button("ボタンの動作の目的を説明する文言") {
    // ボタンをタップしたときのアクション
}
```

このように構造体やクラスは、複数の書式 (イニシャライザ) が用意されています。
目的に応じたイニシャライザを選択して記述をしていきます。

これで、完成です。プレビュー、もしくはシミュレータを起動して、動作を確認してみましょう。

Day 2 - Lesson 1　タイマーアプリを作ろう —画面遷移とデータの永続化—

 デバッガを使ってみよう

デバッグの方法を学ぶ

　最後に、デバッグの方法を学びます。「デバッグ」という言葉をはじめて聞く方もいらっしゃるかもしれませんね。

　プログラムの誤りを見つけて、取り除くことをデバッグと言います。プログラムの誤りは、**バグ（虫）**と呼ばれていて、最近ではプログラマーでなくても耳にする機会が増えてきているのではないでしょうか。また、デバッグをやりやすく支援するツールのことを**「デバッガ」**と言います。デバッガでは具体的には、実行中のプログラムを気になる場所で一時停止させたり、そのときの変数の中身を確認できたりできます。また、1行ずつコードを実行しながら、各変数の値を確認したりもできます。

　プログラマーは、プログラミングをしている最中に、デバッガを利用して変数の値に間違いがないか確認し、間違いがあればプログラムを正しく動作するように修正します。実は、プログラミングをする中で、デバッグするという作業は多く発生します。
　Xcodeでも、便利なデバッガが利用できます。ここでは、カウントダウン用の変数の値を確認したり、ログを出力させたりしながら、デバッガの利用方法を学びます。

ブレークポイントを追加

　デバッガを利用してプログラムを一時停止させるには、「ブレークポイント」をコードに設定します。Xcodeで、ブレークポイントの追加は簡単にできます。止めたいコードをクリックするだけです。実際にやってみましょう。

▼ ブレークポイントの追加

❶ 🐦 ContentView.swift を選択します。
❷ 今回は、時間経過の処理を行う、countDownTimer メソッドの中にある if 文のところをクリックして、ブレークポイントを追加してみましょう。

このキャプチャでは行数が表示されていますが、環境設定を行っていなければ表示されません。設定方法は「Day 1 Lesson 2-5 Xcode をより使いやすくするための設定をしよう」（P.50）を参照してください。

クリックすると、❷の青い帯のような印が付きます。この状態で、シミュレータを起動して「スタート」ボタンをクリックすると、このブレークポイントでプログラムが停止します。

❸ ▶ [RUN] ボタンをクリックしてシミュレータを起動します。

ブレークポイントの変数を確認

タイマーアプリ のタイマー画面にある「スタート」ボタンをタップしてみましょう。

▼「スタート」ボタンをクリック

❶ 先ほど追加したブレークポイントを設定した行の色が変わり、プログラムが一時停止していることが確認できます。この状態の、各変数の値を確認できます。
❷ このデバッグエリアで、あとで解説する「po」コマンドを用いることにより各値を確認できます。

Day 2 - Lesson 1　タイマーアプリを作ろう ―画面遷移とデータの永続化―

⚠ Point

▼ デバッグエリアの表示切り替え

　もし、デバッグエリアが表示されなくなったりした場合には、❶❷❸ボタンを操作することにより表示非表示の切り替えができます。

▼ 各変数の値を確認

❶ ここでは、カウント（経過時間）を入れている変数「count」の値を確認するため「po count」と入力してみると、「1」が入っていることがわかります。

❷ をクリックすると、プログラムを再開できます。

▼「count」がカウントアップしている状態を確認

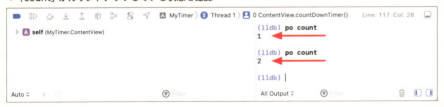

　今回ブレークポイントを追加した、countDownTimer メソッドは、scheduledTimer のクロージャから定期的に実行されるため、「スタート」ボタンをクリックしてから、設定秒数の回数分呼び出されます。プログラムを再開しても、また同じコードで停止するので、「count」がカウントアップしている状態を確認できます。

304

Lesson 1-4 タイマー終了後にアラートを表示しよう

デバッグエリアのツールバーを確認します。

❶ ［Deactivate breakpoints］はブレークポイントの有効・無効を切り替えます。
❷ ［Continue program execution］は、一時停止したプログラムを再開します。
❸ ［Step over］は、1 行ずつプログラムを実行します。
❹ ［Step into］はメソッドの中に入ります。
❺ ［Step out］はメソッドから出ることができます。
❸❹❺で、ステップ実行を行えます。

▼ デバッグエリアのツールバー

ステップ実行とは、プログラムを 1 行ずつ実行したり、複数行ごとに手動で実行しながら値を確認したりできる、デバッグの手法のことです。

❶ ［Debug View Hierarchy］をクリックします。
❷ このエリアで、ブレークポイントで停止したときのレイアウトや View の重なりと配置を確認できます。
❸ プレビューされている画面をマウスでクリックしながらドラッグすると、View の重なりが立体的に確認できます。

▼ 各 View の値を確認

> **Point**
>
> 知らない間にマウスでクリックしてしまって、ブレークポイントが付いてしまう場合があります。シミュレータで実行して「動かないな？」と思ったら、ブレークポイントが付いていないか確認してみてください。

305

ブレークポイントの無効化と削除

▼ ブレークポイントの無効化

❶ ブレークポイントを設定している青い帯のところで「control」キーを押しながらクリックします。

❷ [Disable Breakpoint] を選択すると青い帯が薄くなります。帯が薄く表示されている状態は、デバッグポイントが無効状態なので、プログラムは一時停止しません。

同じ手順で「Enable Breakpoint」に設定を戻せば再度、有効化に変更できます。
また、「Delete Breakpoint」の選択で、ブレークポイントの削除が行えます。

Lesson 2

Day 1 / Day 2

カメラアプリを作ろう［前半］
―カメラと SNS 投稿―

かめら

カメラを利用することができる「UIImagePickerController」と、カメラロールへの保存や SNS への投稿ができる「ShareLink」を利用して、カメラアプリを開発します。

Lesson 2-1
完成をイメージしよう

Lesson 2-2
撮影画面を作成しよう

Lesson 2-3
最初の選択画面を作成してカメラを起動しよう

Lesson 2-4
シェア画面を作成してアプリを完成させよう

📈 ステップアップ

Lesson 2-5
フォトライブラリーから
写真を取り込めるようにしよう

Day 2
Lesson 2-1 完成をイメージしよう

 このレッスンで学ぶこと

- カメラを起動して、SNS に投稿するまでの動きをイメージしましょう。
- カメラアプリを作るために必要な部品（View）や画面の遷移を確認しましょう。

完成イメージ

　カメラアプリでは、「カメラを起動する」ボタンをタップするとカメラが起動し撮影ができます。撮影した写真は画面に表示されます。「SNS に投稿する」ボタンをタップすると、画面に表示されている写真をシェアするための画面を表示します。

選択画面 / 撮影画面 / 撮影後選択画面 / シェア画面

[カメラを起動する] をタップするとカメラが起動する

カメラで撮影
UIImagePickerController

[SNS に投稿する] をタップすると写真を他のアプリに共有できる

SNS などシェアできる
ShareLink

部品レイアウト

- 「カメラを起動する」ボタン、「SNSに投稿する」ボタンという2つのボタンを配置します。
- アプリ起動直後の「選択画面」、カメラが使える「撮影画面」、シェアができる「シェア画面」の3つの画面が必要です。
- カメラで撮影した写真を表示するViewも作ります。

Point

SwiftUIでの、UIImagePickerController・ShareLinkの利用方法を学びます。また、1つのSwiftファイルに複数の画面を作るのではなく、画面ごとにSwiftファイルをわけて作ります。

ユーザー操作

- 「カメラを起動する」ボタンをタップ後に起動したカメラで撮影します。
- 「SNSに投稿する」ボタンをタップすると画像を共有できるアプリ一覧が表示され、SNSに投稿することができます。「Save Image」をタップすればカメラロールにも保存できます。

Point

アプリからプライバシーに関する情報へアクセスするためには、ユーザの許可を得る必要があります。
カメラの撮影時には、アプリがユーザーからカメラの使用許可を得る必要があります。また、SNS投稿時に「Save Image」をタップして写真を保存するときにも、ユーザーに許可を得る必要があります。それぞれ、許可を得る方法を学びます。

カメラの起動はUIImagePickerControllerクラスを使います。delegateメソッドを使って、撮影後の写真を画面に表示できます。

写真などを他のアプリと共有するときに便利なShareLinkも使用します。

 Tips

● SNSへの投稿が失敗する場合

シェア画面からTwitterなどのSNSへの投稿が失敗する場合があります。
失敗する原因は画像サイズです。SNSでは投稿できる画像サイズが決められています。
SNSへの投稿が失敗する場合は、「COLUMN カメラアプリで撮影した写真の画像サイズ調整」(P.383)を参考に画像をリサイズする処理を追加してください。

Day 2 Lesson 2-2 撮影画面を作成しよう

 このレッスンで学ぶこと

- カメラを操作する、UIImagePickerController の利用方法を学びます。
- SwiftUI の Binding や Coordinator の使い方を学びます。

1 プロジェクトを作成しよう

▼ プロジェクトの作成

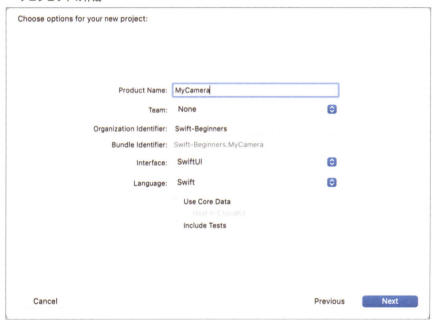

　Xcode を起動して、プロジェクトを作成します。[Product Name] には、「MyCamera」と入力しましょう。
　プロジェクトの作成方法がわからない場合は、「Day 1 Lesson 2-4　Xcode を起動して、プロジェクトを作成しよう」（P.40）を確認してください。

Lesson 2-2 撮影画面を作成しよう

2 作成する画面と swift ファイルの関係を理解しよう

1つのファイルに複数の画面の機能を作ると複雑になります。今回のカメラアプリでは1つの画面ごとに1つのSwiftファイルを作ることで、シンプルに学びやすくします。

複数の画面とファイルが登場しますので、最初に全体像を解説します。これから作成する画面とSwiftファイルとの関係を確認しましょう。

▼ 作成する画面と swift ファイル

このレッスンで「撮影画面」を作ります、ファイル名は「ImagePickerView.swift」です。

「撮影画面」を利用しながら、次のレッスンで「選択画面」を作ります、ファイル名は「ContentView.swift」です。

最後に「シェア画面」を作ります、ファイル名は「ContentView.swift」です。これで完成です。

3 撮影画面を作成しよう

1つのswiftファイルを作り、その中に「撮影画面」に必要な機能を追加します。

3-1 UIImagePickerController とは

カメラを利用するために本レッスンでは「UIImagePickerController」を利用します。UIImagePickerControllerは、カメラから画像を簡単に取得することができます。カメラでは撮影した写真を瞬時に取得できます。

UIImagePickerControllerはUIKitで提供されている機能です。

SwiftUIではUIImagePickerControllerのようなUIKitの機能を利用するには、**Coordinator（コーディネーター）** を使います。コーディネーターの利用方法も学びます。

▼ UIImagePickerController とは

> **Tips**
>
> ● **UIKit（ユーアイキット）について**
>
> UIKitは、iOSおよびtvOS Appの開発に必要な中核となるコントロール群です。これらのコントロールを使って、コンテンツを画面に表示し、その画面を操作して、システムと相互に連携して管理します。アプリはその基本的な動作にUIKitを利用します。
>
> 例えば、UIKitのUIViewは画面表示を管理するクラスです。マップアプリで使用したMKMapViewもUIViewを継承して拡張されたマップ用のViewです。
>
> また、UIImagePickerControllerはUIKitのViewControllerで提供される機能です。

3-2 ImagePickerView.swift ファイルの作成

「ImagePickerView.swift」ファイルを作成します。

▼「ImagePickerView.swift」ファイルの作成

❶ 🦅 [ContentView.swift] の上で「control」キーを押しながらクリックしてサブメニューを表示します。
❷ メニューから [New File] を選択します。
❸ ファイルの種類を選択する画面で、[iOS] を選択します。
❹ 🦅 [SwiftUI View] を選択します。
❺ [Next] をクリックします。
❻ 作成するファイル名に「ImagePickerView.swift」を入力します。
❼ [Create] でプロジェクトと同じディレクトリにファイルを作成します。

3-3 UIViewControllerRepresentable プロトコルの利用

UIImagePickercontroller を SwiftUI で利用するために、UIViewControllerRepresentable プロトコルを使います。

❶「View」を「UIViewControllerRepresentable」に変更します。コード変更後にエラーが表示されます。のちにコードを追加するとエラーが解消されますので、そのまま学習をすすめてください。
❷「body」は不要のため削除します。
❸「ImagePickerView_Previews」は不要のため削除します。

▼ UIViewControllerRepresentable プロトコルの設定

```
 8  import SwiftUI        ❶ UIViewControllerRepresentable に変更
 9
10  struct ImagePickerView: View {
11      var body: some View {
12          Text("Hello, World!")     ❷削除
13      }
14  }
15
16  struct ImagePickerView_Previews: PreviewProvider {
17      static var previews: some View {
18          ImagePickerView()
19      }                                     ❸削除
20  }
```

マップアプリのときは、SwiftUI で MapKit の View を使うために、UIViewRepresentable プロトコ

Day 2 - Lesson 2　カメラアプリを作ろう［前半］―カメラとSNS投稿―

ルを使いました。復習したい方は、「Day1 Lesson 5-2 マップパーツを作成しよう」（P.198）を確認してください。

UIImagePickerController は、SwiftUI では対応されていないために、そのままでは利用できません。UIImagePickerController は UIKit の UIViewController の機能として提供されています。SwiftUI で UIViewController を使うためには、UIViewControllerRepresentable プロトコルを利用します。UIViewRepresentable と UIViewControllerRepresentable を整理したのが、次のイメージ図です。

マップアプリでは MapKit でしたが、UIKit の UIView を SwiftUI で使うときも UIViewRepresentable プロトコルを使います。

まだ SwiftUI では用意されていない UIViewController を使うときは、UIViewControllerRepresentable プロトコルを使います。UIViewControllerRepresentable プロトコルを利用することで、SwiftUI で UIViewController の delegate も使えるようになります。

▼ UIViewRepresentable と UIViewControllerRepresentable の役割（イメージ図）

❗ Point

「import SwiftUI」で SwiftUI フレームワークを読み込むと UIKit フレームワークも自動的に import されます。そのため個別で UIKit を import する必要はないです。
UIKit の UI 部品（View）は、SwiftUI の View に置き換えが進められています。SwiftUI で置き換えがされていない UIKit は、今回のように UIViewControllerRepresentable プロトコルなどでラップして利用します。

3-4　他の画面と状態を共有するための Binding を宣言

「撮影画面」は、「選択画面」へカメラで撮影した写真と、撮影画面を閉じるためのフラグを渡します。以下の赤枠のコードを追加しましょう。

▼ Binding の宣言

```
 8  import SwiftUI
 9
10  struct ImagePickerView: UIViewControllerRepresentable {    ⊗ Type 'ImagePickerView'
11      // UIImagePickerController(写真撮影)が表示されているかを管理
12      @Binding var isShowSheet: Bool
13      // 撮影した写真を格納する変数
14      @Binding var captureImage: UIImage?
15  }
16
```

追加

314

コード解説 これから、さきほど追加したコードをステップごとに説明します。

@Binding は @State（状態変数）を定義した View と他の View との間で双方向にデータ連動ができるようにする構造体です。

次の「Lesson 2-3 最初の選択画面を作成してカメラを起動しよう」で作る ContentView.swift と ImagePickerView.swift のどちらかで変更があったときに、関係しているお互いの View を更新します。

▼ @Binding と @State のデータ連動

```
// UIImagePickerController（写真撮影）が表示されているかを管理
@Binding var isShowSheet: Bool
```

撮影画面の表示状態を管理します。撮影が終了したときやキャンセルボタンが押されたときに「false」を設定して画面を閉じます。

```
// 撮影した写真を格納する変数
@Binding var captureImage: UIImage?
```

「UIImage」クラスは画像を管理するクラスです。主に画面に表示される画像や外部から取り込んだ画像を管理するために使用されます。

撮影後の写真を共有するために captureImage を UIImage 型で宣言します。撮影画面で撮影した写真が保存されます。

また、最初は写真がない状態から開始します。初期値が nil となるため、nil を許容する「?」を付与してオプショナル型で宣言をしています。

3-5　UIKit の delegate を利用するために Coordinator を利用

SwiftUI では、従来の UIKit の delegate（デリゲート）を使うために、Coordinator（コーディネーター）と呼ばれる機能を利用します。

Day 2 - Lesson 2 　カメラアプリを作ろう［前半］―カメラと SNS 投稿―

　delegate は、処理が完了したときに通知されるための仕組みです。delegate に関しては、「COLUMN delegate について」（P.324）の説明も確認してください。
　以下の赤枠のコードを追加しましょう。追加するコードが長いので、3 つに分けて掲載します。

▼ Coordinator クラスの追加

```
10   struct ImagePickerView: UIViewControllerRepresentable {                    ● Type 'ImagePicker'
11       // UIImagePickerController(写真撮影)が表示されているかを管理
12       @Binding var isShowSheet: Bool
13       // 撮影した写真を格納する変数
14       @Binding var captureImage: UIImage?
15
16       // Coordinatorでコントローラのdelegateを管理
17       class Coordinator: NSObject, UINavigationControllerDelegate, UIImagePickerControllerDelegate {
18           // ImagePickerView型の定数を用意
19           let parent: ImagePickerView
20
21           // イニシャライザ
22           init(_ parent: ImagePickerView) {
23               self.parent = parent
24           }
25       } // Coordinatorここまで          追加
26   } // ImagePickerViewここまで
```

▼ imagePickerController メソッドの追加

```
21           // イニシャライザ
22           init(_ parent: ImagePickerView) {
23               self.parent = parent
24           }
25
26           // 撮影が終わったときに呼ばれるdelegateメソッド、必ず必要
27           func imagePickerController(_ picker: UIImagePickerController, didFinishPickingMediaWithInfo info:
                 [UIImagePickerController.InfoKey : Any]) {
28
29               // 撮影した写真をcaptureImageに保存
30               if let originalImage = info[UIImagePickerController.InfoKey.originalImage] as? UIImage {
31                   parent.captureImage = originalImage
32               }
33               // sheetを閉じる
34               parent.isShowSheet.toggle()          追加
35           }
36       } // Coordinatorここまで
```

▼ imagePickerControllerDidCancel メソッドの追加

```
33               // sheetを閉じる
34               parent.isShowSheet.toggle()
35           }
36
37           // キャンセルボタンが選択されたときに呼ばれるdelegateメソッド、必ず必要
38           func imagePickerControllerDidCancel(_ picker: UIImagePickerController) {
39               // sheetを閉じる
40               parent.isShowSheet.toggle()          追加
41           }
42       } // Coordinatorここまで
43   } // ImagePickerViewここまで
```

Lesson 2-2 撮影画面を作成しよう

コード解説 これから、さきほど追加したコードをステップごとに説明します。

```
// Coordinatorでコントローラのdelegateを管理
class Coordinator: NSObject,
                   UINavigationControllerDelegate,
                   UIImagePickerControllerDelegate {
    （省略）
} // Coordinatorここまで
```

Coordinator（コーディネーター）を宣言しています。

Coordinatorの宣言のときに、機能を実現するためにプロトコル等を追加しています。

UIImagePickerControllerDelegate は、UIImagePickerControllerで発生したユーザー操作をdelegateで検知できるようにします。あとで解説する、imagePicker

▼ Coordinator（コーディネーター）の役割

Controller、imagePickerControllerDidCancelといったdelegateメソッドが使用できるようになります。

NSObject、**UINavigationControllerDelegate** は、UIImagePickerControllerDelegateを使用する際に必要になるプロトコルです。

上図のmakeCoordinator、makeUIViewController、updateUIViewControllerの3つのメソッドは、まだ登場していませんが、このあとで追加します。

Coordinatorは英訳では「調整する人」「進行役」という意味どおり、UIKitのdelegateをラッパーする（包み込む）ことで、SwiftUIの他の機能と連携できるようにします。

```
// ImagePickerView型の定数を用意
let parent: ImagePickerView
```

Coordinatorクラスのインスタンス生成（最初に使用する）のときに、Coordinatorを利用する「親」を指定します。Coordinatorの中で「親」の値を直接編集できるようにすることで利用しやすくします。ここでの「親」は「struct ImagePickerView {}」のことです。

そのため、「親」を格納する定数parentには、構造体ImagePickerViewのデータ型を指定します。

317

Day 2 - Lesson 2　カメラアプリを作ろう［前半］―カメラと SNS 投稿―

```swift
// イニシャライザ
init(_ parent: ImagePickerView) {
    self.parent = parent
}
```

　Coordinator のインスタンス生成のときに使うイニシャライザです。このイニシャライザを使うときに、引数 parent に「親」が指定されます。

　「self.parent = parent」の、「self.parent」は「let parent: ImagePickerView」で宣言した、parent のことです。右の「parent」がイニシャライザの引数です。Coordinator の「親」である、「ImagePickerView」が「self.parent」に格納されます。

🔴 **Point**

> イニシャライザ (initializer) は構造体やクラスのインスタンス生成の際に、初期化のために使用する手続きのことです。
> init キーワードを指定することで、イニシャライザであることを明示的にしています。
> 構造体のイニシャライザについては、「COLUMN 構造体 (struct) について」(P.234) で解説しています。

```swift
// 撮影が終わったときに呼ばれるdelegateメソッド、必ず必要
func imagePickerController(
    _ picker: UIImagePickerController,
    didFinishPickingMediaWithInfo info:
    [UIImagePickerController.InfoKey : Any]) {
    (省略)
}
```

　撮影が終了したときに通知され、特定のメソッドが実行されます。これを「delegate メソッド」と呼びます。delegate メソッドのメソッド名はあらかじめ決められています。UIImagePickerController で撮影が終わったあとや写真が選択されたときに通知されるのが imagePickerController メソッドです。

▼ imagePickerController メソッドの引数

番号	引数名	内容
第一引数	picker: UIImagePickerController	カメラ撮影を行う画面 (UIImagePickerController オブジェクト) を格納。アンダースコア (_) はラベル名の省略
第二引数	info: [UIImagePickerController. InfoKey : Any]	撮影した写真の情報を格納。 didFinishPickingMediaWithInfo はラベル

```
// 撮影した画像をcaptureImageに保存
if let originalImage =
    info[UIImagePickerController.InfoKey.originalImage]
        as? UIImage {
    parent.captureImage = originalImage
}
```

infoには、カメラで撮影した写真の情報が格納されています。infoに**UIImagePickerController.InfoKey.originalImage**キーを指定すると、カメラで撮影した写真が取得できます。

▼ 撮影した写真の取得とUIImage型への型変換（キャスト）

info[UIImagePickerController.InfoKey.originalImage]は、データ型がAnyです。Anyは、いろいろなデータが格納できるデータ型です。Anyについては「Tips SwiftのAny型とObjective-Cのid型」（P.346）でも解説しています。

変数captureImageの型はUIImage型です。Swiftでは代入するデータ型を揃える必要があります。**揃えることを「型変換」（キャスト）**と呼びます。また、**下位の型に変換することをダウンキャスト**とも言います。最後の「as? UIImage」は、Any型をUIImage型へ変換する文法になります。UIImage型へのダウンキャストに失敗すると「as?」にて、nilが返却されるため、if letのブロックは実行されません。

UIImage型へ変換することにより、info[UIImagePickerController.InfoKey.originalImage]はUIImage型に変化し、captureImageへ代入することができるようになります。

```
    // sheetを閉じる
    parent.isShowSheet.toggle()
```

撮影が終わったあとは、撮影画面を閉じる必要があります。状態変数 isShowSheet に「false」を設定することで撮影画面（sheet）を閉じます。

```
// キャンセルボタンが選択されたときに呼ばれるdelegateメソッド、必ず必要
func imagePickerControllerDidCancel(
    _ picker: UIImagePickerController) {
    // sheetを閉じる
    parent.isShowSheet.toggle()
}
```

UIImagePickerController の delegate メソッドです。カメラ撮影するときに表示される「Cancel」ボタンをタップすると実行されます。

状態変数 isShowSheet に「false」を設定して、撮影画面を閉じます。

▼ キャンセルボタン

3-6 Coordinator クラスと UIViewControllerRepresentable プロトコルに必要なメソッドの追加

Coordinator クラスを利用するには、**makeCoordinator** メソッドが必要です。

UIViewControllerRepresentable プロトコルでは、**makeUIViewController**、**updateUIViewController** の2つのメソッドを追加する必要があります。

この3つのメソッドで撮影画面（カメラ）の作成、更新、終了を管理します。

以下の赤枠のコードを追加しましょう。次の3つのコードを続けて追加してください。

▼ makeCoordinator の追加

```
38          // sheetを閉じる
39          parent.isShowSheet.toggle()
40      }
41  } // Coordinatorここまで
42
43  // Coordinatorを生成、SwiftUIによって自動的に呼び出し
44  func makeCoordinator() -> Coordinator {
45      // Coordinatorクラスのインスタンスを生成
46      Coordinator(self)
47  }
48  } // ImagePickerViewここまで
```
（追加）

Lesson 2-2 撮影画面を作成しよう

▼ makeUIViewController の追加

```
46              Coordinator(self)
47        }
48
49        // Viewを生成するときに実行
50        func makeUIViewController(context: Context) -> UIImagePickerController {
51            // UIImagePickerControllerのインスタンスを生成
52            let myImagePickerController = UIImagePickerController()
53            // sourceTypeにcameraを設定
54            myImagePickerController.sourceType = .camera
55            // delegate設定
56            myImagePickerController.delegate = context.coordinator
57            // UIImagePickerControllerを返す
58            return myImagePickerController
59        }
60    } // ImagePickerViewここまで
```

▼ updateUIViewController の追加

```
57            // UIImagePickerControllerを返す
58            return myImagePickerController
59        } // makeUIViewControllerここまで
60
61        // Viewが更新されたときに実行
62        func updateUIViewController(_ uiViewController: UIImagePickerController, context: Context) {
63            // 処理なし
64        } // updateUIViewControllerここまで
65    } // ImagePickerViewここまで
```

UIViewControllerRepresentable に必要な 3 つのメソッドが追加できたら、「command」+「B」を実行してエラーが解消されるか確認をしてください。

 コード解説 これから、さきほど追加したコードをステップごとに説明します。

```
// Coordinatorを生成、SwiftUIによって自動的に呼び出し
func makeCoordinator() -> Coordinator {
    // Coordinatorクラスのインスタンスを生成
    Coordinator(self)
}
```

先ほど生成した Coordinator クラスのインスタンスを利用できるようにします。
「**makeCoordinator**()」は、Coordinator クラスのメソッドで SwiftUI が自動的に呼びだして実行します。
self は、構造体 ImagePickerView のことです。この「Coordinator()」の引数は、Coordinator の「親」である「struct ImagePickerView{}」を渡すために使います。
return が省略されていて、「return Coordinator(self)」と書いても同じ意味です。

```
// Viewを生成するときに実行
func makeUIViewController(context: Context) ->
    UIImagePickerController {
```

Day 2 - Lesson 2　カメラアプリを作ろう［前半］—カメラと SNS 投稿—

```
    （省略）
}
```

SwiftUI は View を生成するタイミングで、自動的に「**makeUIViewController**()」メソッドを呼び出します。このタイミングでカメラの起動に必要な UIImagePickerController のインスタンスを生成します。

```
//UIImagePickerControllerのインスタンスを生成
let myImagePickerController = UIImagePickerController()
```

UIImagePickerController クラスのインスタンスである、myImagePickerController オブジェクトを生成します。
myImagePickerController オブジェクトを使って、撮影画面のオプションを設定します。

```
// sourceTypeにcameraを設定
myImagePickerController.sourceType = .camera
```

sourceType では、写真の取得先を指定します。「.camera」を指定することで、カメラから写真を取得できます。

```
// delegate設定
myImagePickerController.delegate = context.coordinator
```

delegate を利用するために、通知先を指定しています。**通知先とは「どこに delegate メソッドがあるのか？」を知らせるために指定する必要があります。** UIImagePickerController の delegate メソッド（imagePickerController メソッドなど）は Coordinator クラスの中で定義されています。

```
// UIImagePickerControllerを返す
return myImagePickerController
```

カメラの起動に必要な UIImagePickerController を返して、カメラ撮影ができるように指示します。

```
// Viewが更新されたときに実行
func updateUIViewController(
    _ uiViewController: UIImagePickerController,
    context: Context)
{
    // 処理なし
}
```

SwiftUI の View が更新されたときに実行されます。今回はなにもしません。

322

Lesson 2-2 撮影画面を作成しよう

● **UIImagePickerController について**

UIImagePickerController についてもう少し理解してみましょう。UIImagePickerController とは、iOS デバイスに搭載されているカメラを使って写真や動画を撮影できる機能が提供されているクラスです。

```
//UIImagePickerControllerのインスタンスを作成
let myImagePickerController = UIImagePickerController()
// sourceTypeにcameraを設定
myImagePickerController.sourceType = .camera
// mediaTypesにkUTTypeMovieを設定
myImagePickerController.mediaTypes = [kUTTypeMovie as String]
// cameraDeviceにrearを設定
myImagePickerController.cameraDevice = .rear
// cameraFlashModeにautoを設定
myImagePickerController.cameraFlashMode = .auto
// delegate設定
myImagePickerController.delegate = context.coordinator
```

上記のようにカメラを使用するときは、カメラの動きを指示するオプションを設定します。
UIImagePickerController のインスタンスにどんなプロパティがあるのかをまとめました。プロパティと設定する値、設定内容は、以下の表を確認してください。

▼ **UIImagePickerController のプロパティ**

プロパティ	設定する値	設定内容
sourceType	.camera	カメラを起動
	.savedPhotosAlbum	保存済みの画像を起動
mediaTypes	[kUTTypeImage as String]	写真を選択
	[kUTTypeMovie as String]	動画を選択
	[kUTTypeImage as String] [kUTTypeMovie as String]	写真と動画を両方選択
cameraDevice	.rear, .front	インカメラ（.front）かアウトカメラ（.rear）のどちらを利用するかを指定
cameraFlashMode	Off, On, Auto	iPhone の背面にある LED フラッシュを利用するかを、Off・On・Auto のいずれかで指定

kUTTypeImage、kUTTypeMovie を利用する場合には、MobileCoreServices フレームワークを import する必要があります。
「import MobileCoreServices」と記述してください。

delegate について

　delegate（デリゲート）とは、あるクラスで行いたい処理の一部を他のクラスに任せたり、任せた処理を指定したクラスに通知する仕組みです。

　delegate の仕組みを最初は難しく感じるかもしれませんが、登場するものを把握して、具体的に流れを追っていくと必ず理解できます。

　登場するものは、3 つあります。

- 通知を依頼するクラス
- 通知を依頼する、依頼されるクラスを取り持つプロトコル
- 通知が依頼されるクラス

　カメラアプリで使用した UIImagePickerController を例に解説します。

　通知を依頼される UIImagePickerController クラスに、プロトコル（UIImagePickerControllerDelegate）が用意されています。

　プロトコルの役割は、通知を依頼するクラスと依頼されるクラスの間を取り持って、処理の状況をどのメソッドに通知するのかを教えてくれます。

▼ UIImagePickerController の delegate の仕組み

Lesson 2-2　撮影画面を作成しよう

▼ delegate で使うプロトコル・クラスの解説

役割	プロトコル・クラス	解説
通知を依頼する クラス	Coordinator	❶ UIImagePickerController クラスから作ったインスタンスの myImagePickerController に対して、「myImagePickerController.delegate = context.coordinator」と記述することで、delegate の通知先を Coordinator クラスに設定
通知を依頼する、依頼されるクラスを取り持つプロトコル	UIImagePickerControllerDelegate	❷ カメラアプリで撮影が完了したときに通知先が「Coordinator」であることを「UIImagePickerController」に教える
通知を依頼されるクラス	UIImagePickerController	❸ 撮影が完了したので、imagePickerController メソッドに通知（呼び出し）をする

　もう少し具体的に見ていくと、UIImagePickerController クラスには、UIImagePickerControllerDelegate プロトコルに準拠した Coordinator クラスのインスタンスを、delegate というプロパティに設定しているだけです。

　そして UIImagePickerControllerDelegate プロトコルでは、imagePickerController メソッドと、imagePickerControllerDidCancel メソッドの定義しかしていません。

　imagePickerController メソッド自体の処理は、通知先のクラスである「Coordinator」で記述します。このような仕組みを、「デリゲートパターン」と言います。

　「どうしてこんな複雑な仕組みにするの？」と疑問に感じるかもしれませんが、通知を依頼されるクラスは通知先を知らなくてもよいので、汎用的に利用できる、というぐらいの認識で大丈夫です。いまは難しく考えず、delegate とは、アプリで操作された内容とタイミングを通知してくれて、私たちが行いたい処理を実装できる仕組みと覚えておいてください。imagePickerController のようなある特定の操作で実行されるメソッドを、「delegate メソッド」と言います。他にもいろいろなタイミングで実行される delegate メソッドがあります。UIImagePickerController で通知される delegate メソッドは、次の表を参照してください。

▼ UIImagePickerController の delegate メソッド

delegate メソッド	呼び出しタイミング
imagePickerController(_:didFinishPickingMediaWithInfo:)	ユーザーが静止画または動画を選択したときに呼び出される
imagePickerControllerDidCancel(_:)	ユーザーが操作をキャンセルしたときに呼び出される

Day 2 Lesson 2-3 最初の選択画面を作成してカメラを起動しよう

このレッスンで学ぶこと

- アプリがユーザーから、カメラの使用許可を得る方法を学びます。
- 撮影画面を sheet モディファイアで表示する方法を学びます。
- 撮影画面 (ImagePickerView.swift) と連携する方法を学びます。

1 カメラの使用をユーザーに許可してもらおう

アプリからプライバシーに関する情報へアクセスする場合には、アプリの利用者に使用許可の確認画面を表示して、許可を得る必要があります。カメラを利用するときにも、どのような目的で使用するのかを利用者へ示したあとに許可を得てアクセスします。

利用者から許可を得るための確認画面を表示するには、Xcodeで事前に設定を行う必要があります。

▼ カメラ使用許可の確認

1-1 プロジェクト設定からプロパティリストを表示

カメラへのアクセスに対するプライバシーは、プロパティリスト (plist) で設定します。

▼ プロジェクト設定からプロパティリストを表示

Lesson 2-3　最初の選択画面を作成してカメラを起動しよう

❶ 「MyCamera」プロジェクトを開きます。
❷ [project and targets list] ボタンをクリックして、[PROJECT] と [TARGETS] を表示します。
❸ [TARGETS] の下の「MyCamera」を選択します。
❹ [Info] を選択すると、[Custom iOS Target Properties]（プロパティリスト）が表示されます。

1-2　カメラのプロパティを設定する行を追加

▼ プロパティ行の追加

[Custom iOS Target Properties]（プロパティリスト）の [Key] 項目で一番下のプロパティにマウスカーソルを移動すると、「＋」が表示されます。ここで「＋」をクリックします。

1-3　追加した行にプロパティと値を設定

▼ プロパティと値を入力

Key に❶「Privacy - Camera Usage Description」と入力し、Value に利用目的の説明を示すテキストとして❷「写真を撮影するためにカメラを利用します。」と入力します。ここで入力したテキストが確認画面に表示されます。

以上の設定で、カメラにアクセスした際に確認画面が表示され、ユーザーが「OK」を押すとカメラが使えるようになります。

327

Tips

● プロパティリストについて

　Xcodeの［Custom iOS Target Properties］では、プロパティリスト（plist）と呼ばれている情報が設定できます。プロパティリストは、アプリの稼働に必要な設定情報を管理しています。

　プロパティリストは、Key、Type、Valueという項目で構成されます。

▼ プロパティリストの項目

（Custom iOS Target Properties の画面。Key ❶、Type ❷、Value ❸ の列が示されている）

▼ プロパティリストの解説

項目名	解説
❶ Key	設定の項目名です。プログラムでいうところの変数名に該当
❷ Type	Keyの型です。プログラムでいうところのデータ型に該当
❸ Value	設定する値です。プログラムでいうところの変数に代入する値に該当

Point

　プロパティリストで値を設定する際は、入力補完を活用してください。

　「Pri」まで入力すると、入力補完によって「Privacy」系のKeyがリストに表示されます。うまく活用して、入力ミスを軽減しましょう。

▼ 入力補完

（入力補完のポップアップ画像。「Privacy - Camera Usage Description」が赤枠で強調されている）

Lesson 2-3 最初の選択画面を作成してカメラを起動しよう

2 「カメラを起動する」ボタンを作成しよう

選択画面を作っていきましょう。最初に「カメラを起動する」ボタンを作ります。

❶ 「ContentView.swift」ファイルを選択します。
❷ 青枠の箇所のコードを削除します。
❸ 青枠の箇所のコードを削除します。

▼ ContentView.swift の選択と削除

赤枠のコードを追加しましょう。
追加する場所に注意してください。

▼「カメラを起動する」ボタンの追加

```swift
struct ContentView: View {
    var body: some View {
        VStack {
            // スペース追加
            Spacer()
            // 「カメラを起動する」ボタン
            Button {
                // ボタンをタップしたときのアクション
            } label: {
                // テキスト表示
                Text("カメラを起動する")
                // 横幅いっぱい
                    .frame(maxWidth: .infinity)
                // 高さ50ポイントを指定
                    .frame(height: 50)
                // 文字列をセンタリング指定
                    .multilineTextAlignment(.center)
                // 背景を青色に指定
                    .background(Color.blue)
                // 文字色を白色に指定
                    .foregroundColor(Color.white)
            } // 「カメラを起動する」ボタンここまで
        } // VStackここまで
    } // bodyここまで
} // ContentViewここまで
```

329

ここでプレビューで確認します。
プレビューの使い方は「1-2 プレビューを表示」（P.58）を参照してください。

お好きなデバイスでプレビューを確認してください。

▼ プレビューで確認

ここでは「iPhone 13」を選択してレイアウトを確認します。

iPhone の画面を下にスクロールして、「カメラを起動する」ボタンが表示されていることを確認します。

 コード解説　これから、さきほど追加したコードをステップごとに説明します。

```
// 縦方向にレイアウト
VStack {
    (省略)
}
```

プロジェクト作成時に既にあるコードです。「カメラを起動する」ボタンと「SNS に投稿する」ボタンを縦に並べてレイアウトします。VStack の中にボタンを作ることで縦並びの配置になります。

```
// 「カメラを起動する」ボタン
Button {
    // ボタンをタップしたときのアクション
} label: {
    (省略)
} // 「カメラを起動する」ボタンここまで
```

ボタンを作成するには、アクションとテキストラベルを指定します。アクションは、ユーザーがボタンをタップしたときに実行する処理で、クロージャで指定します。
テキストラベルは、ボタンのアクションを説明する表示用のラベルです。

Lesson 2-3　最初の選択画面を作成してカメラを起動しよう

```
// テキスト表示
Text("カメラを起動する")
    // 横幅いっぱい
    .frame(maxWidth: .infinity)
    // 高さ50ポイントを指定
    .frame(height: 50)
    // 文字列をセンタリング指定
    .multilineTextAlignment(.center)
    // 背景を青色に指定
    .background(Color.blue)
    // 文字色を白色に指定
    .foregroundColor(Color.white)
```

「カメラを起動する」ボタンで表示する文字や外観をデザインします。数行ずつコードを確認しましょう。

```
// テキスト表示
Text("カメラを起動する")
```

ボタンに表示するテキストを表示する TextView です。View の外観や振る舞いのモディファイア (modifier) を指定してカスタマイズします。

モディファイア (modifier) については、「COLUMN モディファイア (modifier) の適用順番について」(P.336) を確認してください。

```
// 横幅いっぱい
.frame(maxWidth: .infinity)
// 高さ 50 ポイントを指定
.frame(height: 50)
```

frame モディファイアは、指定されたサイズで枠 (フレーム) を作成して、その中に View を表示します。

「maxWidth: .infinity」で、画面に収まる範囲で横幅いっぱいに広げます。

「height: 50」で、高さ 50 ポイントのボタンを作ります。

```
// 文字列をセンタリング指定
.multilineTextAlignment(.center)
```

ボタンに表示するテキストを中央寄せにします

Day 2 - Lesson 2　カメラアプリを作ろう［前半］―カメラとSNS投稿―

```
// 背景を青色に指定
.background(Color.blue)
// 文字色を白色に指定
.foregroundColor(Color.white)
```

ボタンの背景を青色にして文字を白色に設定しています。

3　カメラが利用できるか確認しよう

故障などの理由でカメラを利用できない場合があります。

そのため、カメラが利用できるのかを判定して、利用できない場合の対応を記述します。

カメラが利用できるできないの条件の分岐には、「if文」を使います。

書式

```
if 条件式 {
    // 条件が正のときに実行
} else {
    // それ以外のときに実行
}
```

「カメラを起動する」ボタンをタップされたときに、カメラが利用可能であるかをチェックします。

以下の赤枠のコードを追加しましょう。

追加する場所に注意してください。「カメラを起動する」ボタンの action に追加します。

UIImagePickerController. isSourceTypeAvailable(.camera) でカメラが利用できるのかを判定できます。引数に「.camera」を渡すことで、カメラが利用できるのかを判定できます。

▼ カメラチェックのコード

```
10  struct ContentView: View {
11      var body: some View {
12          VStack {
13              // スペース追加
14              Spacer()
15              // 「カメラを起動する」ボタン
16              Button {
17                  // ボタンをタップしたときのアクション
18                  // カメラが利用可能かチェック
19                  if UIImagePickerController.isSourceTypeAvailable(.camera) {
20                      print("カメラは利用できます")
21                  } else {
22                      print("カメラは利用できません")     追加
23                  }
24              } label: {
25                  // テキスト表示
26                  Text("カメラを起動する")
```

Lesson 2-3　最初の選択画面を作成してカメラを起動しよう

4　カメラを起動して撮影しよう

カメラを起動して撮影するために「Lesson 2-2 撮影画面を作成しよう」で作成した ImagePickerView.
swift と連携します。

4-1　撮影した画像と撮影画面を管理する状態変数の宣言

撮影した画像と撮影画面の表示有無を管理する状態変数を宣言します

赤枠のコードを追加しましょう。body プロパティの上に追加します。

▼ 撮影画面を管理する状態変数の宣言

```
 8    import SwiftUI
 9
10    struct ContentView: View {
11        // 撮影した写真を保持する状態変数
12        @State var captureImage: UIImage? = nil
13        // 撮影画面(sheet)の開閉状態を管理          追加
14        @State var isShowSheet = false
15
16        var body: some View {
17            VStack {
```

🔍 **コード解説**　これから、さきほど追加したコードをステップごとに説明します。

// 撮影した写真を保持する状態変数
```
@State var captureImage: UIImage? = nil
```

撮影した画像の変化に応じて View を更新するために状態変数 (@state) として宣言します。
撮影画面で撮影された写真を保存して、選択画面で写真を表示するために利用します。
「UIImage?」と「?」を付加していますので、オプショナル UIImage 型 (nil をセットできる UIImage 型) として宣言します。初期値は「nil」をセットします。「nil」は写真がない状態を示します。

// 撮影画面の（sheet）の開閉状態を管理
```
@State var isShowSheet = false
```

撮影画面が表示を管理するための状態変数です。「true」のときは画面を表示して、「false」のときは画面を閉じるように作ります。

Day 2 - Lesson 2　カメラアプリを作ろう［前半］―カメラと SNS 投稿―

4-2　撮影した写真があれば画面に写真を表示

すでに撮影した写真がある場合は、リサイズして画面に写真を表示させます。

赤枠のコードを追加しましょう。「Vstack{」の下に追加します。

▼ 撮影した写真があれば画面に写真を表示

```
16    var body: some View {
17        VStack {
18            // スペース追加
19            Spacer()
20            // 撮影した写真があるとき
21            if let captureImage {
22                // 撮影写真を表示
23                Image(uiImage: captureImage)
24                // リサイズ
25                    .resizable()
26                // アスペクト比（縦横比）を維持して画面に収める
27                    .scaledToFit()
28            }                                      追加
29
30            // スペース追加
31            Spacer()
32            // 「カメラを起動する」ボタン
```

コード解説　これから、さきほど追加したコードをステップごとに説明します。

```
// 撮影した写真があるとき
if let captureImage {
    (省略)
}
```

最初は、写真がないので captureImage には「nil」が保存されています。「nil」の状態では、if let の {}（ブロック）内のコードは実行されません。撮影画面（ImagePickerView.swift）で撮影すると captureImage には写真が保存されます。撮影した写真があるときに、if let の {}（ブロック）内のコードが実行されます。選択画面で写真を表示します。

```
// 撮影写真を表示
Image(uiImage: captureImage)
    // リサイズ
    .resizable()
    // アスペクト比（縦横比）を維持して画面内に収める
    .scaledToFit()
```

Image は画像を表示するための View を作ります。引数（uiImage）で指定した、captureImage で保存される写真（画像）を表示します。

resizable は、利用可能なスペースに合わせて画像をリサイズすることができます。

scaledToFit は、View の寸法を指定したサイズのアスペクト比に制限します。

334

Lesson 2-3　最初の選択画面を作成してカメラを起動しよう

4-3　カメラが利用できるときは撮影画面を表示

カメラが利用できることが確認できたら、撮影画面を表示させます。

赤枠のコードを追加しましょう。

▼ 状態変数 showImagePickerView のセット

```
32          // 「カメラを起動する」ボタン
33          Button {
34              // ボタンをタップしたときのアクション
35              // カメラが利用可能かチェック
36              if UIImagePickerController.isSourceTypeAvailable(.camera) {
37                  print("カメラは利用できます")
38                  // カメラが使えるなら、isShowSheetをtrue          追加
39                  isShowSheet.toggle()
40              } else {
41                  print("カメラは利用できません")
42              }
43          } label: {
```

状態変数 isShowSheet は値が変更されると関連する View が更新されます。「toggle()」を実行すると、「isShowSheet」の値が「true」に設定されます。あとで追加する「カメラを起動する」ボタンの sheet モディファイアで撮影画面（ImagePickerView.swift）を表示します。

4-4　撮影画面の表示

sheet モディファイアを利用して、撮影画面を表示し、カメラを起動します。

カメラでの撮影は、前回のレッスン「Lesson 2-2 撮影画面を作成しよう」で作成した ImagePickerView.swift を利用します。

赤枠のコードを追加しましょう。

コードを追加する場所に注意してください。「カメラを起動する」ボタンをタップしたときに撮影画面を表示したいので、「カメラを起動する」ボタンに sheet モディファイアを追加します。

▼ sheet モディファイアで撮影画面を表示

```
52                  // 背景を青色に指定
53                  .background(Color.blue)
54                  // 文字色を白色に指定
55                  .foregroundColor(Color.white)
56          } // 「カメラを起動する」ボタンここまで
57          // 上下左右に余白を追加
58          .padding()                                                  追加
59          // sheetを表示
60          // isPresentedで指定した状態変数がtrueのとき実行
61          .sheet(isPresented: $isShowSheet) {
62              // UIImagePickerCntroller（写真撮影）を表示
63              ImagePickerView(isShowSheet: $isShowSheet, captureImage: $captureImage)
64          } // 「カメラを起動する」ボタンのsheetここまで
65          } // VStackここまで
66          } // bodyここまで
67      } // ContentViewここまで
```

335

コードの入力が終わったら、実機転送を行い動作を確認します。自分のiOSデバイスをMacに接続しましょう。

実機への転送方法は、「3 iPhone（実機）に転送して、アプリを動かそう」（P.88）を確認してください。自分のiOSデバイスを選択して、「Run」ボタンを押します。

「カメラを起動する」ボタンをタップして、カメラで撮影します。撮影後に写真が画面中央に表示されていることを確認してください。

▼ 実機転送後の確認

選択画面	撮影画面	写真選択画面	選択画面（撮影後）
「カメラを起動する」をタップする	写真を撮影する	撮影した写真を使用する	撮影した写真が表示される

 コード解説 これから、さきほど追加したコードをステップごとに説明します。

```
// sheetを表示
// isPresented で指定した状態変数がtrueのとき実行
.sheet(isPresented: $isShowSheet) {
    （省略）
} // 「カメラを起動する」ボタンのsheetここまで
```

今回のsheetモディファイアは「Button(action:{…}).sheet(){…}」と「カメラを起動する」ボタンのモディファイアとして指定されていますので、「カメラを起動する」ボタンが表示されるときに、sheetモディファイアは評価されます。

Lesson 2-3　最初の選択画面を作成してカメラを起動しよう

　sheet（撮影画面）を表示するためには、sheet が表示されているかどうかを管理する引数 isPresented に Bool 型の状態変数（ここでは、isShowSheet）を指定します。

　isShowSheet は引き渡すときに「$」（ドル）を付与しています。これは isShowSheet の「参照」を渡すことを意味します。この参照を使って、状態変数 isShowSheet の値を共有します。

❗Point

SwiftUI では、状態変数に「$」をつけると、その変数の「参照」を渡します。参照を渡すことで、同じデータの保存場所を利用でき、そのデータの読み書きが双方向できます。このことを **データ連動（バインド）** と呼びます。

　引数 isPresented と状態変数 isShowSheet が連携（Bind）することで、isShowSheet の値が「true」のときに sheet（撮影画面）が表示され、「false」になると sheet が閉じられます。

▼ sheet モディファイアの引数

番号	引数名	内容
第一引数	isPresented	sheet を表示・非表示をコントロールする状態変数。$ をつけて指定する
第二引数	onDismiss	sheet を閉じたときに実行されるクロージャ。デフォルトは nil
第三引数	content	sheet の内容を返すクロージャ

　sheet モディファイアは「カメラを起動する」ボタンで指定されていますので、ボタンがタップされて状態変数 isShowSheet が「true」になったときに View が表示されます。この sheet の機能を利用して、撮影画面の表示をコントロールします。

```
// UIImagePickerController（写真撮影）を表示
ImagePickerView(
    isShowSheet: $isShowSheet,
    captureImage: $captureImage)
```

　撮影画面（imagePickerView.swift）を表示して、カメラで撮影できるようにします。

　前のレッスンでは、ImagePickerView.swift で引数 isShowSheet、captureImage を @Binding で宣言しました。@Binding を使用することで、View 間でデータの同期を保つことができます。@State で宣言した状態変数を @Binding と連動させるために、「$」を付加して参照先を共有します。

Day 2 - Lesson 2　カメラアプリを作ろう［前半］―カメラと SNS 投稿―

▼ ImagePickerView (ImagePickerView.swift) の引数

番号	引数名	内容
第一引数	isShowSheet	sheet を表示・非表示をコントロールする状態変数。$ をつけて指定する
第二引数	captureImage	撮影した画像を保存する状態変数。$ をつけて指定する

　下図は、@Binding と @State のデータ連動と関係性のイメージ図です。参考にしてください。

▼ @Binding と @State のデータ連動

338

Lesson 2-3 最初の選択画面を作成してカメラを起動しよう

　最後に、状態変数 isShowSheet の変化と撮影画面が表示される流れについて整理しましたので確認してください。

▼ 状態変数の変化と View の再描画

❶ 状態変数 isShowSheet を宣言します。
❷ カメラが利用できるために、isShowSheet の値が「true」に変更されます。
❸ 状態変数の値が変化したことを検知します。
❹ 自動的に、body が実行され、画面の再描画を行います。
❺ 再描画するときには、isShowSheet の値が「true」になっているので、sheet モディファイアが実行され、撮影画面が表示されます。

339

モディファイア（modifier）の適用順番について

モディファイア（modifier）は、View に様々な変更を適用します。

モディファイアは、プロパティやオプションといった概念とは違います。モディファイアは、これから表示する View に対してプロパティを設定しているように見えますが、実際は毎回新しくビューを作り直しています。そのため、モディファイアを適用する順番によっては意図しない動きになる事があります。

例えば、新しくプロジェクトを作り、次のコードでのプレビューを確認してみましょう。

```
struct ContentView: View {
    var body: some View {
        Text("iPhoneアプリ開発集中講座")
            // 背景をオレンジで塗る
            .background(Color.orange)
            // 枠（フレーム）作成
            .frame(width: 300, height: 300)
    }
}
```

初めて学習する方は、プレビューでは、300 ポイントの正方形にオレンジが塗られて、その中に文字が表示されることを期待します。ですが実際は、文字が表示されている領域のみ背景が塗られて、正方形の枠（フレーム）はそのあとで作成されます。

▼ モディファイアの確認 1

background（オレンジ）は、最初の View（「iPhone アプリ開発集中講座」の Text）の背後に、新しい View（オレンジ）を作成します。background で塗られる範囲は、文字が表示されている範囲です。あとで追加された frame を考慮して背景は塗られません。

今度は、次のコードのように、先に frame を書いて、その後で background を書いてみましょう。そしてプレビューで確認します。

```
struct ContentView: View {
    var body: some View {
        Text("iPhoneアプリ開発集中講座")
            // 枠（フレーム）作成
            .frame(width: 300, height: 300)
            // 背景をオレンジで塗る
            .background(Color.orange)
    }
}
```

今度は、frame で 300 ポイントの正方形の枠（フレーム）が確保されたあとで、背景が塗られます。

これは frame で正方形の View が作成されたあとで、その View のサイズに対して background の View が作成されるためです。

このように追加の View を指定して、指定した順番で View を再作成するのがモディファイア（modifier）の動作になります。

▼ モディファイアの確認 2

Day 2 Lesson 2-4 シェア画面を追加してアプリを完成させよう

 このレッスンで学ぶこと

- アプリがユーザーから、写真の保存許可を得る方法を学びます。
- 撮影した写真をシェアするために UIActivityViewController の利用方法を学びます。

1 写真の保存をユーザーに許可してもらう

　アプリからプライバシーに関する情報へアクセスする場合には、アプリの利用者に使用許可の確認画面を表示して、許可を得る必要があります。

　写真を保存するときにも、どのような目的で使用するのかを利用者へ示したあとに、許可を得てアクセスします。利用者の許可を得るための確認画面を表示するには、Xcode で事前にプロパティリストで設定しておく必要があります。

▼ フォトライブラリー使用許可の確認

▼ プロパティと値を入力

　写真の保存で使用許可の確認画面を表示する設定も、「Day 2 Lesson 2-3　カメラを起動しよう」の「カメラの使用をユーザーに許可してもらおう」(P.326) で学んだプロパティリストの設定手順と同じです。

　カメラのときと異なるのは、写真の保存では、Key に ❶「Privacy - Photo Library Additions Usage Description」と入力し、Value に利用目的の説明を示すテキストとして、❷「撮影した写真の保存に利用します。」と入力する点です。

Lesson 2-4 シェア画面を追加してアプリを完成させよう

Tips

● **カメラ撮影での写真の保存について**

本書のカメラアプリでは、撮影した写真はフォトライブラリーへ自動保存されません。

フォトライブラリーへの保存は、このレッスンで使用する ShareLink のメニューにある [Save Image]（画像の保存）を選択することで保存できます。フォトライブラリーへ保存するときは、写真の保存をユーザーに許可してもらう必要があります。さきほどのプロパティリストの設定は、このときに利用されます。

▼ 画像の保存

UIActivityViewController

2 シェア機能を追加しよう

シェアを利用するために、ここでは「ShareLink」ビューを利用します。ShareLink は写真など渡されたデータに応じて共有することが可能なサービスを選択肢として一覧表示することができます。

ContentView に、以下の赤枠のコードを追加しましょう。

▼ ShareLink でシェア機能の作成

```
                // UIImagePickerCntroller（写真撮影）を表示
                ImagePickerView(isShowSheet: $isShowSheet, captureImage: $captureImage)
            } // 「カメラを起動する」ボタンのsheetここまで

            // captureImageをアンラップする
            if let captureImage,
                // captureImageから共有する画像を生成する
                let shareImage = Image(uiImage: captureImage) {
                // 共有シート
                ShareLink(item: shareImage, subject: nil, message: nil,
                          preview: SharePreview("Photo", image: shareImage)) {
                    // テキスト表示
                    Text("SNSに投稿する")
                    // 横幅いっぱい
                        .frame(maxWidth: .infinity)
                    // 高さ50ポイント指定
                        .frame(height: 50)
                    // 背景を青色に指定
                        .background(Color.blue)
                    // 文字色を白色に指定
                        .foregroundColor(Color.white)
                    // 上下左右に余白を追加
                        .padding()
                } // ShareLinkここまで
            } // アンラップここまで
        } // VStackここまで
    } // bodyここまで
} // ContentViewここまで
```

追加

Day 2 - Lesson 2　カメラアプリを作ろう［前半］―カメラとSNS投稿―

　コード解説　これから、さきほど追加したコードをステップごとに説明します。

```
// captureImageをアンラップする
if let captureImage,
    // captureImageから共有する画像を生成する
    let shareImage = Image(uiImage: captureImage) {
        (中略)
} // アンラップここまで
```

画面に表示されている写真をアンラップして取り出しています。
captureImageは、起動直後は写真がない状態です。このように写真がない**（値がない）こともある変数**を**「オプショナル変数」**と呼びます。**オプショナル変数を安全に参照するには、「アンラップ」**という処理をします。
「オプショナル」や「アンラップ」に関しては、「COLUMN　オプショナル型とアンラップを理解しよう」（P.194）でも学びました。
ここでは、captureImageという変数にアンラップと呼ばれる処理を行い、写真を取り出しています。
次に、ShareLink Viewで扱えるようにするためImage Viewに写真を変換してshareImageという変数に格納します。

```
// 共有シート
ShareLink(item: shareImage, subject: nil, message: nil, preview:
SharePreview("Photo" , image: shareImage)) {
    Text("SNSに投稿する")
    // 横幅いっぱい
        .frame(maxWidth: .infinity)
    // 高さ50ポイント指定
        .frame(height: 50)
    // 背景を青色に指定
        .background(Color.blue)
    // 文字色を白色に指定
        .foregroundColor(Color.white)
    // 上下左右に余白を追加
        .padding()
} // ShareLink ここまで
```

画面に共有リンクを追加するためにShareLink Viewを生成しています。細かく確認しましょう。

344

```
// 共有シート
ShareLink(省略)
```

ShareLink の View を作成しています。画面に表示する View を指定するラベル、共有するコンテンツや共有画面表示時のプレビューを () 内に引数で渡しています。それでは、() の中を詳しく確認しましょう。

```
ShareLink(item: shareImage, subject: nil, message: nil, preview:
SharePreview("Photo" , image: shareImage)) {
    (中略)
} // ShareLink ここまで
```

ShareLink のうしろの () に引数を指定します。各引数は表にまとめました。

▼ ShareLink の引数

番号	引数名	内容
第一引数	item	共有するコンテンツ
第二引数	subject	共有するときの件名（nil で省略可）
第三引数	message	共有するときの本文（nil で省略可）
第四引数	preview	プレビューするコンテンツ
第五引数	label	ラベル、ShareLink のボタンデザイン

```
SharePreview("Photo" , image: shareImage)
```

引数 preview でプレビューするコンテンツを生成しています。
SharePreview の各引数を表にまとめました。

▼ SharePreview の引数

番号	引数名	内容
第一引数	title(省略)	タイトル
第二引数	image	プレビューする画像

```
Text("SNSに投稿する")
// 横幅いっぱい
    .frame(maxWidth: .infinity)
// 高さ50ポイント指定
```

Day 2 - Lesson 2　カメラアプリを作ろう［前半］―カメラと SNS 投稿―

```
    .frame(height: 50)
// 背景を青色に指定
    .background(Color.blue)
// 文字色を白色に指定
    .foregroundColor(Color.white)
// 上下左右に余白を追加
    .padding()
```

ShareLink のデザインの Text View とモディファイアを使い外観デザインをします。

Text View とモディファイアは「カメラを起動するボタン」と同じコードです。コードは解説済みですので、ここでの解説は割愛します。

Tips

● **Swift の Any 型と Objective-C の id 型**

　Swift 以前に使用されていた Objective-C では、id 型というデータ型がありました。id 型は汎用的な型なのでどんな型でもセットすることができます。この id 型を Swift で表現したのが Any 型です。

　そして「[Any]」で表現した Any 配列型では、次のように Int の値、Double の値、String の値、クロージャ式など柔軟に値を保持できる配列です。

▼ Any 型の配列

```
var anyItems:[Any] = []

anyItems.append(42)
anyItems.append(3.14159)
anyItems.append("hello")
anyItems.append({ (name: String) -> String in "Hello, \(name)" })
print(anyItems)  // [42, 3.14159, "hello", (Function)]
```

Tips

● **SNS への投稿が失敗する場合**

　シェア画面から Twitter などの SNS への投稿が失敗する場合があります。

　失敗する原因は画像サイズです。SNS では投稿できる画像サイズが決められています。

　SNS への投稿が失敗する場合は、「COLUMN　カメラアプリで撮影した写真の画像サイズ調整」（P.383）を参考に画像をリサイズする処理を追加してください。

Day 2 Lesson 2-5 ステップアップ📈
フォトライブラリーから写真を取り込めるようにしよう

❓ このレッスンで学ぶこと

- PhotosPicker を利用してフォトライブラリーから写真を取得できるように拡張します。

完成イメージ

このレッスンでは、「フォトライブラリーから選択する」を追加します。

「フォトライブラリーから選択する」はフォトライブラリーに保存されている写真を選択できる機能です。

▼ カメラアプリのステップアップ完成イメージ

1 フォトライブラリー機能を追加しよう

フォトライブラリー機能を追加するために、PhotosPicker を利用します。**PhotosPicker はフォトライブラリーから写真を選択**することができます。

1-1 PhotoUI フレームワークのインポート

PhotosPicker を使用するために必要なフレームワークである PhotosUI を import します。PhotosUI は、PhotoKit で提供されているフレームワークの 1 つで、PhotosPicker は PhotosUI フレームワークに含まれています。

❶ 🦅 「ContentView.swift」を選択してファイルを開きます。

❷ 「import PhotosUI」を記述します。

▼ PhotosUI フレームワークの追加

1-2 フォトライブラリーで選択した写真を管理する状態変数の宣言

フォトライブラリーで選択した写真を管理する状態変数を宣言します。
赤枠のコードを追加しましょう。body プロパティの上に追加します。

▼ フォトライブラリーで選択した写真を管理する状態変数の宣言

```
11  struct ContentView: View {
12      // 撮影した写真を保持する状態変数
13      @State var captureImage: UIImage? = nil
14      // 撮影画面(sheet)の開閉状態を管理
15      @State var isShowSheet = false
16      // フォトライブラリーで選択した写真を管理
17      @State var photoPickerSelectedImage: PhotosPickerItem? = nil
18
19      var body: some View {
20          VStack {
```

Lesson 2-5 フォトライブラリーから写真を取り込めるようにしよう

コード解説 これから、さきほど追加したコードをステップごとに説明します。

```
// フォトライブラリーで選択した写真を管理
@State var photoPickerSelectedImage: PhotosPickerItem? = nil
```

フォトライブラリーで選択した写真を管理する状態変数 (@state) として宣言します。

「PhotosPickerItem?」と「?」を付加していますので、オプショナル PhotosPickerItem 型 (nil をセットできる PhotosPickerItem 型) として宣言します。初期値は「nil」をセットします。「nil」は選択した写真がない状態を示します。

1-3 フォトライブラリー機能を追加

フォトライブラリー機能を追加するために、ここでは「PhotosPicker」ビューを利用します。PhotosPicker はフォトライブラリーから写真を選択することができます。

以下の赤枠のコードを追加しましょう。

▼ PhotosPicker でフォトライブラリー機能の作成

```
            // UIImagePickerController「写真撮影」を表示
            ImagePickerView(isShowSheet: $isShowSheet, captureImage: $captureImage)
        } // 「カメラを起動する」ボタンのsheetここまで

        // フォトライブラリーから選択する
        PhotosPicker(selection: $photoPickerSelectedImage, matching: .images,
            preferredItemEncoding: .automatic, photoLibrary: .shared()) {
            // テキスト表示
            Text("フォトライブラリーから選択する")
            // 横幅いっぱい
                .frame(maxWidth: .infinity)
            // 高さを50ポイント指定
                .frame(height: 50)
            // 背景を青色に指定
                .background(Color.blue)
            // 文字色を白色に指定
                .foregroundColor(Color.white)
            // 上下左右に余白を追加
                .padding()
        } // PhotosPickerここまで
        // 選択した写真情報をもとに写真を取り出す
        .onChange(of: photoPickerSelectedImage) { photosPickerItem in
            // 選択した写真があるとき
            if let photosPickerItem {
                // Data型で写真を取り出す
                photosPickerItem.loadTransferable(type: Data.self) { result in
                    switch result {
                    case .success(let data):
                        // 写真があるとき
                        if let data {
                            // 写真をcaptureImageに保存
                            captureImage = UIImage(data: data)
                        }
                    case .failure:
                        return
                    }
                }
            }
        } // .onChange ここまで

        // captureImageをアンラップする
        if let captureImage,
            // captureImageから共有する画像を生成する
```

追加

349

Day 2 - Lesson 2　カメラアプリを作ろう［前半］―カメラと SNS 投稿―

 コード解説　これから、さきほど追加したコードをステップごとに説明します。

```
// フォトライブラリーから選択する
PhotosPicker(selection: $photoPickerSelectedImage, matching: .images,
preferredItemEncoding: .automatic, photoLibrary: .shared()) {
    // テキスト表示
    Text("フォトライブラリーから選択する")
    // 横幅いっぱい
        .frame(maxWidth: .infinity)
    // 高さ50ポイント指定
        .frame(height: 50)
    // 背景を青色に指定
        .background(Color.blue)
    // 文字色を白色に指定
        .foregroundColor(Color.white)
    // 上下左右に余白を追加
        .padding()
} // PhotosPicker ここまで
```

画面に「フォトライブラリーから選択する」を追加するために PhotosPicker を生成しています。細かく確認します。

```
PhotosPicker(中略)
```

PhotosPicker の View を作成しています。画面に表示する View を指定するラベル、フォトライブラリーで選択した写真を格納するための状態変数などを () 内に引数で渡しています。それでは、() の中を詳しく確認しましょう。

```
(selection: $photoPickerSelectedImage, matching: .images,
preferredItemEncoding: .automatic, photoLibrary: .shared()) {
    (中略)
}
```

PhotosPicker のうしろの () に引数を指定します。各引数は表にまとめました。

Lesson 2-5　フォトライブラリーから写真を取り込めるようにしよう

▼ PhotosPicker の引数

番号	引数名	内容
第一引数	selection	選択した写真を格納する変数
第二引数	matching filter	選択する写真の種類「.images」とすると静止画のみとなる
第三引数	preferredItemEncoding	選択範囲「.automatic」とするとフォトライブラリーの全てが対象となる
第四引数	photoLibrary	選択するフォトライブラリー「.shared()」とするとフォトライブラリーとなる
第五引数	label	ラベル、PhotosPicker のボタンデザイン

● matching filter で指定できる定義について

選択する写真の種類は必要に応じて指定できます。

▼ matching filter で指定できる定義

定義	内容
.images	Live Photos を含む写真
.videos	動画
.bursts	連写撮影した写真
.depthEffectPhotos	ポートレートモードなど深度情報を含む写真
.livePhotos	Live Photos で撮影した写真
.panoramas	パノラマ写真
.cinematicVideos	シネマティックモードで撮影した動画
.slomoVideos	スローモーションビデオ
.timelapseVideos	タイムラプス（動画）
.screenshots	スクリーンショット
.screenRecordings	画面収録（動画）

```
Text("フォトライブラリーから選択する")
// 横幅いっぱい
    .frame(maxWidth: .infinity)
// 高さ50ポイント指定
    .frame(height: 50)
// 背景を青色に指定
    .background(Color.blue)
```

Day 2 - Lesson 2　カメラアプリを作ろう［前半］―カメラと SNS 投稿―

```
// 文字色を白色に指定
    .foregroundColor(Color.white)
// 上下左右に余白を追加
    .padding()
```

PhotosPicker のデザインの Text View とモディファイアを使い外観デザインをします。

　Text View とモディファイアは「カメラを起動するボタン」と同じコードです。コードは解説済みですので、ここでの解説は割愛します。

```
// 選択した写真情報をもとに写真を取り出す
.onChange(of: photoPickerSelectedImage) { photosPickerItem in
    // 選択した写真があるとき
    if let photosPickerItem {
        // Data型で写真を取り出す
        photosPickerItem.loadTransferable(type: Data.self) { result in
            switch result {
            case .success(let data):
                // 写真があるとき
                if let data {
                    // 写真をcaptureImageに保存
                    captureImage = UIImage(data: data)
                }
            case .failure:
                return
            }
        }
    }
} // .onChange ここまで
```

　選択した写真を格納する変数が変化した時に captureImage に写真を格納しています。細かく確認しましょう。

```
// 選択した写真情報をもとに画像を取り出す
.onChange(of: photoPickerSelectedImage) { photosPickerItem in
    (中略)
} // .onChange ここまで
```

　SwiftUI では、onChange() モディファイアを任意のビューに付属させて、プログラムの状態が変化したときに、クロージャ内に記述したコードを実行することができます

352

フォトライブラリーから選択した写真を管理する状態変数 photoPickerSelectedImage が変化すると、クロージャの引数として、変化した新しい値がオプショナル型の定数 photosPickerItem に格納されます。定数名は定数名に指定できるルール内で、任意に命名することができます。

クロージャの本体は、in キーワードから開始されます。このキーワードは、クロージャのパラメータと戻り値の型の定義が終了し、クロージャの本体が始まることを示します。

```
// 選択した写真があるとき
if let photosPickerItem {
    (中略)
}
```

クロージャ引数 photosPickerItem はオプショナル変数です。photosPickerItem をアンラップして取り出しています。

```
// Data型で写真を取り出す
photosPickerItem.loadTransferable(type: Data.self) { result in
    (中略)
}
```

フォトライブラリーで選択した写真を管理する状態変数から引数の Data 型を取り出します。
取り出しに成功するとクロージャが実行されます。

```
switch result {
case .success(let data):
    (中略)
case .failure:
    return
}
```

クロージャ引数 result に格納されている取り出し結果を、**switch 文を利用して分岐処理**をしています。
処理に成功した場合は「.success」の分岐処理に入り結果を定数「data」に格納しています。
何らかの原因で処理に失敗した場合は「.failure」の処理に入ります。今回は何も処理せず return で処理を終了しています。

Point

switch 文は、if 文と同様の分岐処理の一種類です。値を評価して一致する条件に記述されたコードを実行します。if 文はどの条件にも一致しない場合に何も処理が行われませんが、switch 文は、default を常に記述する必要があります。必ずどれかの条件に一致するので処理の実装漏れを防ぎます。
switch 文を使用すると、読みやすいより簡潔なコードが記述できます。

▼ switch 文の書式

```
switch 値 {
case 条件1:
    // 条件1が正しければここに記述したコードが実行される
case 条件2:
    // 条件2が正しければここに記述したコードが実行される
default:
    // どの条件にも一致しない場合にここに記述したコードが実行される
}
```

```
// 写真があるとき
if let data {
    // 写真をcaptureImageに保存
    captureImage = UIImage(data: data)
}
```

取り出し結果が成功したときに格納される変数 data に格納されている写真データを UIImage 型に変換して状態変数 captureImage に格納します。

これでアプリは完成しました。実機転送をおこない、ステップアップの冒頭にある完成イメージと比較しましょう。

Day 1 → **Day 2**　Lesson **3**

カメラアプリを作ろう［後半］
―エフェクト機能の追加―

カメラアプリの定番であるエフェクト機能を利用できる「Core Image」を利用します。「Day 2 Lesson 2-5 ステップアップ フォトライブラリーから写真を取り込めるようにしよう」で作成したカメラアプリをカスタマイズする方法で学習をすすめます。

Lesson 3-1
完成をイメージしよう

Lesson 3-2
エフェクト編集画面を作成しよう

Lesson 3-3
選択画面ををカスタマイズし、エフェクト機能を追加しよう

ステップアップ

エフェクト編集画面でフィルタの種類を増やそう

Day 2 Lesson 3-1 完成をイメージしよう

このレッスンで学ぶこと

- 写真（画像）をエフェクトができるアプリの使い方や必要な作業を理解しましょう。
- 複数の画面と連携する方法を学びましょう。

完成イメージ

　「Day 2 Lesson 2-5　ステップアップ フォトライブラリーから写真を取り込めるようにしよう」で作成したカメラアプリを修正し、エフェクトできるようにします。

　新しいカメラアプリは、「選択画面」でカメラかフォトライブラリーで写真を取得します。写真を取得したあとは「エフェクト編集画面」へ遷移し、エフェクトができるようになります。エフェクト後に「シェア」ボタンを押すと「シェア画面」が表示されます。

▼ アプリの完成イメージ

「エフェクト」ボタンを
タップすると
エフェクトする

「シェア」ボタンを
タップすると
UIActivityViewController
が開く

部品レイアウト

- 選択画面（ContentView.swift）、撮影画面（ImagePickerView.swift）、エフェクト編集画面（EffectView.swift）の各画面と連携します。
- エフェクト編集画面を作り、「エフェクト」「シェア」「閉じる」ボタンを追加します。
- エフェクト編集画面で「シェア」ボタンを追加するので、選択画面からは「SNSに投稿する」ボタンを削除します。

> **Point**
> SwiftUIの@State、@Bindingを使って画面間の連携方法を学びます。

ユーザー操作

- 「カメラを起動する」ボタンをタップするとカメラかフォトライブラリーで写真（画像）を取得します。
- 撮影後は、エフェクト編集画面に遷移して、エフェクトができます。
- エフェクトした写真は「シェア」ボタンをタップすることで、共有ができます。

> **Point**
> 「Core Image」はカメラアプリで定番となるエフェクト機能を実現できるフレームワークです。

Day 2 Lesson 3-2 エフェクト編集画面を作成しよう

このレッスンで学ぶこと

- プレビュー機能を利用したエフェクト編集画面の確認方法を学びます。
- **Core Image** によるエフェクト処理（画像処理）を学びます。

1 エフェクト編集画面を作成しよう

このレッスンでは「Day 2 Lesson 2-5 ステップアップ フォトライブラリーから写真を取り込めるようにしよう」で作成したカメラアプリを修正しながら学習します。ステップアップの学習がまだの方は、本書のサンプルアプリの「2_2/MyCamera/src_custom/」配下のプロジェクトをコピーしてからこのレッスンを初めてください。

このレッスンではエフェクト編集画面を作ります。そして、次のレッスンでは選択画面をエフェクト編集画面が利用できるようにカスタマイズします。

1-1 エフェクト編集画面の画面遷移と受け渡す素材

これから作るエフェクト編集画面を中心に画面の遷移と受け渡す素材について確認しましょう。これらの機能が満たせるようにプログラミングをします。

▼ エフェクト編集画面の画面遷移と受け渡す素材

Lesson 3-2 エフェクト編集画面を作成しよう

1-2 「EffectView.swift」ファイルを作成

エフェクト編集画面のコードを記述する EffectView.swift ファイルを追加しましょう。

▼ swift ファイルの作成

❶ <img> [ContentView.swift] の上で「control」キーを押しながらクリックしてサブメニューを表示します。
❷ サブメニューから [New File] を選択します。
❸ ファイルの種類を選択する画面で、[iOS] を選択します。
❹ <img> [SwiftUI View] を選択します。
❺ [Next] をクリックします。
❻ 作成するファイル名に「EffectView.swift」を入力します。
❼ [Create] でプロジェクトと同じディレクトリにファイルを作成します。

▼ 「EffectView.swift」を選択

❶ <img> 「EffectView.swift」を選択します。
❷ テンプレートとして記述されている青枠の箇所のコードを削除します。
削除をするとエラーが出力されますが、のちにコードを書くことでエラーが解消されますので、そのまま進めてください。

359

1-3 連携するための状態変数（プロパティ）の宣言

各画面と連携するための状態変数を宣言します。

赤枠のコードを追加しましょう。**エラーが発生しますが、のちにコードを書くことで解消されるので、このまま進んでください。**

状態変数や変数（var）、定数（let）は、構造体（struct）の中ではプロパティとも呼ばれます。

▼ 状態変数の追加

コード解説　これから、さきほど追加したコードをステップごとに説明します。

```
// エフェクト編集画面（sheet）の開閉状態を管理
@Binding var isShowSheet: Bool
```

エフェクト編集画面を表示しているsheetの表示を管理する状態変数です。エフェクト編集画面（EffectView）を利用するときに引数として渡されます。

エフェクト編集画面では、isShowSheetに「false」をセットすることで画面を閉じます。

@Bindingを指定することで、エフェクト編集画面を呼び出す選択画面（ContentView）の状態変数と双方向に連動します。

```
// 撮影した写真
let captureImage: UIImage
```

選択画面から編集する写真を受け取るための変数です。

captureImageには編集するための元写真が常に保存されています。状態の変化はおこらないので、通常の変数として宣言します。

```
// 表示する写真
@State var showImage: UIImage?
```

画面に表示するための写真を保存する状態変数です。エフェクト編集後は、編集済みの写真を保存します。

保存した写真が変化したときに View を更新したいので、状態変数 (@State) を指定しています。

1-4　表示する写真のレイアウト

エフェクト編集画面では、表示する写真 (showImage) があるときは、画面に写真を表示します。画面内に表示したい写真が収まるようにリサイズして表示します。

赤枠のコードを追加しましょう。

▼ 写真を表示するコード追加

```
18      var body: some View {
19          // 縦方向にレイアウト
20          VStack {
21              // スペース追加
22              Spacer()
23
24              if let showImage {
25                  // 表示する写真がある場合は画面に表示
26                  Image(uiImage: showImage)
27                  // リサイズする
28                      .resizable()
29                  // アスペクト比（縦横比）を維持して画面内に収まるようにする
30                      .scaledToFit()
31              } // ifはここまで        追加
32          } // VStackここまで
33      } // bodyここまで
34  } // EffectViewここまで
```

コード解説　これから、さきほど追加したコードをステップごとに説明します。

```
// 縦方向にレイアウト
VStack {
    （省略）
} // VStack ここまで
```

3 つのボタン「エフェクト」「シェア」「閉じる」を縦並びに配置しますので、VStack でレイアウトします。「VStack {}」の中にボタンを作ると縦並びで画面に表示されます。

```
if let showImage {
    （省略）
} // ifはここまで
```

showImage にはエフェクト編集後の写真がセットされます。エフェクト編集の処理はあとでコードを追加します。

showImage は写真がないときは「nil」がセットされていますので、写真がセットされているときのみ画面に写真を表示します。

Day 2 - Lesson 3　カメラアプリを作ろう［後半］―エフェクト機能の追加―

```
// 表示する写真がある場合は画面に表示
Image(uiImage: showImage)
    // リサイズする
    .resizable()
    // アスペクト比（縦横比）を維持して画面内に収まるようにする
    .scaledToFit()
```

写真（画像データ）の表示には、Image を使います。アスペクト比（縦横比）を維持して画面に収まるように表示します。

1-5　「エフェクト」「シェア」「閉じる」ボタンを追加

「エフェクト」「シェア」「閉じる」の各ボタンを配置します。ボタンのレイアウトは、これまでのレッスンで解説済みです。

まずは、「エフェクト」ボタンを作成しましょう。

赤枠のコードを追加しましょう。

追加する場所は、先程の追加した「if let showImage {...}」の下に追加します。

▼「エフェクト」ボタンの作成

```
29          // アスペクト比（縦横比）を維持して画面内に収まるようにする
30              .scaledToFit()
31      } // ifはここまで
32
33          // スペース追加
34      Spacer()
35          // 「エフェクト」ボタン
36      Button {
37          // ボタンをタップしたときのアクション
38      } label: {
39          // テキスト表示する
40          Text("エフェクト")
41          // 横幅いっぱい
42              .frame(maxWidth: .infinity)
43          // 高さ50ポイントを指定
44              .frame(height: 50)
45          // 文字列をセンタリング指定
46              .multilineTextAlignment(.center)
47          // 背景を青色に指定
48              .background(Color.blue)
49          // 文字色を白色に指定
50              .foregroundColor(Color.white)
51      } // 「エフェクト」ボタンここまで
52          // 上下左右に余白を追加
53      .padding()                          追加
54      } // VStackここまで
55  } // bodyここまで
```

362

Lesson 3-2　エフェクト編集画面を作成しよう

「シェア」ボタンの作成です。

赤枠のコードを追加しましょう。

追加する場所に注意してください。先程、追加した「エフェクト」ボタンの下に追加します。

「エフェクト」ボタンと同じく、追加するコードは、これまでのレッスンで解説済みです。ここでのコード解説は割愛します。

▼「シェア」ボタンの作成

```
        } // 「エフェクト」ボタンここまで
        // 上下左右に余白を追加
        .padding()

        // showImageをアンラップする
        if let showImage,
            // captureImageから共有する画像を生成する
            let shareImage = Image(uiImage: showImage) {
            // 共有シート
            ShareLink(item: shareImage, subject: nil, message: nil,
                        preview: SharePreview("Photo", image: shareImage)) {
                // テキスト表示
                Text("シェア")
                // 横幅いっぱい
                    .frame(maxWidth: .infinity)
                // 高さ50ポイント指定
                    .frame(height: 50)
                // 背景を青色に指定
                    .background(Color.blue)
                // 文字色を白色に指定
                    .foregroundColor(Color.white)
            } // ShareLinkここまで
            // 上下左右に余白を追加
            .padding()
        } // アンラップここまで                    追加
    } // VStackここまで
} // bodyここまで
```

「閉じる」ボタンの作成です。

赤枠のコードを追加しましょう。

追加する場所に注意してください。先程、追加した「シェア」ボタンの下に追加します。

▼「閉じる」ボタンの作成

```
        } // アンラップここまで

        // 「閉じる」ボタン
        Button {
            // ボタンをタップしたときのアクション
        } label: {
            // テキスト表示する
            Text("閉じる")
            // 横幅いっぱい
                .frame(maxWidth: .infinity)
            // 高さ50ポイントを指定
                .frame(height: 50)
            // 文字列をセンタリング指定
                .multilineTextAlignment(.center)
            // 背景を青色に指定
                .background(Color.blue)
            // 文字色を白色に指定
                .foregroundColor(Color.white)
        } // 「閉じる」ボタンここまで
        // 上下左右に余白を追加
        .padding()                              追加
    } // VStackここまで
} // bodyここまで
```

1-6　画面が表示されるときに表示用の写真をセット

エフェクト編集画面では写真を加工しますので、加工前と加工後の写真が保存できるようにします。captureImage では撮影後の写真（加工前の写真）を、showImage では表示用の写真（加工後の写真）を保存します。

363

Day 2 - Lesson 3　カメラアプリを作ろう［後半］－エフェクト機能の追加－

写真の加工処理（エフェクト編集）はあとでコードを追加します。

ここでは、画面が最初に表示されるときに captureImage の写真を showImage にセットすることで画面に写真を表示します。

以下の赤枠のコードを追加しましょう。「Vstack{...}」の次にコードを追加します。

onAppear モディファイアは、表示される**最初の1度だけ**実行されます。onAppear は「VStack{...}.onAppear{...}」と VStack のモディファイアとして指定されていますので、VStack が表示されるときに実行されます。

showImage の初期値として、captureImage の写真をセットします。

showImage は状態変数ですので、値が変更されると画面が再描画され、showImage にセットした写真が表示されます。

▼ 画面が表示されるときに写真をセット

```
 93          } // 「閉じる」ボタンここまで
 94          // 上下左右に余白を追加
 95          .padding()
 96      } // VStackここまで
 97      // 写真が表示されるときに実行される
 98      .onAppear {
 99          // 撮影した写真を表示する写真に設定
100          showImage = captureImage
101      } // .onAppearここまで
102  } // bodyここまで
```
追加

1-7　プレビュー機能で確認

エフェクト編集画面ではプレビュー機能を使って確認する方法を学びます。

「command + B」を押してビルドし、文法をチェックをします。以下のようにエラーが表示されます。

> **Point**
> ビルドはプログラムのコードをアプリとして実行できる状態に生成する工程です。このときに入力したコードの文法チェックも行われます。

このエラー以外のエラー（赤色）や警告（黄色）が表示される場合は、コードの入力ミスが考えられますので、もう一度、入力を確認してください。

エラーメッセージが画面に収まらないときは折りたたまれていますので、🔴赤いマークをクリックすると展開されてメッセージ全文が確認できます。

▼ ビルド後のエラー

364

エラーメッセージは「Missing arguments for parameters 'isShowSheet', 'captureImage' in call ...」と表示されていて、趣旨は「isShowSheet と captureImage を引数に指定する必要がある」ことを教えてくれています。

エラーメッセージが表示される理由を解説します。

「struct EffectView_Previews: PreviewProvider {...}」はプレビュー機能で使われるコードです。初期状態で「EffectView()」が記述されていますが、構造体 EffectView には下記のようにプロパティを追加しました。

▼ 構造体 EffectView のプロパティ

```
// エフェクト編集画面（sheet）の開閉状態を管理
@Binding var isShowSheet: Bool
// 撮影した写真
let captureImage: UIImage
// 表示する写真
@State var showImage: UIImage?
```

追加したプロパティで、isShowSheet と captureImage は初期値がセットされていません。showImage はデータ型が「UIImage?」でオプショナル型であるため「nil」が初期値で使われます。

初期値がセットされていない、isShowSheet と captureImage は構造体 EffectView を使用するときに初期値をセットする必要があります。初期値を指定せずに構造体 EffectView を利用すると今回のようなエラーメッセージが表示されます。

captureImage では撮影した写真をセットしますが、エフェクト編集画面のプレビュー機能では写真を撮影することはできません。そのため、プレビュー用の写真を用意して、captureImage にセットします。

次の手順でプレビュー用の写真をプロジェクトに取り込みます。

❶ [Navigator area] の 📁 [Preview Content] をクリックします。
❷ 🖼 [Preview Assets.xcassets] をクリックして選択します。

▼ プレビュー用の写真の取り込み

> ⚠️ **Point**
> 📁 [Preview Content] はプレビュー機能でのみ使うコンテンツを格納するフォルダです。🖼 [Preview Assets.xcassets] はプレビュー機能でのみ使う画像を格納します。

▼ プレビュー用の写真をドラッグ

　本書のサンプルアプリのフォルダ「2_3/MyCamera2/material/」の中にある「preview_use.jpg」を[Preview Assets.xcassets]のフォルダの中へドラッグ＆ドロップします。これでプロジェクトから「preview_use.jpg」を使えるようになります。

　プレビュー機能を利用するために EffectView を次のように修正します。

EffectView の引数 isShowSheet へ「true」をセットします。引数 isShowSheet は構造体 EffectView 内で「@Binding var isShowSheet: Bool」で宣言されているので、値をセットするには Binding 型である必要があります。constant メソッドを使用することで、Binding 型を生成しています。

▼ EffectView の修正

```
105  struct EffectView_Previews: PreviewProvider {
106      static var previews: some View {
107          EffectView(
108              isShowSheet: .constant(true),
109              captureImage: UIImage(named: "preview_use")!
110          )
111      }
112  }
```
修正

Binding.constant メソッドは、プレビューのようにテスト的に表示を確認したいときに Binding 型を作成できるので便利です。

▼ Binding.constant メソッドの引数

番号	引数名	内容
第一引数	value	true や false などの値を直接に設定します

　引数 captureImage には、さきほど追加したプレビュー用の写真（preview_use.jpg）をセットします。
　UIImage クラスは、画像を管理するクラスです。引数 captureImage は構造体 EffectView 内で「var captureImage: UIImage?」とオプショナル UIImage 型で宣言しているため、セットする写真も「!」を指定してオプショナル UIImage 型に変換します。

UIImage クラスは、named にプロジェクト内の画像ファイル名を指定すると、ファイルを読み込みます。

再度、「command + B」を押してビルドし、エラーが消えていることを確認します。

プレビュー画面でここまでの動きを確認しましょう。

❶ プレビュー画面で ↻ [Preview paused] ボタンが表示されているときはクリックします。

❷ ▶ [Live Preview] ボタンをクリックしてプレビューを実行します。写真が表示されていることを確認します。

▼ プレビューでの確認

COLUMN　Core Image とは？その特徴を理解しよう

これから画像のエフェクトをおこないますが、その前に「Core Image」の概要を理解しておきましょう。Core Image は、Apple が提供している画像の処理や解析をするためのフレームワークです。

▼ Core Image の利用

Day 2 - Lesson 3　カメラアプリを作ろう［後半］—エフェクト機能の追加—

　すでにたくさんの方が使っていると思いますが、iPhone のカメラで撮影したあとに写真にフィルタ処理を施すことで、いろいろなエフェクト（視覚効果）を楽しむことができるアプリがあります。このように写真にフィルタを適用してエフェクトを与えるということは、「Core Image」を使うことで実現できます。Core Image にはたくさんの機能があります。大きな特徴やよく使用するクラスを紹介します。

Core Image の特徴

- 170 種類以上のフィルタが標準で組み込まれている
- カスタムフィルタがあり、自分でフィルタを作ることができる
- 静止画はもちろん、動画にも視覚効果を与えることができる
- QR コードの解析や、顔検出といった画像解析も行える

よく使用するクラス

　Core Image にはたくさんのクラスが用意されています。比較的よく使われるのは次のクラスです。

▼ Core Image でよく使用するクラス

クラス	説明
CIContext	画像処理の結果から画像を生成したり、画像の解析を行ったりするためのコンテキスト。コンテキストとは直訳すると「文脈」という意味。ここでは処理の大きな流れ（区分け）を指定するときに使う。本書のようにフィルタを行う単純な機能のときは、「CIContext(options: nil)」と指定することだけ覚えておくこと。また、createCGImage メソッドで、Core Image 用の画像情報（CIImage）から表示用の画像（CGImage）を生成することができる
CIDetector	静止画や動画を解析して情報化するためのクラス。顔認識や QR バーコードなどで使用
CIFilter	1 つ以上の画像を入力として受け取り、フィルタを適用して新しい画像を生成するクラス。新しく生成される画像は、CIImage オブジェクト
CIImage	画像に関連するデータを管理するためのクラス。Core Image の各クラス（CIFilter、CIContext など）では、CIImage クラスで生成された CIImage オブジェクトを使用

368

Lesson 3-2 エフェクト編集画面を作成しよう

2 各ボタンのアクションを作成しよう

「エフェクト」「シェア」「閉じる」ボタンのアクションを作成します。

2-1 「エフェクト」ボタンのアクション

「エフェクト」ボタンのアクションでは、タップしたときに写真にフィルターを適用してエフェクト処理し、加工後の写真を保存します。

赤枠のコードを追加しましょう。追加するコードが多いので、分割して掲載します。コードを追加する場所は「エフェクト」ボタンの action です。

▼「エフェクト」ボタンのアクション追加 1

```
            // 「エフェクト」ボタン
            Button {
                // ボタンをタップしたときのアクション
                // フィルタ名を指定
                let filterName = "CIPhotoEffectMono"       追加
                // 元々の画像の回転角度を取得
                let rotate = captureImage.imageOrientation
                // UIImage形式の画像をCIImage形式に変換
                let inputImage = CIImage(image: captureImage)

                // フィルタの種別を引数で指定された種類を
                // 指定してCIFilterのインスタンスを取得
                guard let effectFilter = CIFilter(name: filterName) else {
                    return
                }
```

▼「エフェクト」ボタンのアクション追加 2

```
                // フィルタ加工のパラメータを初期化
                effectFilter.setDefaults()                 追加
                // インスタンスにフィルタ加工する元画像を設定
                effectFilter.setValue(
                    inputImage, forKey: kCIInputImageKey)
                // フィルタ加工を行う情報を生成
                guard let outputImage = effectFilter.outputImage else {
                    return
                }
```

▼「エフェクト」ボタンのアクション追加 3

```
                // CIContextのインスタンスを取得
                let ciContext = CIContext(options: nil)
                // フィルタ加工後の画像をCIContext上に描画し、
                // 結果をcgImageとしてCGImage形式の画像を取得
                guard let cgImage = ciContext.createCGImage(outputImage, from:
                    outputImage.extent) else {
                    return
                }
                // フィルタ加工後の画像をCGImage形式から
                // UIImage形式に変換。その際に回転角度を指定。
                showImage = UIImage(
                    cgImage: cgImage,
                    scale: 1.0,
                    orientation: rotate               追加
                )
            } label: {
                // テキスト表示する
                Text("エフェクト")
                // 横幅いっぱい
```

コード解説 これから、さきほど追加したコードをステップごとに説明します。

Core Image を使ってエフェクトします。

Day
2

3

369

Day 2 - Lesson 3　カメラアプリを作ろう［後半］―エフェクト機能の追加―

エフェクトの編集・変換の手順は多いです。次のイメージ図と見比べながら、コードの解説を読みすすめてください。

ここでのエフェクト処理は、フィルタを使って画像を加工する一連の手続きのことを意味しています。

▼ エフェクト処理イメージ図

また、画像の状態を管理するために複数の画像データ型が登場します。次に整理しますので、参考にしてください。

▼ 画像データ型（画像クラス）の一覧

画像データ型	特徴
UIImage	画面の表示部分（View）との連携で使用する。撮影した写真が格納される。UIKit フレームワークのクラス。長さと位置を指定する**単位には「point」**を使う
CIImage	Core Image フレームワークの機能を利用するために使われる
CGImage	画像加工やピクセル単位の処理を行うときに使用する。今回のフィルタでの加工処理も実施している。CoreGraphics フレームワークのクラス。長さと位置を指定する**単位には「pixcel」**を使う

```
// フィルタ名を指定
let filterName = "CIPhotoEffectMono"
```

370

Lesson 3-2　エフェクト編集画面を作成しよう

最初のフィルタをセットしています。今回は、モノクロにフィルタ加工します。
　あとで、「CIFilter(name:)」でフィルターのインスタンスを生成しますが、引数 name の値に filterName が使用されます。

Point

「CIFilter(name:)」で指定できるフィルタ名の一覧は、「2 フィルタの効果を確認しよう」(P.391) で掲載しています。

```
// 元々の画像の回転角度を取得
let rotate = captureImage.imageOrientation
```

「エフェクト処理イメージ図」の❶の処理です。
　画像に格納されている回転角度を取得します。本体を縦で撮影したのか横で撮影したのかの情報が格納されています。
　Core Image で使えるデータ型に変換する際に、画像の回転角度の情報は失われてしまいます。そのため、ここで画像の回転角度の情報を記憶しておきます。あとで、Core Image でフィルタ加工後に、画面へ画像を設定する際に回転角度も付加します。

Point

Core Image については、「COLUMN Core Image とは？その特徴を理解しよう」(P.367) で解説しています。

```
// UIImage形式の画像をCIImage形式に変換
let inputImage = CIImage(image: captureImage)
```

「エフェクト処理イメージ図」の❷の処理です。
　captureImage には撮影した直後の写真（画像）が保存されています。
　captureImage の画像は、画面への表示用のデータ型である UIImage 型です。
　Core Image で処理するためには専用のデータ型である CIImage 型に変換する必要があります。
　UIImage 型から CIImage 型へ変換するということは、UIImage クラスから CIImage クラスに変換することです。クラスが変わると持っている機能もかわります。

Point

UIImage 型から CIImage 型に変換するときに、画像の回転角度（縦撮影、横撮影）は失われるため、変換前に回転角度は記憶しておきます。それが「エフェクト処理イメージ図」の❶の処理です。

371

Day 2 - Lesson 3　カメラアプリを作ろう［後半］―エフェクト機能の追加―

```
// フィルタの種別を引数で指定された種類を
// 指定してCIFilterのインスタンスを取得
guard let effectFilter =
    CIFilter(name: filterName) else {
    return
}
```

「エフェクト処理イメージ図」の❸の処理です。

CIFilter クラスは、引数にフィルタ名を指定して、そのフィルタのインスタンスを生成します。のちほど、ここで生成したフィルタに画像を設定して、エフェクト処理を施します。

Point

「guard let 文」は、オプショナル変数（nil を保存できる変数）を安全に値を取りだすための方法（アンラップ）です。「if let 文」のときは「アンラップできたら」という条件判断でしたが、「guard let 文」はその逆で「アンラップできないときは」という条件判断で分岐処理を行います。

書式

```
guard let アンラップ変数 = オプショナル変数 else {
    オプショナル変数に値がないときに実行される
}
```

オプショナル変数に値がないときに実行される箇所には、「return」などプログラムが終了する命令のみを記載できます。

```
// フィルタ加工のパラメータを初期化
effectFilter.setDefaults()
```

「エフェクト処理イメージ図」の❹の処理です。

CIFilter のインスタンスに、エフェクトで必要なパラメータのデフォルト値を設定します。今回はデフォルト値をそのまま使います。デフォルト値以外を使いたい場合は、必要に応じて設定する必要があります。

```
// インスタンスにフィルタ加工する元画像を設定
effectFilter.setValue(
    inputImage, forKey: kCIInputImageKey)
```

Lesson 3-2 エフェクト編集画面を作成しよう

「エフェクト処理イメージ図」の❺の処理です。

inputImage には CIImage 型に変換した編集前の画像が保存されています。

CIFilter のインスタンスにエフェクトする対象の画像を設定します。

```
// フィルタ加工を行う情報を生成
guard let outputImage =
    effectFilter.outputImage else {
    return
}
```

「エフェクト処理イメージ図」の❻の処理です。

この段階ではまだフィルタで加工はされていません。

ここでは、フィルタでの加工に必要な画像やフィルタ名、加工のオプションを outputImage にまとめています。outputImage は、CIImage 型として出力されます。

```
// CIContextのインスタンスを取得
let ciContext = CIContext(options: nil)
```

CIContext のインスタンスを取得します。

CIContext は、フィルタでの加工をするときに、加工するための作業領域を確保することができます。確保した作業領域でフィルタ加工をおこない、加工後の画像を生成します。

```
// フィルタ加工後の画像をCIContext上に描画し、
// 結果をcgImageとしてCGImage形式の画像を取得
guard let cgImage =
    ciContext.createCGImage(
        outputImage, from: outputImage.extent)
    else {
    return
}
```

「エフェクト処理イメージ図」の❼の処理です。

CIContext の createCGImage メソッドを使って、フィルタ加工後の画像を生成します。

引数に CIImage 形式の画像（outputImage）と、画像の描画範囲（ここでは全体）を設定します。

生成された画像はフィルタ加工済みになり、CGImage 形式の画像で管理されます。

オプショナル変数として画像を取り出すので、「guard let 文」を用いてアンラップしています。

373

Day 2 - Lesson 3 カメラアプリを作ろう［後半］―エフェクト機能の追加―

▼ createCGImage メソッドの引数

番号	引数名	内容
第一引数	image	CIImage 型（CIImage クラス）の画像をセットします。Core Image の画像オブジェクトです
第二引数	from	レンダリングする画像の領域

```
// フィルタ加工後の画像をCGImage形式から
// UIImage形式に変更。その際に回転角度を指定。
showImage = UIImage(cgImage: cgImage,
                    scale: 1.0,
                    orientation: rotate)
```

「エフェクト処理イメージ図」の❽の処理です。

フィルタ加工済みの画像が CGImage 形式であるため、Image View で描画できる UIImage 形式に変換しながらセットします。

引数に CGImage 画像と、拡大倍率（ここでは等倍指定）、回転角度を設定します。

回転角度（orientation）は、今回のエフェクト処理の最初で記憶していた変数 rotate をセットします。ここで rotate をセットすることで、加工前の画像と同じ方向で画面に表示されるようになります。

▼ UIImage(cgImage:scale:orientation:) イニシャライザ の引数

番号	引数名	内容
第一引数	cgImage	CGImage 型（CGImage クラス）の画像をセットします
第二引数	scale	画像データを理解するときに想定する倍率。1.0 で元の画像と同じサイズで出力
第二引数	orientation	画像データの向き。画面に表示するときの向きになる

2-2 「閉じる」ボタンのアクションを作る

以下の赤枠のコードを追加しましょう。

状態変数 isShowSheet に「toggle()」を実行すると、「isShowSheet」の値が「false」に設定して、エフェクト編集画面を閉じて、選択画面に戻ります。「閉じる」ボタンをタップしたときにエフェクト編集画面を閉じます。

▼ エフェクト編集画面を閉じる

```
113        // 「閉じる」ボタン
114        Button {
115            // ボタンをタップしたときのアクション
116            // エフェクト編集画面を閉じる        追加
117            isShowSheet.toggle()
118        } label: {
119            // テキスト表示する
120            Text("閉じる")
```

Lesson 3-2　エフェクト編集画面を作成しよう

2-3　プレビューで確認

［Live Preview］では、「エフェクト」ボタン、「シェア」ボタンは動きます。
「エフェクト」ボタンをタップするとモノクロになることを確認します。
「シェア」ボタンをタップしたときに、画面下から sheet が表示されることを確認します。

▼ プレビューで確認

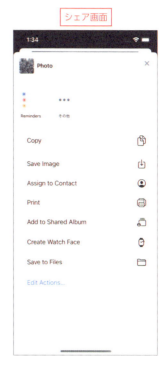

Day 2 Lesson 3-3 選択画面をカスタマイズし、エフェクト機能を追加しよう

このレッスンで学ぶこと

- sheet モディファイアで画面を表示する方法を学びます。
- 写真の状態に応じて、他の画面へ遷移する方法を学びます。

1 選択画面をカスタマイズしよう

カメラアプリを完成させるために、必要な残りの作業を考えてみましょう。

▼ 選択画面と他の画面の連携と必要な修正

Lesson 3-3　選択画面をカスタマイズし、エフェクト機能を追加しよう

　エフェクト機能を利用するために、選択画面を中心に撮影画面・フォトライブラリー画面の各画面を修正します。この修正後に、撮影画面（フォトライブラリー画面）で写真を取得後に、エフェクト編集画面で加工して、シェア画面でシェアするという、一連の流れで動くカメラアプリができます。

　アプリが起動した直後の画面である選択画面をカスタマイズします。エフェクト機能は、前のレッスンで作成した EffectView（EffectView.swift）を呼び出すことで実現します。

　Xcode で「ContentView.swift」を選択します。

▼ ContentView.swift の選択

1-1　シェア機能の削除

　今回のレッスンでは、エフェクト後にシェアできるようにします。シェア機能は、エフェクト編集画面（EffectView.swift）でコードを追加しました。選択画面（ContentView.swift）では不要のために削除します。

　以下の青枠のコードを削除しましょう。

▼「SNS に投稿する」ボタンの削除

```
102            } // .onChange ここまで
103
104            // captureImageをアンラップする
105            if let captureImage,
106               // captureImageから共有する画像を生成する
107               let shareImage = Image(uiImage: captureImage) {
108               // 共有シート
109               ShareLink(item: shareImage, subject: nil, message: nil,
110                         preview: SharePreview("Photo", image: shareImage)) {
111                   // テキスト表示
112                   Text("SNSに投稿する")
113                   // 横幅いっぱい
114                       .frame(maxWidth: .infinity)
115                   // 高さ50ポイント指定
116                       .frame(height: 50)
117                   // 背景を青色に指定
118                       .background(Color.blue)
119                   // 文字色を白色に指定
120                       .foregroundColor(Color.white)
121                   // 上下左右に余白を追加
122                       .padding()
123               } // ShareLinkここまで
124            } // アンラップここまで
125        } // VStackここまで
126    } // bodyここまで
127 } // ContentViewここまで
```

Day 2 - Lesson 3 カメラアプリを作ろう［後半］－エフェクト機能の追加－

1-2　撮影後の写真表示を削除

選択画面では撮影画面で撮影された写真を表示していました。これもエフェクト編集画面で行いますので削除します。

青枠のコードを削除しましょう。

▼ 写真を表示する機能を削除

```
19  var body: some View {
20      VStack {
21          // スペース追加
22          Spacer()
23          // 撮影した写真があるとき
24          if let captureImage {
25              // 撮影写真を表示
26              Image(uiImage: captureImage)
27              // リサイズ
28                  .resizable()
29              // アスペクト比（縦横比）を維持して画面に収める
30                  .scaledToFit()      削除
31          }
32
33          // スペース追加
34          Spacer()
35          // 「カメラを起動する」ボタン
36          Button {
```

1-3　写真の状態を確認してから次の画面へ遷移

写真があるときとないときで画面の遷移先を変更します。

写真がないときは、撮影画面もしくはフォトライブラリー画面へ遷移して、すでに写真があるときはエフェクト編集画面へ遷移します。

以下の赤枠のコードを追加しましょう。

「カメラを起動する」ボタンをタップしたときに、captureImage は常に「nil」をセットして初期化します。「フォトライブラリーから選択する」をタップした後写真選択後に、captureImage を一旦「nil」をセットして初期化します。ここで初期化しておくことで、あとで追加するコードで写真があるときとないときで動作の振り分けができるようになります。

▼ 写真を保存する変数の初期化

```
23          // 「カメラを起動する」ボタン
24          Button {
25              // ボタンをタップしたときのアクション
26              // カメラが利用可能かチェック
27              if UIImagePickerController.isSourceTypeAvailable(.camera) {
28                  print("カメラは利用できます")
29                  // 撮影写真を初期化する
30                  captureImage = nil        追加
31                  // カメラが使えるなら、isShowSheetをtrue
32                  isShowSheet.toggle()
33              } else {
34                  print("カメラは利用できません")
35              }
```

▼ 写真を選択後に変数の初期化

```
      // 選択した写真情報をもとに写真を取り出す
      .onChange(of: photoPickerSelectedImage) { photosPickerItem in
          // 選択した写真があるとき
          if let photosPickerItem {
              // Data型で写真を取り出す
              photosPickerItem.loadTransferable(type: Data.self) { result in
                  switch result {
                  case .success(let data):
                      // 写真があるとき
                      if let data {
                          // 撮影写真を初期化する
                          captureImage = nil        追加
                          // 写真をcaptureImageに保存
                          captureImage = UIImage(data: data)
                      }
                  case .failure:
                      return
                  }
              }
          }
      } // .onChange ここまで
```

378

以下のようにコードを変更しましょう。変更する箇所に注意してください。「カメラを起動する」ボタンの sheet モディファイアを変更します。変更前と変更後のコードを掲載しますのでよく確認して修正しましょう。

▼ 写真の有無による遷移先の出し分け（変更前と変更後）

```
            } // 「カメラを起動する」ボタンここまで
            // 上下左右に余白を追加
            .padding()
            // sheetを表示
            // isPresentedで指定した状態変数がtrueのとき実行
            .sheet(isPresented: $isShowSheet) {            変更前
                // UIImagePickerCntroller (写真撮影) を表示
                ImagePickerView(isShowSheet: $isShowSheet, captureImage: $captureImage)
            } // 「カメラを起動する」ボタンのsheetここまで

            // フォトライブラリーから選択する
            PhotosPicker(selection: $photoPickerSelectedImage, matching: .images,
                preferredItemEncoding: .automatic, photoLibrary: .shared()) {
```

```
            } // 「カメラを起動する」ボタンここまで
            // 上下左右に余白を追加
            .padding()
            // sheetを表示
            // isPresentedで指定した状態変数がtrueのとき実行
            .sheet(isPresented: $isShowSheet) {            変更後
                if let captureImage {
                    // 撮影した写真がある→EffectViewを表示する
                    EffectView(isShowSheet: $isShowSheet, captureImage: captureImage)
                } else {
                    // UIImagePickerCntroller (写真撮影) を表示
                    ImagePickerView(isShowSheet: $isShowSheet, captureImage: $captureImage)
                }
            } // 「カメラを起動する」ボタンのsheetここまで

            // フォトライブラリーから選択する
            PhotosPicker(selection: $photoPickerSelectedImage, matching: .images,
                preferredItemEncoding: .automatic, photoLibrary: .shared()) {
```

 コード解説 これから、さきほど変更したコードをステップごとに説明します。

撮影画面（フォトライブラリー画面）とエフェクト編集画面の両方とも、「カメラを起動する」ボタンの sheet モディファイアから画面を表示します。

```
if let captureImage {
    （省略）
} else {
    （省略）
}
```

状態変数 captureImage がアンラップに成功した（nil でない値が取り出せた）場合は、その値が captureImage に格納され、条件結果が「true」になります。captureImage に写真があるので、エフェクト編集画面（EffectView）へ遷移します。

captureImage が nil のときは条件結果が「false」になるために、else 節が実行されます。撮影画面でカメラ撮影をする、もしくはフォトライブラリー画面から写真を読み込みます。

```
// 撮影した写真がある→EffectViewを表示する
EffectView(
    isShowSheet: $isShowSheet,
    captureImage: captureImage)
```

前のレッスンで作成したエフェクト編集画面（EffectView）を追加します。

エフェクト編集画面で写真を加工し、エフェクト編集画面からシェア画面へ加工済みの写真を引き渡しつつ、遷移します。そのため、選択画面（ContentView）では加工後（エフェクト編集後）の写真を利用しません。

選択画面ではエフェクト編集画面と写真の共有はしないため、エフェクト編集画面では「let captureImage: UIImage」と通常のプロパティで宣言したことを思い出してください。

▼ エフェクト編集画面での captureImage の宣言

選択画面では、captureImage は状態変数で宣言されています。エフェクト編集画面の引数 captureImage には「captureImage!」と状態変数に「$」をつけずにセットしています。状態変数の参照ではなく、写真画像データそのものをエフェクト編集画面へ渡していることを理解してください。

2 写真を取得後にエフェクト編集画面へ遷移できるようにしよう

撮影画面（フォトライブラリー画面）とエフェクト編集画面とも「カメラを起動する」ボタンの sheet モディファイアで画面を表示しています。

今のままでは写真を取得後に sheet が閉じてしまい、エフェクト編集画面まで表示されない問題があります。この問題を理解するために、実機転送をしてアプリを動かしてみましょう。

Lesson 3-3　選択画面をカスタマイズし、エフェクト機能を追加しよう

Day
2

3

▼ エフェクト編集画面が表示されない

　カメラで撮影後の写真で［Use Photo］をタップして確定すると、選択画面に戻ってしまい、エフェクト編集画面が表示されません。［Use Photo］をタップしたあとは、エフェクト編集画面が表示されるのが正しい動きです。
　この問題は、撮影が終わったときにsheetを閉じてしまっていることが原因です。撮影後captureImageに写真がある場合は、sheetを再度開くように追加します。

🍂「ContentView.swift」を選択します。

以下の赤枠のコードを追加しましょう。

▼ captureImageに写真がある場合、sheetを開く

```
                } // .onChange ここまで
            } // VStackここまで
            // 撮影した写真を保持する状態変数が変化したら実行する
            .onChange(of: captureImage) { image in
                if let _ = image {
                    // 撮影した写真がある→EffectViewを表示する
                    isShowSheet.toggle()
                }
            } // .onChange ここまで
        } // bodyここまで
    } // ContentViewここまで
```

381

Day 2 - Lesson 3　カメラアプリを作ろう [後半] ―エフェクト機能の追加―

　コード解説　これから、さきほど追加したコードをステップごとに説明します。

```
.onChange(of: captureImage) { image in
    (中略)
} // .onChange ここまで
```

状態変数 captureImage が変化すると、クロージャ引数の image に新しい値が格納され、クロージャが実行されます。
写真が格納されたときに実行されます。

```
if let _ = image {
    // 撮影した写真がある→EffectViewを表示する
    isShowSheet.toggle()
}
```

撮影した写真を取り出しています。
captureImage は、起動直後は写真がない状態です。このように写真がない（値がない）こともある変数を「オプショナル変数」と呼びます。オプショナル変数を安全に参照するには、「アンラップ」という処理をします。
「オプショナル」や「アンラップ」に関しては、「COLUMN　オプショナル型とアンラップを理解しよう」（P.194）でも学びました。
ここでは「写真があるのか？」を確認したいだけで、写真は利用しません。そのため、アンラップして取り出した写真を利用しない（省略する）意味で、_（アンダーバー）に代入しています。
写真があるときに isShowSheet を「toggle()」を実行して値が「true」に変化することで、選択画面からエフェクト編集画面が表示されます。

以上でカスタマイズは終了です。
「command+B」を押してビルドが正常に終了することを確認します。
実機転送をおこない、完成イメージを参考に動作を確認しましょう。
シェア画面から Twitter などの SNS への投稿が失敗する場合があります。

失敗する原因は画像サイズです。SNS では投稿できる画像サイズが決められています。
SNS への投稿が失敗する場合は、次の「COLUMN カメラアプリで撮影した写真の画像サイズ調整」を参考に画像をリサイズする処理を追加してください。

Lesson 3-3　選択画面をカスタマイズし、エフェクト機能を追加しよう

COLUMN　カメラアプリで撮影した写真の画像サイズ調整

　SNSでは投稿ができる写真の画像サイズがあらかじめ決められています。そのために、カメラアプリで撮影した写真の内容によっては、SNSへの投稿が失敗することがあります。

　特に、カメラの性能が高い機種では、画素数も高いために失敗することが多くなります。

　一般的なアプリでは、カメラで撮影した画像サイズをアプリ内で調整することで解決します。

　本書でも、写真の画像サイズを調整するコードを記述します。ですが、本書で取り扱う内容としては高度な内容であるために、細かな説明は割愛します。まずは手を動かして頂いて、「このような方法もある」ぐらいの感覚で作業をすすめてください。

　今回は、既存のクラスを拡張するExtension（エクステンション）を用いて、画像を縮小するメソッドを作ります。

1　新しいswiftファイルを追加しましょう

❶　[ContentView.swift]の上で、「control」キーを押しながらクリックしてサブメニューを表示します。

❷　サブメニューの中から［New File…］を選択します。

▼ 新しいswiftファイルを追加

追加するファイルの種類を選択します。

▼ 追加するファイルの種類を選択

❶ OS の種類で［iOS］を選択します。
❷ [Swift File] を選択します。
❸ [Next] をクリックします。

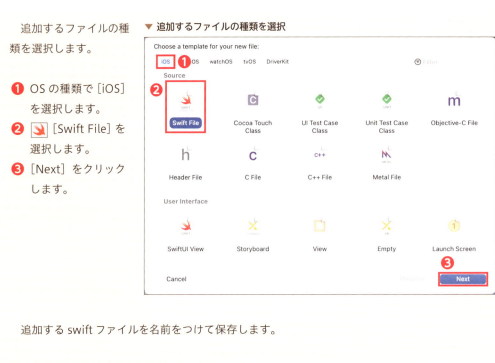

追加する swift ファイルを名前をつけて保存します。

❶ [Save As] に「UIImageExtension.swift」と入力します。
❷ [Create] をクリックすると、新しいファイル「UIImageExtension.swift」が作成されます。

新しいファイル「UIImageExtension.swift」が追加されていることを確認します。

▼ UIImageExtension.swift

2　画像サイズを縮小するリサイズ機能を作成してみよう

写真の画像サイズを横幅1024pxへ縮小するリサイズ機能を作ります。

リサイズするための詳しい解説は割愛しますが、右図のような手順でリサイズを行います。

▼ 画像サイズをリサイズする手順

元の画像の横幅から1024になるための縮小率を求める

元の画像の長さを縮小率を用いて縮小画像の長さを求める

縮小画像の長さと幅で描画しその画像を返却する

先程、追加した「UIImage Extension.swift」がエディタで表示されていますので、赤枠の箇所のコードを入力してください。

これで、画像サイズのリサイズ機能が完成しました。

▼ 画像をリサイズするためのコードを追加

```swift
import Foundation
import UIKit

extension UIImage {
    func resized() -> UIImage? {
        let rate = 1024.0 / self.size.width
        let rect = CGRect(x: 0,
                          y: 0,
                          width: self.size.width * rate,
                          height: self.size.height * rate)
        
        UIGraphicsBeginImageContext(rect.size)
        self.draw(in: rect)
        let image = UIGraphicsGetImageFromCurrentImageContext()
        UIGraphicsEndImageContext()
        
        return image
    }
}
```
追加

3 リサイズ機能を利用する方法

今回作成したリサイズ機能を利用するための方法を解説します。

カメラアプリで SNS へのシェア機能を修正します。撮影した画像を引き渡す際に「.resized()」を追加します。これにより、画像を利用する際に、Extension で追加したリサイズの機能で、画像サイズを縮小したのちに利用できるようになります。

具体的には、次のページで掲載されている sheet モディファイアの ActivityView の引数を修正します。

3-1 「Lesson2-4 2 シェア機能を追加しよう」（P.343）

「ContentView.swift」で記述している ActivityView への引数を修正します。

▼「シェア画面を表示させるコード追加」へのリサイズ機能の追加

```
102        } // .onChange ここまで
103
104        // captureImageをアンラップする
105        if let captureImage = captureImage?.resized(),     ← 追加
106           // captureImageから共有する画像を生成する
107           let shareImage = Image(uiImage: captureImage) {
108             // 共有シート
109           ShareLink(item: shareImage, subject: nil, message: nil,
110                     preview: SharePreview("Photo", image: shareImage)) {
```
ContentView.swift

3-2 「1-5 「エフェクト」「シェア」「閉じる」ボタンを追加」（P.363）

「EffectView.swift」で記述している ActivityView への引数を修正します。

▼「sheet モディファイアの追加」へのリサイズ機能の追加

```
119        } // 「エフェクト」ボタンここまで
120        // 上下左右に余白を追加
121        .padding()
122
123        // showImageをアンラップする
124        if let showImage = showImage?.resized(),     ← 追加
125           // captureImageから共有する画像を生成する
126           let shareImage = Image(uiImage: showImage) {
127             // 共有シート
128           ShareLink(item: shareImage, subject: nil, message: nil,
129                     preview: SharePreview("Photo", image:
                           shareImage)) {
```
EffectView.swift

Day 2 Lesson 3-4 ステップアップ📈
エフェクト編集画面でフィルタの種類を増やそう

このレッスンで学ぶこと

- 複数のフィルタの切り替え順番を配列で管理することで、配列の使い方を学びます。
- Core Image での代表的なフィルタ種類を学びます。

完成イメージ

エフェクト編集画面で、「エフェクト」ボタンをタップするたびに、別のフィルタを適用して写真を加工します。

▼ ステップアップでの完成イメージ

「エフェクト」ボタンをタップするたびにフィルタが変化する。

1 カスタマイズしてみよう

たくさんのフィルタの種類を扱うため、配列を使って管理します。

プログラムでは、フィルタのモノクロは 0 番というように、取り扱うフィルタをナンバリングします。

そのフィルタの番号がそのまま配列の添字になります。「エフェクト」ボタンがタップされるたびに添字が更新されて、画像のエフェクトがはじまります。

まずは、フィルタの種類を管理する配列から作成しましょう。

> **Point**
>
> 配列の基本的な使い方は、「COLUMN 配列（Array）について」（P.224）で解説しています。

1-1　フィルタを管理するための配列と変数を作成

「EffectView.swift」を選択します。

▼「EffectView.swift」を選択

EffectView.swift へ、赤枠のコードを追加しましょう。

フィルタ名を列挙した配列 filterArray を作成します。配列の各要素は「""（ダブルクォーテーション）」で囲まれた文字列を示しています。フィルタ名を文字列で指定していますので、文法チェックがされないため、入力ミスに注意してください。大文字小文字を区別して入力します。

選択されているフィルタを記憶するのが変数 filterSelectNumber です。初期値は「0」ですので、配列 filterArray で 0 番目のモノクロのフィルタ（CIPhotoEffectMono）を選択します。

▼ フィルタを管理する配列と変数の追加

1-2　フィルタの配列を使うためのカスタマイズ

配列 filterArray を利用して別のフィルタでも加工ができるようにプログラムを修正します。
以下の赤枠のコードを変更・追加しましょう。

▼ 配列 filterArray の利用

```
        // 「エフェクト」ボタン
        Button {
            // ボタンをタップしたときのアクション
            // フィルタ名を配列から取得                              変更
            let filterName = filterArray[filterSelectNumber]

            // 次回に適用するフィルタを決めておく
            filterSelectNumber += 1
            // 最後のフィルタまで適用した場合
            if filterSelectNumber == filterArray.count {
                // 最後の場合は、最初のフィルタに戻す
                filterSelectNumber = 0                            追加
            }

            // 元々の画像の回転角度を取得
            let rotate = captureImage.imageOrientation
```

コード解説　これから、さきほど追加したコードをステップごとに説明します。

// フィルタ名を配列から取得
`let filterName = filterArray[filterSelectNumber]`

「エフェクト」ボタンをタップしたときに、今回、適用できるフィルタ名を取得しています。
最初は、filterSelectNumber に「0」がセットされているので、配列 filterArray から「"CIPhotoEffect Mono"」が取得できます。
配列の添字を示す filterSelectNumber を変更することで、配列 filterArray からフィルタ名を取り出します。

// 次回に適用するフィルタを決めておく
`filterSelectNumber += 1`

次回に「エフェクト」ボタンをタップされたときのフィルタをここで決めています。
filterSelectNumber はフィルタを適用する番号です。「+1」と加算すると、次回に使うフィルタを指定できます。
「filterSelectNumber += 1」は、「filterSelectNumber = filterSelectNumber + 1」と同じ意味です。

Day 2 - Lesson 3　カメラアプリを作ろう［後半］―エフェクト機能の追加―

⚠ Point

「+=」は、代入演算子「=」、算術演算子「+」の式をシンプルにした書き方です。非常によく利用されますので、慣れておきましょう。

四則演算の場合は、次のようにシンプルに記述することができます。

```
a += 1  // a = a + 1  1 を加算
a -= 1  // a = a - 1  1 を減算
a *= 1  // a = a * 1  1 を乗算
a /= 1  // a = a / 1  1 で除算
```

```
// 最後のフィルタまで適用した場合
if filterSelectNumber == filterArray.count {
    // 最後の場合は、最初のフィルタに戻す
    filterSelectNumber = 0
}
```

filterSelectNumber は、次のフィルタをセットするために常に「+1」加算されます。

配列 filterArray では、フィルタは 9 つしか用意していません。

そのため、filterSelectNumber の数字を、配列 filterArray で用意している範囲を越えた場合に、最初の値「0」に戻します。

もう少し、細かく解説します。

フィルタの適用番号（添字）とフィルタの数（要素数）が、1 つずれていることに注意してください。

filterArray.count は、配列の要素数（フィルタの数）がわかります。種類は 9 つありますので、9 という数値が取得できます。

配列 filterArray の添字を示す、filterSelectNumber は 0 からカウントしていますので、8 が「"Sepia Tone"」の最後のフィルタを示します。ですので、9 になるとフィルタがありません。

「filterSelectNumber == filterArray.count」と比較することで、フィルタが最後まで適用されたことが判定できます。フィルタが最後まで適用されたときは、filterSelectNumber に「0」をセットして最初のフィルタに戻します。

これでアプリは完成です。実機転送を行い完成イメージを参考に動作を確認してください。

Lesson 3-4 エフェクト編集画面でフィルタの種類を増やそう

2 フィルタの効果を確認しよう

このレッスンで利用したフィルタには、次のような効果があります。

▼ フィルタと効果

これでアプリは完成し、ステップアップは終了です。

Day 2 - Lesson 3　カメラアプリを作ろう [後半] ―エフェクト機能の追加―

> **Tips**

● iPhone の画面を常に縦方向で固定する方法

iPhone を横向けに傾けたとしても、画面は縦方向で固定したいことがあります。

次の手順で、縦方向に固定できます。

▼ 縦方向 (Portrait) の設定

❶ ![]プロジェクトを選択します。

❷ [PROJECT] と [TARGETS] が表示されていないときは、[ ] ボタンをクリックして表示させます。

❸ [TARGETS] の [MyCamera] を選択します。

❹ [General] を選択します。

❺ [Deployment Info] カテゴリの [iPhone Orientation] の「Portrait」のみをチェックします。

　※「Portrait」以外はチェックしない。

Orientation の内容は、以下の表を確認してください。

▼ Orientation の日本語訳

Orientation	画面の表示方向 (ホームボタンの位置)
Portrait	縦方向 (下)
Upside Down	縦方向 (上)
Landscape Left	横方向 (左)
Landscape Right	横方向 (右)

　[Landscape Left] や [Landscape Right] のみチェックすることで横方向に固定することもできます。

● Apple の公式ドキュメントを翻訳して読んでみよう

SwiftUI で登場した Text の公式ドキュメントをみてみましょう。

SwiftUI：Text - Apple Developer
https://developer.apple.com/documentation/swiftui/text

Safari を使って上記のリンクを表示してみましょう。

▼ Apple 公式ドキュメント「Text」

Safari の翻訳機能を利用すると自然な日本語に翻訳され、わかりやすいです。Safari の翻訳機能を使ってみましょう。

❶ 英語表示されたサイトを Safari で表示すると、スマート検索フィールドに「翻訳」ボタンが表示されます。「翻訳」ボタンを選択します。

❷ 「日本語に翻訳」を選択します。

▼ Safari で Web ページを翻訳

さきほどの公式ドキュメントが、日本語に翻訳されたことを確認しましょう。

このように Safari の翻訳機能を利用することで、ネット検索で情報を得やすくなります。ぜひ、活用してください。

▼ 翻訳した Apple 公式ドキュメント「Text」

メソッドの引数ラベルと引数ラベル省略「_（アンダースコア）」について

　メソッドのラベルは名前付き引数とも言われます。メソッドの呼び出し側でより引数をわかりやすくするために使います（ラベルを省略した場合は引数名がラベルとして扱われる）。
　次のcalcSumメソッドのように、メソッドを呼び出す側でラベルを指定することにより、引数の意味を理解しやすくしています。

▼ 引数の意味

```
// 合計：数量×単価
func calcSum(quantity qt: Int, price pc: Int) -> Int {
    return qt * pc // メソッド内では引数を使う
}
// メソッドを呼び出す側
// 第一引数をquantity，第二引数をpriceで呼び出し
calcSum(quantity: 2, price: 300)
```

　もしメソッド名から引数の意味がわかる場合は、引数ラベル省略「_（アンダースコア）」を利用して呼び出す側でラベルを省略することができます。
　しかし引数ラベルを省略すると、あとでわかりづらいプログラムになる可能性があるので注意が必要です。

▼ 引数ラベルの省略

```
// デバッグエリアに文字を表示する
func debugMessage(_ message: String) {
    print("\(message)")
}
// メソッドを呼び出す側
debugMessage("デバッグエリアに文字を表示します")
```

　ラベルもそうですが、変数名やメソッド名も、どんなデータを保持しているのか、どんな処理をしているのかについて直感的に理解できる名前を付けることが望まれます。
　コードを書いたときはその処理の内容を覚えていますが、直感的ではない名前をつけてしまうと、ときが経てば自分自身でも思い出すのが大変です。
　さらに、会社で開発するような複数人で開発する場合には、他の人にはもっと伝わりづらくなるので、直感的な名前にするように心がけましょう。

Lesson 4

お菓子検索アプリを作ろう
―Web API と JSON の使い方を学ぶ―

おかし検索

 Lesson 4-1
完成をイメージしよう

Lesson 4-2
Web API と JSON について学ぼう

Lesson 4-3
データ取得用のカスタムクラスを作成しよう

Lesson 4-4
キーワードを入力してお菓子データを取得しよう

 Lesson 4-5
取得したお菓子データを List で一覧表示してみよう

📈 ステップアップ

Lesson 4-6

お菓子の一覧をタップして、
Web ページを表示してみよう

iOS アプリでインターネットを通してデータを取得できると、作りたいアプリの可能性が広がります。
　お菓子に関するキーワードが入力されたら、インターネットからお菓子の情報を取得し、アプリの画面に表示するお菓子検索アプリを作ります。

Day 2　Lesson 4-1　完成をイメージしよう

このレッスンで学ぶこと

- お菓子検索アプリの完成イメージから、アプリの操作やアプリでできることを理解します。
- 検索窓を設置したり、キーワードでお菓子を探してタイトルを一覧表示したりといった、作業の予測を立てます。

完成イメージ

　お菓子検索アプリは、お菓子に関するキーワードの入力が終わると、インターネットからキーワードを含むお菓子の情報を取得します。
　取得したお菓子の情報を整理して、お菓子の画像と名称を一覧で表示します。お菓子の情報の検索と取得には、「お菓子の虜 Web API」を活用します。

部品レイアウト

- 検索するキーワードを入力するための View である、TextField を配置します。
- 検索結果を一覧表示するための View である List を配置します。
- @StateObject プロパティを利用して、外部ファイルから取得したデータを自動で一覧に表示する方法を学びます。

 Point

@StateObject は、@State と利用方法が似ていますが、外部のファイルから複数のデータを扱うことができる違いがあります。

 ユーザー操作

- TextField でキーワードを入力します。
- キーワードを含むお菓子の情報が取得されて、List に一覧で表示されます。

 Point

TextField に入力されたキーワードを受け取り、Web API を利用してリクエスト（要求）を送ります。リクエストのレスポンス（結果）として、データ（JSON）を取得します。
データは変換して必要な情報を取り込み、お菓子の画像とタイトルを List へセットします。
@StateObject や、@State、@Binding（プロパティラッパー）をまとめて整理をして学びます。

Day 2 Lesson 4-2 Web API と JSON について学ぼう

? このレッスンで学ぶこと

- インターネットで公開されている Web API（ウェブエーピーアイ）を体験して学習します。
- JSON（ジェイソン）というデータ形式について学びます。

1 Web API の基本的な仕組みを学ぼう

1-1 Web API とは

▼ Web API リクエストとレスポンス

お菓子検索アプリでは、Web API を活用します。

API とは「Application Programming Interface」のことで、**プログラムから呼び出して利用するための手順や規約（ルール）** を指します。

Web API は、HTTP（http:// からはじまる URL）、もしくは HTTPS（https:// からはじまる URL）を通じてアクセスすることができ、インターネット上で公開されている情報をより多くの人に効率的に使ってもらうために、ある一定のルールや手続きを決めている Web 用の API です。

Web API では、URL でアクセスすることを **「Request」（リクエスト）** と呼びます。そして、リクエストの結果、返されてくるデータ（状態や JSON、XML ファイル）のことを **「Response」（レスポンス）** と呼びます。

たとえば、ブラウザを起動してURL欄に次のURLを入力してみてください。ブラウザとは、Macに最初からインストールされている「Safari」のことです。Googleが開発した「Chrome」など、他にも種類がありますが、本書では「Safari」を起動して確認します。

```
https://sysbird.jp/toriko/api/?apikey=guest&keyword=カレー味&format=json
```

▼ リクエストURLとレスポンスデータ

上記のURLを❶「リクエストURL」と呼びます。入力して、キーボードの「Enter」を押してください。ブラウザに表示されるデータを、❷「レスポンスデータ」と呼びます。たくさんのデータが取得され、ブラウザ内に表示されていることが確認できます。

2 JSONとXMLについて学ぼう

2-1 JSONとXMLの概要

Web APIのリクエストの結果として返されてくるデータには、いくつかのデータフォーマット（データの形式）があります。

これらのデータフォーマットも多くの人が利用しやすいようにルール付けされています。主流となっているデータフォーマットには、**JSON**と**XML**があります。

Day 2 - Lesson 4　お菓子検索アプリを作ろう ―Web API と JSON の使い方を学ぶ―

JSON は「ジェイソン」と読み、「JavaScript Object Notation」の略です。JSON は少ない記述量でデータを表現することができるため、よく使われます。本書でも JSON を利用します。

Tips

● **ブラウザの表示方法**

　ブラウザでデータを表示する方法として、「HTML」と呼ばれる「マークアップ言語」が使用されます。

　HTML は動きのない情報は表示できますが、データを表示するタイミングで最新のデータを取得して出力するような、動きのある情報を出力する場合には、**「JavaScript（ジャバスクリプト）」** と呼ばれるプログラミング言語を利用する必要があります。

　JSON は、JavaScript をベースとしているデータフォーマットであるため、受信したあとの JavaScript へのデータ引き渡しが容易に行えます。現在は、JavaScript 以外にもさまざまなプログラミング言語での利用が広がっています。

XML は「エックスエムエル」と読み、「Extensible Markup Language」の略です。

開始タグと終了タグでデータを囲むことで、データに意味を持たせることができます。タグは自由に設定することができます。

2-2　データフォーマットの確認

JSON と XML のデータフォーマットを確認しましょう。

■ JSON のデータフォーマット

JSON は、数値、文字列、真偽値、配列、オブジェクト、null のデータを文字列で表現できます。

▼ JSON のデータフォーマット

```
{
  "item":[
    {
      "id":"10294",
      "name":" 小さなばかうけ揚げカレー味 ",
      "kana": {},
      "maker":" 栗山米菓 ",
      "price": {},
      "type":"senbei",
      "regist":"2020 年 7 月 27 日 ",
      "url":"https://sysbird.jp/toriko/2020/07/27/%e5%b0%8f%e3%81%95%e3%81%aa%e
```

! Point

JSON のデータフォーマットでは、[... データ ...]（角括弧）は配列を示し、{... データ ...}（波括弧）はオブジェクトを示します。

""（ダブルクォーテーション）で囲むことで文字列を示します。

400

Lesson 4-2　Web API と JSON について学ぼう

■ XML のデータフォーマット

XML は、開始タグと終了タグでデータを囲みます。タグを使うことで、データに意味を与えることができます。配列やオブジェクトにも変換可能です。

▼ XML のデータフォーマット

```xml
<okashinotoriko>
  <item>
    <id>10294</id>
    <name>小さなばかうけ揚げカレー味</name>
    <kana/>
    <maker>栗山米菓</maker>
    <price/>
    <type>senbei</type>
    <regist>2020年7月27日</regist>
    <url>
      https://sysbird.jp/toriko/2020/07/27/%e5%b0%8f%e3%81%95%e3%81%aa%e3
    </url>
    <tags>
      <tag>ばかうけ</tag>
      <tag>カレー</tag>
```

```
<item>      // 開始タグ
  <id>10294</id>
</item>     // 終了タグ
```

 Point

XML のデータフォーマットでは、＜データ＞で囲まれたものをタグといいます。データを開始タグと終了タグで挟んで意味づけします。

2-3　メリットとデメリット

使用頻度の高い、JSON と XML のメリットとデメリットをまとめておきましょう。

▼ JSON と XML のメリット、デメリット

データフォーマット	メリット	デメリット
JSON	簡易な記述文法でデータに意味を持たせることができる。XML と比べてデータが軽量になる傾向がある	コメントを記述することができない
XML	タグが自由に設定可能で、データに意味を持たせることができ、構造化ができる	JSON よりもデータサイズが大きくなりやすい。必ずタグで囲む必要があり、開始タグと終了タグの記述ミスが発生しやすい

3 ブラウザでWeb APIを使ってデータを取得してみよう

3-1 本書で使用するWeb API

本書で使用するWeb APIの内容を確認します。

▼ 使用するWeb APIの内容

項	内容
Web API 名	「お菓子の虜」Web API
掲載サイト	https://sysbird.jp/toriko/webapi/
リクエストURL	https://sysbird.jp/toriko/api/
利用規約	詳細は「掲載サイト」でご確認ください

▼「お菓子の虜」Web API

3-2 基本パラメータ

Web APIを使用する上で基本となるパラメータです。パラメータの項目は、掲載サイトから必要な項目のみを抜粋して記載しています。

 Point

ここでのパラメータとは、Webサーバーの動作をコントロールするための付加情報のことです。
Web APIでは、パラメータを指定することで、データの並べ替えをしたり、取得できる件数を制限したりと、細かく動作をコントロールすることができます。

▼ 基本パラメータ

パラメータ	項目名	説明	必須
apikey	APIキー	"guest" 固定	○
format	レスポンスの形式	xml（デフォルト）、json、jsonp	

3-3　お菓子の検索パラメータ

お菓子の検索リクエストの際に使う、検索用のパラメータです。

▼ お菓子の検索パラメータ

パラメータ	項目名	説明	必須
id	お菓子 ID	掲載番号で検索	※
type	お菓子の種類 ID	1～5: お菓子の種類 ID。99 を指定した場合は限定お菓子を取得	※
year	掲載年・掲載年で検索	1996 年以降を 4 桁の数字で指定	※
keyword	キーワード	お菓子の名称で部分一致検索、UTF-8 で URL エンコーディング	※
max	取得数	1 回のリクエストで取得する件数	
order	ソートの順序の指定	a: 古い順　d: 新しい順（デフォルト）　r：ランダム	

※：いずれか必須

3-4　レスポンスのデータフォーマット

　右記が、検索後に Web サーバーから返されるレスポンスの
データフォーマットです。

　「status」には通信の成功の有無と、「count」には検索結果の
件数が格納されています。また「item」の中には、「id」「name」
等の複数のデータが配列として格納されています。

▼ レスポンスフォーマット（データ項目）

3-5　リクエスト URL の組み立て

　また、Web API ではある法則に従って、リクエストを行う URL を組み立てます。このことを**リクエスト URL** といいます。

▼ リクエスト URL の基本的な構造

```
https://sysbird.jp/toriko/api/?apikey=guest&keyword=カレー味&format=json
```
 ❶　　　　　　　　　　　　　　 ❷

基本となるリクエストURLが、❶「https://sysbird.jp/toriko/api/」の部分です。

そのあとの❷以降はパラメータです。**「?」（クエスチョン）がパラメータの開始を意味**します。パラメータは「パラメータ名＝値」で、**複数のパラメータがあるときには「&」（アンパサンド）で連結**します。

3-6　ブラウザにリクエストURLを入力してレスポンスデータを確認

Web APIの扱いに慣れるために、ブラウザを使って確認します。実際に「お菓子の虜Web API」を使って、レスポンスデータを取得してみましょう。

ブラウザに次のURLを入力してください。

▼ キーワードが「カレー味」、取得件数が「10件」で検索する場合のリクエストURLの例

```
https://sysbird.jp/toriko/api/?apikey=guest&keyword=カレー味&format=json&max=10
```

▼ リクエストURLとレスポンスデータ

URL欄にリクエストURLを入力して「enter」キーを押します。しばらくすると、レスポンスデータとしてJSONが表示されます。一般的には、JSONは圧縮されていたり、エンコードされたりしています。**エンコードとは、全角文字や制御文字を、問題なく送信するために半角文字に置き換える技術**です。

このままでは確認しづらいので、JSONの中身を確認しやすくするために、整形をおこない、**デコード（エンコードから復元する技術）** をする必要があります。

今回は、次のWebサービスを使って整形とデコードを体験します。

Lesson 4-2　Web API と JSON について学ぼう

▼ JSON Pretty Linter：Syncer

JSON Pretty Linter：Syncer
https://lab.syncer.jp/Tool/JSON-Viewer/

オンライン上で、JSON の整形と構文チェックが行える Web サービスです。使い方はとても簡単です。JSON Pretty Linter をブラウザで開いてください。

▼ レスポンスデータをコピーする

ブラウザに表示されているレスポンスデータ（JSON）をコピーします。
「command」+「A」を実行すると、全体を選択できるので、「commnad」+「C」でコピーをします。

405

Day 2 - Lesson 4　お菓子検索アプリを作ろう ―Web API と JSON の使い方を学ぶ―

▼ 整形とデコードを行う

JSON Pretty Linter へアクセスします。

❶［整形前］に、先ほどコピーした JSON を貼り付けます。自動的に整形とデコードが行われます。

❷ 結果は［コピー用］に、デコード後の JSON が表示されます。

エンコードされていた文字列がデコードされてお菓子の名前などが日本語で表現されます。改行とインデントも付けてくれるので、データの構造が理解しやすい形で確認できます。

ここまで、Web API の活用のためにブラウザを使って JSON の確認を行ってきました。次からは、実際にアプリでの実装方法を学びます。

Day 2 Lesson 4-3 データ取得用のカスタムクラスを作成しよう

 このレッスンで学ぶこと

- 検索したいワードを入力する TextField と、結果を表示する List を配置します。
- カスタムクラスの作成方法を学びます。

1 プロジェクトを作成しよう

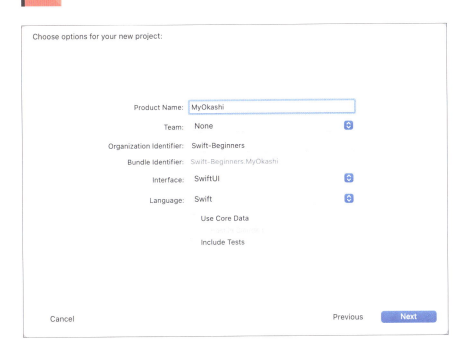

　Xcode を起動して、プロジェクトを作成します。[ProductName] には「MyOkashi」と入力しましょう。

　プロジェクトの作成方法がわからない場合は、「Day 1 Lesson 2-4 Xcode を起動して、プロジェクトを作成しよう」(P.39) を確認してください。

Day 2 - Lesson 4　お菓子検索アプリを作ろう ―Web API と JSON の使い方を学ぶ―

2　データの流れを確認しよう

　お菓子アプリでは、お菓子の検索画面は、「ContentView.swift」で画面を組み立て、一覧表示する処理を実装します。

　また、Web API からのデータ取得処理は新規に、「OkashiData.swift」というカスタムクラスを作成して実装します。画面とデータ取得ロジック、Web API の構成を念頭に置いて開発を進めていきましょう。

▼ 画面とファイルの構成

　入力された文字を受け取ることができる TextField を、ContentView.swift に配置します。
OkashiData.swift で取得したデータを表示するために、List も配置します。

　また、OkashiData.swift に、お菓子データを取得するクラス（OkashiData）を作成します。
　今まで用意されているクラスを利用してきましたが、独自のクラス（カスタムクラス）を作成する方法を学びましょう。

> **！Point**
>
> クラスはデータ構造を作る仕組みです。
> 共有のフォーマットでデータを扱うことができるため、楽にデータを管理することができます。

408

Lesson 4-3　データ取得用のカスタムクラスを作成しよう

2-1　データ取得用に、新規 Swift ファイルを作成しよう

先に、お菓子データ取得用の OkashiData.swift を作成します。

▼ Web API データ取得用のファイルを追加

❶ 📁 [Project navigator] の MyOkashi 内の適当な場所で、
❷ 右クリック、もしくは [control] キーを押しながらクリックして、サブメニューを表示します。
❸ 「New File...」を選択します。
今回は画面ではなくデータ取得ロジックを実装するファイルを作りたいので、❹ [iOS] → ❺ [Swift File] を選択して、❻ [Next] をクリックします。
❼ [Save As] に、追加するファイルの名前を入力します。
この設定は任意なので、わかりやすい名前を付けましょう。ここでは、お菓子データを取得するファイルを作りたいので、「OkashiData.swift」とします。
❽ [Create] をクリックします。

「OkashiData.swift」が作成されていることを確認します。

▼ ファイルの作成を確認

Day 2 - Lesson 4　お菓子検索アプリを作ろう ―Web API と JSON の使い方を学ぶ―

2-2　データ取得用の検索メソッドを作成しよう

　この後、お菓子検索画面（ContentView.swift）で TextField を配置し、入力された文字を受け取ります。

　その受け取った文字を、OkashiData.swift に渡して、検索用のメソッドで、Web API へのデータ取得処理を実装します。

　まずは、ContentView.swift から、OkashiData.swift を呼び出す処理を実装します。OkashiData.swift で受け取った文字をデバッグエリアに出力をして連携を確認してみましょう。

　以下の赤枠のコードを追加してください。

▼ クラスと検索用メソッドの作成

❶ 先ほど作成した、OkashiData.swift を表示させます。
❷ 赤枠のコードを追加してください。

　コード解説　これから、さきほど追加したコードをステップごとに説明します。

```
// お菓子データ検索用クラス
class OkashiData: ObservableObject {
    (省略)
}
```

ObservableObject プロトコルに準拠するクラスを、OkashiData として定義しています。

ObservableObject プロトコルは、struct（構造体）では、利用することができません。class（クラス）で定義する必要があります。

ObservableObject は、カスタムクラス内でデータの状態を管理するために利用します。詳しくは、「Day2 Lesson 4-5 取得したお菓子データを、List で一覧表示しよう」で解説をします。

Point

class は、struct と同様に複数のプロパティやメソッドを管理できます。

struct は値型（value type）でデータが作成され、class は、参照型（reference type）で作成される違いがあります。クラスについては、「COLUMN クラス（Class）について」（P.242）で解説をしています。

```
// Web API検索用メソッド　第一引数：keyword 検索したいワード
func searchOkashi(keyword: String) {
    // デバッグエリアに出力
    print("searchOkashiメソッドで受け取った値：\(keyword)")
} // searchOkashi ここまで
```

searchOkashi の「(...)」内が、「keyword: String」となっています。keyword が引数で、String がデータ型で文字列型を示しています。

あとで、お菓子検索画面（ContentView.swift）に、TextField を配置して、キーワードが入力されたタイミングで、検索用メソッド searchOkashi を実行するコードを書きます。

TextField で入力後に、searchOkashi メソッドが実行されます。その際に、入力されたキーワードが、指定されているデータ型（String 型）のデータとして引数の keyword にセットされます。

print 文でデバッグエリアに出力して動作確認をします。

Day 2 - Lesson 4　お菓子検索アプリを作ろう ―Web API と JSON の使い方を学ぶ―

2-3　TextField を配置しよう

次に、お菓子検索画面（ContentView.swift）に、検索キーワードを入力できる、TextField を配置します。

次の赤枠のコードを追加してください

▼ プロパティの定義

❶ ContentView.swift を選択します。
❷ 赤枠のコードを追加します。

 コード解説　これから、さきほど追加したコードをステップごとに説明します。

```
// OkashiDataを参照する状態変数
@StateObject var okashiDataList = OkashiData()
```

先程作成したクラス、OkashiData のインスタンスを作成しました。
@StateObject は、@State と同じような役割ですが、複数のデータを外部ファイルと共有する場合に利用するという違いがあります。
ObservableObject プロトコルに準拠した、データ取得用の OkashiData クラスと、お菓子検索画面でデータを共有したいので利用します。

```
// 入力された文字列を保持する状態変数
@State var inputText = ""
```

TextField に入力された文字を保持する変数を宣言しています。

412

Lesson 4-3 データ取得用のカスタムクラスを作成しよう

後ほど、TextField を配置して、状態変数 inputText で検索キーワードを受け取れるように宣言をします。青枠のコードを削除してください。

body の中に記述されているコードを削除します。

▼ コードの削除

```
10    struct ContentView: View {
11        var body: some View {
12            VStack {
13                Image(systemName: "globe")
14                    .imageScale(.large)
15                    .foregroundColor(.accentColor)
16                Text("Hello, world!")
17            }
18            .padding()
19        } // body ここまで
20    } // ContentView ここまで
```
削除

赤枠のコードを追加してください。

▼ TextField の配置

❶ body プロパティの「{}」ブロックの中に、VStack で囲んだ TextField を記述します。
❷ プレビューで、入力欄 (TextField) が表示されることを確認してください。

コード解説 これから、さきほど追加したコードをステップごとに説明します。

```
// 文字を受け取るTextFieldを表示する
TextField("キーワード",
         text: $inputText,
         prompt: Text("キーワードを入力してください"))
```

　TextField の 1 つ目の引数は、多言語対応で使われるタイトルキーです。今回は利用しないため適当な名前（"キーワード"）に設定します。

　2 つ目の引数の text では、**@State で宣言した状態変数に接頭辞「$」をつけることで、状態変数の値を参照渡し**しています。参照渡しは参照型と同じ概念で、引数に渡す変数のメモリを共有します。Text と違って、TextField は画面上でデータの入力を受け付けることができ、その値を @State を付与した状態変数で受け取る必要があります。そのため、状態変数と TextField で同じデータを共有するために状態変数を参照型で指定します。

　参照型については、「COLUMN クラス（Class）について」（P.242）で解説をしています。

　また、今回の、inputText は、searchOkashi に引数として指定して実行をしているだけで、View には反映させていませんが、「$」を付けて @State へのバインディングをする必要があります。

　3 つ目の引数の prompt は、プレースホルダー（入力欄に表示するメッセージ）です。

```
.onSubmit {
    // 入力完了直後に検索をする
    okashiDataList.searchOkashi(keyword: inputText)
} // .onSubmit ここまで
```

　.onSubmit は、TextField のモディファイアです。TextField の入力が確定したタイミングで実行する処理を書きます。

　ここでは、先ほど作成したお菓子検索用メソッド「searchOkashi」に TextField で受け付けたデータである inputText を引数として渡して実行しています。

Lesson 4-3 データ取得用のカスタムクラスを作成しよう

TextFieldのデザインを整えましょう。

赤枠のコードを追加してください。

TextFieldのsubmitLabelモディファイアで「.search」を指定すると、入力を確定するボタンの名前を「改行」から「検索」に変更することができます。

▼ TextFieldのボタンの名前を変更

```
var body: some View {
    // 垂直にレイアウト（縦方向にレイアウト）
    VStack {
        // 文字を受け取るTextFieldを表示する
        TextField("キーワード",
                  text: $inputText,
                  prompt: Text("キーワードを入力してください"))
        .onSubmit {
            // 入力完了直後に検索をする
            okashiDataList.searchOkashi(keyword: inputText)
        } // .onSubmit ここまで
        // キーボードの改行を検索に変更する
        .submitLabel(.search)
        // 上下左右に空白を空ける
        .padding()
    } // VStack ここまで
```
追加

コードを追加したら、シミュレータを実行してみましょう。

❶ ここでは、iPhone 13 を選択していますが、お好きなデバイスを選んでください。
❷ ▶ [Run] を実行します。

▼ シミュレータの実行

▼ キーボードの表示方法

Day 2 - Lesson 4　お菓子検索アプリを作ろう ―Web API と JSON の使い方を学ぶ―

❶ カーソルを、シミュレータの TextField に当てて検索キーワードを入力してください。
　パソコンのキーボードでも入力はできますが、iPhone のキーボードを表示させる方法も確認しましょう。
❷ シミュレータを選択している状態で、メニューの ［I/O］ → ［Keyboard］ → ［Toggle Software Keyboard］ をクリックしてください。

▼ シミュレータで確認

❶ シミュレータが起動したら検索したいキーワード「カレー味」を入力します。
❷ ［検索］ という名前になっていることを確認して、ボタンをタップします。
❸ Xcode に戻ります。デバッグエリアは ［Debug area］ ボタンをクリックすることで開閉します。デバッグエリアが表示されていない場合は、ボタンを押して表示させてください。
❹ 複数のログ情報が出力されますが、その中で❶で入力したキーワード「カレー味」が出力されていることを確認しましょう。

Lesson 4-3　データ取得用のカスタムクラスを作成しよう

2-4　非同期処理を実装しよう

　これまでで、画面から検索キーワードの入力を受け付けて、検索用の searchOkashi メソッドまで検索キーワードを引き渡すことは確認できました。

　この検索キーワードを利用して、Web API に検索を行う実装を行いますが、その Web API 検索処理は非同期で行う必要があります。

　非同期とは、今の処理の終了に関係なく、次の処理を行うことです。つまり、実行して後から結果を受け取ることができます。

　Web API にリクエスト URL を送信してレスポンスデータを受信するまでにタイムラグが発生しますが、そのデータ受信の完了を待たずにアプリの他の処理を行うことができます。

　非同期処理については、「COLUMN 同期処理と非同期処理」（P.430）で解説していますので、参考にしてください。

🔔 Point

Swift 5.5 で、並行処理を行うフレームワークである Swift Concurrency が追加されました。構造化された方法で非同期と並列のコードを書くためのサポートが組み込まれています。
iOS で並行処理を行うための新しい方法を導入し、Swift のコードをより簡潔かつ安全に記述することができます。

　Swift における Task（タスク）は、Swift Concurrency の一部です。**Task は、async（エイシンク）/await（アウェイト）を利用してメソッドを呼び出し、非同期メソッドから並行環境を作成することを可能にします。**

　Web API に非同期で検索を行う search メソッドを作成し、searchOkashi メソッドから利用できるようにします。

　OkashiData.swift を選択して、赤枠のコードを追加してください。

▼ Task を用いた非同期処理更

```
10    // お菓子データ検索用クラス
11    class OkashiData: ObservableObject {
12        // Web API検索用メソッド　第一引数：keyword 検索したいワード
13        func searchOkashi(keyword: String) {
14            // デバッグエリアに出力
15            print("searchOkashiメソッドで受け取った値：\(keyword)")
16
17            // Taskは非同期で処理を実行できる              追加
18            Task {
19                // ここから先は非同期で処理される
20                // 非同期でお菓子を検索する
21                await search(keyword: keyword)
22            } // Task ここまで
23        } // searchOkashi ここまで
24
25        // 非同期でお菓子データを取得              追加
26        private func search(keyword: String) async {
27            // デバッグエリアに出力
28            print("searchメソッドで受け取った値：\(keyword)")
29        } // search ここまで
30    } // OkashiData ここまで
```

417

Day 2 - Lesson 4　お菓子検索アプリを作ろう ―Web API と JSON の使い方を学ぶ―

▼ デバッグを確認

　コードが追加できたらシミュレータを起動して、キーワードを入力し print 文の内容が出力されるか確認をしてください。

　❶と❷それぞれの print 文の内容が確認できれば、入力した値をメソッドからメソッドに引き渡すことができています。

　search メソッドの中で、リクエスト URL を組み立てて Web API にお菓子データの検索を行う処理を実装していきます。

 コード解説　これから、さきほど追加したコードをステップごとに説明します。

```
// Taskは非同期で処理を実行できる
Task {
    // ここから先は非同期で処理される
    // 非同期でお菓子を検索する
    await search(keyword: keyword)
} // Task ここまで
```

418

Task は非同期で、{ } のブロックの処理をひとかたまりとして実行します。Task{ } でコードをグループ化するイメージです。

await（アウェイト）は「待つ、待ち受ける」を意味する同期実行するためのキーワードです。

Task では、search メソッドは、await が指定されているので同期で実行します。Web API のお菓子データの検索と取得という一連の処理が完了したら、Task は終了します。

```
// 非同期でお菓子データを取得
private func search(keyword: String) async {
    // デバッグエリアに出力
    print("searchメソッドで受け取った値：\(keyword)")
} // search ここまで
```

async（エイシンク）は日本語で「非同期」を意味し、すべての async メソッドは Task 上で実行される必要があります。

async メソッドと await 文により、非同期で動作するメソッドを定義することができます。

func キーワードの前に「private」を指定しています。

private は、Access Control（アクセスコントロール）の一種類です。

Access Control は、他のソースファイルやモジュールのコードから自分のコードの一部へのアクセスを制限するものです。ここでは、search メソッドに private を付与しているので、OkashiData クラス内でのみアクセスが可能です。

型やプロパティ、メソッドに private と宣言することで、そのスコープ（範囲）外からのアクセスが出来ないように制限をすることができます。

 Point

本書は初学者向けであるため、Task、async、await の詳しい解説については割愛しています。もう少し学習してみたい方は次の Web ページを参考にしてください。

Swift 5.5 で追加された「async/await」を体験して理解を深めよう
https://ticklecode.com/asyncawait

Access Control（アクセスコントロール）

　Swift は Access Control で、コード内の要素（オブジェクト）に対して 5 つの異なるアクセスレベルを提供します。

　オブジェクトのスコープが広いということは、利用できる範囲が広いということです。想定していない箇所で利用されるリスクがあります。複数人数で開発を行うような大規模な開発ではスコープを極力小さくして影響範囲を限定しておくことが重要です。

　開発に慣れてきたら、プログラムコードの安全性を高める目的で、スコープを意識して影響範囲を小さく閉じるコードを書けるように意識をしてください。

アクセスレベル	内容
open	モジュール内外のすべてのアクセス（読み書き）を許可。継承やオーバーライドが可能。
public	モジュール内外のすべてのアクセス（読み書き）を許可。継承やオーバーライドは不可。
internal（デフォルト）	同一のモジュール内のみアクセス（読み書き）を許可。他のプロジェクトから使用されるフレームワークとして利用する場合はアクセス不可。
fileprivate	同ファイル内のみアクセス（読み書き）が可能。
private	最も制限的なスコープで、定義されたスコープ内のアクセス（読み書き）のみ可能。

　上記で記載したキーワードについて簡単に補足をします。
　モジュール　　：import を行い利用できるプログラムの集まり（フレームワーク）
　継承　　　　　：親クラスの属性を引き継いで新たなクラスを作成すること
　オーバーライド：継承したスーパークラス（上位クラス）のメソッドを上書きすること

Day 2 Lesson 4-4 キーワードを入力してお菓子データを取得しよう

このレッスンで学ぶこと

- Web API のリクエストや、JSON のデータの取得方法を学びます。
- JSON をパース（解析）して利用する方法を学びます。

1 Web API のリクエスト URL を組み立てよう

1-1 リクエスト URL を生成して、JSON を取得しよう

次は、リクエスト URL を組み立てる処理を追加したいので、Web API からデータ取得を実装する、OkashiData.swift を選択します。

▼ OkashiData.swift を選択

次の青枠のコードを削除して、赤枠のコードを追加してください。

▼ リクエスト URL の組み立て

Day 2 - Lesson 4　お菓子検索アプリを作ろう ―Web API と JSON の使い方を学ぶ―

❗ Point

「URL(」から「order=r"」までは、途中で「改行」せずに、1 行に入力してください。
作業中の Xcode の表示幅が狭い場合は折り返して表示されます。

シミュレータを再度起動します。リクエスト URL が正常に生成されているのかを確認します。

起動されたシミュレータで、キーワードを入力して検索してください。

▼ デバッグエリアの確認

❶ シミュレータにキーワードを入力したあとに、「検索」ボタンをクリックします。
❷ Xcode のデバッグエリアにリクエスト URL（https://～）が表示されているのでコピーします。
❸ Safari を起動して、コピーしたリクエスト URL を貼り付けます。レスポンスとして JSON データが
　ブラウザに表示されたら、正常にリクエスト URL が作成されています。

表示されない場合は、スペルミスがないか、下記の URL と見比べて修正してください。ここでは紙面
の都合で 2 行になってしまっていますが、実際は 1 行に入力してください。

```
https://sysbird.jp/toriko/api/?apikey=guest&format=json&keyword=カレー味&max=10&order=r
```

422

コード解説 これから、さきほど追加したコードをステップごとに説明します。

```
// お菓子の検索キーワードをURLエンコードする
guard let keyword_encode = keyword.addingPercentEncoding(withAllowedCharacters: .urlQueryAllowed)
    else {
    return
}
```

入力されたキーワードは、エンコードする必要があります。

Web APIは、URLにパラメータを付加して動作をコントロールしますが、パラメータの値に全角文字や制御文字が含まれているときに、そのまま使うと誤動作の原因になる可能性があります。

そこで、**全角文字や制御文字をある規則に従って、半角1バイトに変換するのがエンコード（符号化）**です。サーバー側ではエンコードされたパラメータの値を、**デコード（復号化）**を行って利用します。

 Point

> 制御文字とは、機器に特別な動作を指示するための非表示文字です。改行、空白やタブなども制御文字です。

keywordは文字列が格納されているString型です。String型の「addingPercentEncoding」メソッドは、文字列をエンコードするメソッドです。引数の「withAllowedCharacters: .urlQueryAllowed」で、URLパラメータ用のエンコード方法を指定しています。

guard let文があります。addingPercentEncodingメソッドでエンコードに失敗すると戻り値がnilとなります。nilが保存できるオプショナル変数を安全に参照するために、guard let文でアンラップします。guard let文はアンラップに失敗すると、else {...} 分岐に入り処理を終了します。

```
// リクエストURLの組み立て
guard let req_url = URL(string:
    "https://sysbird
    .jp/toriko/api/?apikey=guest&format=json&keyword=\(keyword_encode)&max=10&order=r") else {
    return
}
```

Day 2 - Lesson 4　お菓子検索アプリを作ろう ―Web API と JSON の使い方を学ぶ―

エンコード済みのキーワードを含めて、リクエスト用の URL を作成しています。「\(keyword_encode)」で、URL の文字列の中にエンコード済みのキーワードを埋め込んでいます。

「\（バックスラッシュ）」は、option キーを押しながら、¥ キーを押すことで入力できます。

リクエスト用の URL「"https://sysbird.jp/toriko/~"」は文字列ですが、「URL(string:)」構造体を指定して格納することによって、あとからプログラムで URL 情報が使えるようにします。

⚠ Point

構造体はある目的を持ったデータやメソッドの集まりです。URL(String:) は文字列から URL 情報を分解整理して、URL 構造体に格納しています。

```
// デバッグエリアに出力
print(req_url)
```

組み立てられたリクエスト URL を、デバッグエリアに出力しています。

2　リクエストを生成して、JSON を取得しよう

2-1　取得したレスポンスデータ（JSON）を記憶する構造体を宣言

リクエスト URL の組み立てが出来たので、今度は、取得した JSON（お菓子データ）を格納するための変数を用意します。

右記の構造体を追加します。複数のお菓子情報を配列で、まとめて管理するための構造体です。

赤枠のコードを追加してください。

これから取得する JSON と先ほど書いたコードの関連性を確認しましょう。

▼ JSON を記憶する構造体の宣言

```
10      // お菓子データ検索用クラス
11   class OkashiData: ObservableObject {
12      // JSONのデータ構造
13      struct ResultJson: Codable {
14          // JSONのitem内のデータ構造
15          struct Item: Codable {
16              // お菓子の名称
17              let name: String?
18              // 掲載URL
19              let url: URL?
20              // 画像URL
21              let image: URL?
22          }
23          // 複数要素
24          let item: [Item]?    追加
25      }
26
27      // Web API検索用メソッド　第一引数：keyword 検索したいワード
```

Lesson 4-4　キーワードを入力してお菓子データを取得しよう

▼ JSON とプログラムの関係

レスポンスデータ（JSON）

```
{
    "item": [
        {
            "id": "9139",
            "name": " ココナッツカレーサブレ ",
            "kana": " ここなっつかれーさぶれ ",
            "maker": " 日清シスコ ",
            "price": "100",
            "type": "snack",
            "regist": "2016 年 1 月 7 日 ",
            "url": "https://sysbird.jp/toriko/2016/01/07/%e3%82%b3%e3
%82%b3%e3%83%8a%e3%83%83%e3%83%84%e3%82%ab%e3%83%ac%e3%83%bc%e3%82%b
5%e3%83%96%e3%83%ac/",
            "tags": {
                "tag": " カレー"
            },
            "image":
"https://sysbird.jp/toriko/wp-content/blogs.dir/2/
files/2016/01/9139.jpg",
            "comment": "<p> 定番ココナッツサブレにカレー味が！！日清シス
コ 50 周年として昨年 (2015) に発売されたものだ。夏ごろに買っただろうか？賞味
期限をすぎていないので食べてみた。これが意外にイケる。甘みなくもっさりとした
サブレに、主張しすぎないカレー風味のまろやかさ。もともとココナッツカレーとい
う料理もあるのだから、びっくりするような組み合わせではないのだ。試しに買いや
すい mini タイプというものよかった。</p>\n"
        },
        {
            "id": "7029",
            "name": " カレー揚せん ",
```

JSON の項目説明

項目名	説明
item	［複数要素］
id	お菓子 ID
name	お菓子の名称
kana	ふりがな
maker	メーカー
price	価格
type	お菓子の種類 ID
regist	掲載日
url	掲載 URL
image	画像 URL
comment	コメント

赤字の箇所がこれから利用するデータ項
目です。

プログラムコード

```
12    // JSONのデータ構造
13    struct ResultJson: Codable {
14        // JSONのitem内のデータ構造
15        struct Item: Codable {
16            // お菓子の名称
17            let name: String?
18            // 掲載URL
19            let url: URL?
20            // 画像URL
21            let image: URL?
22        }
23        // 複数要素
24        let item: [Item]?
25    }
```

格納

取得したお菓子の情報は複数あるため、まとめて管
理できるように ResultJson を用意します

　この図の「レスポンスデータ（JSON）」「JSON の項目説明」で赤字の箇所がプログラムで使用するデータです。

　今回のアプリでは、JSON の中で必要なデータのみ使用します。

　JSON のような外部データを扱うときは、データ項目を整理して、プログラムでどのように格納するのかを図にして整理すると理解しやすいでしょう。

Day
・
2

4

425

Day 2 - Lesson 4　お菓子検索アプリを作ろう ―Web API と JSON の使い方を学ぶ―

 コード解説　これから、さきほど追加したコードをステップごとに説明します。

```
// JSONのデータ構造
struct ResultJson: Codable {
    // 省略
}
```

Codable（コーダブル）プロトコルに準拠することで、**JSON のデータ項目名とプログラムの変数名を同じ名前にすると、JSON を変換したときに、一括して変数にデータを格納**することができます。

プログラムで使用する JSON のデータを格納するための構造体を宣言しています。
レスポンスデータは、複数アイテムの情報を保持しているので、そのデータをまとめて扱えるように、ResultJson という名前を付けて構造体（struct）として宣言しています。

Swift で **Codable（コーダブル）プロトコルを使用して、JSON を Swift オブジェクトにエンコードしたりデコード**したりすることができます。
Codable プロトコルを採用するだけで、**JSON データと Swift オブジェクトを双方向にマッピング**することができます。

 Point

> プログラミングの世界では、オブジェクトとは、インスタンス化された、変数、構造体、関数、メソッドのメモリ内の値のことです。

```
// JSONのitem内のデータ構造
struct Item: Codable {
    // お菓子の名称
    let name: String?
    // 掲載URL
    let url: URL?
    // 画像URL
    let image: URL?
}
```

426

Lesson 4-4　キーワードを入力してお菓子データを取得しよう

先程確認した、レスポンスデータである JSON の項目から今回利用したい項目だけを構造体に格納します。

格納する構造体に、Item という名前を付けて宣言しています。

```
// 複数要素
let item:[Item]?
```

定義した構造体 Item を、[] で囲むことで、複数の構造体を保持できる配列として宣言しています。

ここでは、**定数（let）で宣言しているので、一度しかデータを代入することができず、再代入は行なえません。**

Web API から取得したデータは、そのまま画面に出力するので、変更が出来ない定数として宣言しています。

また、「?」を付与して、nil を許容するオプショナル型として宣言しています。

実用的な iOS アプリを開発しようとすると、JSON 形式のデータを扱うことも多くなるので、Codable の扱い方をしっかり学びましょう。

のちほど、この機能を活用して JSON のデータを一括して、構造体に取り込みます。

Point

> プロトコルは外部へのインターフェースを定義したものです。外部との情報交換のルールを取り決めています。そのプロトコルを指定されている構造体やクラスは、そのプロトコルのインターフェースが使えることを示します。Codable は、取得した JSON を構造体に格納できるルールを持っているプロコトルです。

2-2　リクエストを生成して、JSON を取得

search メソッドでは、リクエスト URL を使ってリクエストを行い、JSON のダウンロードを開始します。

ここでは、JSON を取り込んだあと、デバッグエリアにデータを出力することで正常に動作していることを確認します。

Point

> ここでの「リクエスト」とは、インターネットの HTTP や HTTPS という Web サーバーと、Web ブラウザでデータを送受信する際のルールに従って、Web サーバーへ要求する行為を示しています。

searchOkashi メソッドの中にコードを追加します。

Day 2 - Lesson 4　お菓子検索アプリを作ろう　―Web API と JSON の使い方を学ぶ―

赤枠のコードを追加してください。

▼ リクエストの生成と JSON の取得

```
48      // リクエストURLの組み立て
49      guard let req_url = URL(string: "https://sysbird.jp/toriko/api/?apikey=guest&
50          return
51      }
52      // デバッグエリアに出力
53      print(req_url)
54
55      do {
56          // リクエストURLからダウンロード
57          let (data , _) = try await URLSession.shared.data(from: req_url)
58          // JSONDecoderのインスタンス取得
59          let decoder = JSONDecoder()
60          // 受け取ったJSONデータをパース（解析）して格納
61          let json = try decoder.decode(ResultJson.self, from: data)
62
63          print(json)
64
65      } catch {
66          // エラー処理
67          print("エラーが出ました")
68      } // do ここまで                               [追加]
69      } // search ここまで
70  } // OkashiData ここまで
```

「do try catch」文は、エラーが発生した場合の処理を書いています。楽器アプリ（P.183）で学習済みですので、振り返って学習してみてください。

// リクエストURLからダウンロード
`let (data , _) = try await URLSession.shared.data(from: req_url)`

URLSession を生成しています。URLSession は、リクエスト URL（ここでは req_url）からデータをダウンロードすることができます。また、バックグラウンドでの通信機能や、中断した通信を再開させる機能もあります。

「URLSession.shared」は、URLSession をデフォルトの設定で簡素に使うことができます。

URLSession は非同期で動きます。そのため、await（アウェイト）を指定して、URLSession の処理が完了するまで待機させています。await は非同期の処理を同期で実行するための指定です。URLSession のデータ取得が完了するまでは、次のコードが実行されません。

URLSession はデータの取得が完了すると、「(Data, URLResponse)」というデータ型の戻り値を返します。これは複数のデータをまとめて扱うことができる**タプル（解説は次の Tips を参照）**型として返却されます。取得できたデータは Data 型として格納され、レスポンスの管理情報は URLResponse 型として格納されます。2 つの戻り値があるために、タプル型でまとめて定数に格納しています。

URLSession を実行するときに、エラーになる可能性があるため、「do try catch」でエラーをハンドリングして、例外処理を行います。

Lesson 4-4　キーワードを入力してお菓子データを取得しよう

Tips

● **タプル（Tuple）**

タプルとは、複数の値を 1 つの変数として扱うことができる機能です。

書式

```
(ラベル: 値, ラベル: 値, ラベル: 値)
```

　上記のように、「ラベル」と「値」を 1 対にまとめることができ、「,」（カンマ）で区切ることで、複数のデータをタプルとして扱います。
　タプルを使っている例を確認してみましょう。

```
// 変数personに、"Taro"という値と42という値を設定。ラベルなしでも使える。
var person = ("Taro", 42)
print(person.0)      // "Taro"
print(person.1)      // 42

// 値にラベルをつけることもできる。値を取得するときにラベルが使える。
var person2 = (name: "Taro", age: 42)
print(person2.name) // "Taro"
print(person2.age)   // 42
```

　タプルはデータを塊として扱える特性が配列とよく似ていますが、違いもあります。
　タプルは配列のように値の追加・削除を行ったり、データの個数を変更したりはできません。対して、配列は要素の追加、削除が行えます。

```
// JSONDecoderのインスタンス取得
let decoder = JSONDecoder()
```

JSON をデコードするためのオブジェクトを作成しています。あとで、このオブジェクトの機能を利用して JSON を変換して格納します。

```
// 受け取ったJSONデータをパース（解析）して格納
let json = try decoder.decode(ResultJson.self, from: data)
```

decoder.decodeで、取得したJSONデータ（data）をパースして構造体ResultJsonのデータ構造に合わせて、定数jsonに格納します。この1行で取得したデータが、定数jsonに格納されます。この仕組みは前述のCodableを活用しています。

パースを行う際にエラーになる可能性があるため、「do try catch」でエラーをハンドリングして、例外処理を行います。

Point

複雑なテキストデータを解析してプログラムで利用できるようにする行為を「パース」と呼びます。今回は外部のJSONを解析して、iOSで使えるようにしています。

同期処理と非同期処理

同期処理では、今の処理が終了するまで次の処理は始まりません。そのため処理は1つずつ順番に実行されます。

非同期処理では、今の処理の終了に関係なく、次の処理を始めることができます。

▼ 同期処理と非同期処理のイメージ

同期処理のイメージ

非同期処理のイメージ

お菓子アプリでは、サーバにリクエスト URL を送信して、JSON がレスポンスデータとして戻ってくる処理を非同期で行っています。

今回は、リクエストが戻ってくる間に他の処理を行っていませんが、待ち時間にローディングアニメーションを表示したり、何らかの処理を行うことができます。

COLUMN プロセスとスレッドの関係

コンピューターの世界で、**プロセス（process）とは、プログラムの実行時に生成されるメモリの**ことです。**スレッド（thread）とは、プロセスから派生するプログラムの処理の流れ**を意味します。

最近の iOS デバイスは、マルチコアプロセッサが搭載されています。

マルチコアプロセッサが搭載されていると、複数のプロセスを並列で実行することが出来ます。

iPhone をはじめとする iOS デバイスや、パソコンでは目に見えないプロセスがたくさん動いていますが、わかりやすいように、本書のアプリで、プロセスとスレッドのイメージを確認しましょう。

▼ プロセスとスレッドのイメージ

iPhone

メモリ

お菓子アプリ	カメラアプリ	タイマーアプリ
プロセス	プロセス	プロセス
メインスレッド	メインスレッド	メインスレッド
スレッド	スレッド	スレッド
スレッド	スレッド	スレッド

メインスレッドは、プロセスに 1 つ存在しています。その他のスレッドは複数ありそれぞれに処理が行われます。

複雑なアプリを開発する際には、スレッドを理解して実装をする必要がありますが、今は、こんな概念で、iPhone や iPad（iOS デバイス）が動いているんだなとイメージしていただければ大丈夫です。

Day 2 - Lesson 4　お菓子検索アプリを作ろう ―Web API と JSON の使い方を学ぶ―

2-3　シミュレータを起動して、デバッグエリアを確認

シミュレータを起動して、検索キーワードを入力します。

▼ デバッグエリアの出力を確認

　デバッグエリアにお菓子の名前や URL が出力されていることが確認できれば成功です。これで、正常に JSON が取得されていることが確認できました。

Day 2 Lesson 4-5 取得したお菓子データを、Listで一覧表示しよう

このレッスンで学ぶこと

- WebAPIで取得したデータを配列で格納して、Listで一覧表示する方法を学びます。
- プロパティラッパーの扱い方を学びます。

1 お菓子データを配列に格納しよう

Web APIで取得したお菓子データで必要な項目のみを指定して配列に格納します。

▼ データ変換ロジックのイメージ

これから取得したお菓子データを、Listに表示するためにいくつかの処理を実装していきます。

コードを書いていく前に、取得したデータをどのように変換していくのかを、それぞれの処理の目的と併せて、上記のロジック（概念）で確認してください。

それぞれの処理の詳細は、コードを書いた後に解説をしますが、最初に大まかなデータの流れを念頭に置きながら実装を進めると理解は早くなります。

また、コードを書いている最中に、何の処理を作っているのか分からなくなっても大丈夫です。戻ってきてイメージをし直してください。

1-1　お菓子データをまとめる構造体を作ろう

お菓子データを保持する器を用意したいので、OkashiItem という名前の構造体を定義しましょう。

Swift ファイルの OkashiData を選択してください。

赤枠のコードを追加してください。

▼ kashiItem 構造体の作成

 コード解説　これから、さきほど追加したコードを説明します。

```
// Identifiableプロトコルを利用して、お菓子の情報をまとめる構造体
struct OkashiItem : Identifiable {
    let id = UUID()
    let name: String
    let link: URL
    let image: URL
}
```

Identifiable プロトコルに準拠することで、**一意（ユニーク）に識別できる型**として定義することが出来ます。

Identifiable を指定すると、データを一意に特定するために「id」と呼ばれるプロパティを定義する必要があります。

お菓子データを、List を用いて一覧表示しますが、List は、一意の id を保持する必要があります。

Identifiable プロトコルに準拠しない構造体の場合は、自身で一意な id を生成する必要がありますが、Identifiable プロトコルに準拠する構造体にしておくと、あらかじめ決められているルールが適用されるので楽に実装ができます。

UUID を用いて、id を生成しています。

UUID（universally unique identifier）を用いて、ランダムな一意の値を生成することができます。

Lesson 4-5　取得したお菓子データを、List で一覧表示しよう

その他には、お菓子の名前、URL、画像を格納できるように、let（定数）として宣言します。
取得したデータは更新しないので定数で宣言しています。

また、この構造体は、class の外で定義を行っています。
これは、class の中に定義してしまうと、他のファイルでも同じ名前の構造体を作成することが出来てしまいます。冗長なプログラムになるリスクを下げるために、class 外で定義を行っていますが、今は、お作法的なものだと思っていただければ大丈夫です。

> **⚠ Point**
>
> 値を保持する際は、不変のデータか可変のデータかを把握して、定数（let）と変数（var）を使い分けられるように意識しましょう。予期せぬバグの発生を防ぐことができます。

1-2　プロパティラッパーを利用しよう

次に、さきほど定義したお菓子データを纏める構造体を複数保持できるように、配列として変数を定義します。

OkashiData.swift に戻り、class 内に赤枠のコードを追加してください。

[OkashiItem] = [] のように、[ ]（ブラケット）で、構造体を囲んで、さらに、変数に [ ]（ブラケット）を代入することで、OkashiItem 構造体を複数保持ができる配列を作成しています。
@Published を付与することで、プロパティを監視して自動通知をすることができます。

▼ 配列の宣言

```
28              // 画像URL
29              let image: URL?
30          }
31          // 複数要素
32          let item: [Item]?
33      }
34
35      // お菓子のリスト（Identifiableプロトコル）          追加
36      @Published var okashiList: [OkashiItem] = []
37
38      // Web API検索用メソッド　第一引数：keyword 検索したいワード
39      func searchOkashi(keyword: String) {
```

この機能は、ObservableObject プロトコル、@StateObject と併せて理解する必要があります。ContentView.swift を選択して、振り返ってみましょう。

次のページの、赤枠のコードを確認してください。

435

Day 2 - Lesson 4　お菓子検索アプリを作ろう ―Web API と JSON の使い方を学ぶ―

▼ @StateObject を確認

❶ ContentView.swift を選択してください。
❷ 赤枠のコードで、OkashiData.swift で定義してある OkashiData クラスをインスタンス化している際に、@StateObject を付与したことを確認してください。

▼ ObservableObject を確認

❶ OkashiData.swift を選択してください。
❷ OkashiData クラスは、ObservableObject プロトコルに準拠していることが確認できます。

▼ ObservableObject プロトコルのイメージ

436

Lesson 4-5　取得したお菓子データを、List で一覧表示しよう

❶ ObservableObject プロトコルに準拠した外部クラスに、@StateObject をプロパティに付与することで、状態をサブスクライブ（配信を受信）します。

❷ ObservableObject プロトコルに準拠したクラスの内部のプロパティに、@Published を付与することで、プロパティを監視して状態の変化をサブスクライバーに自動通知をして VIew を再描画することができます。

このように、@StateObject は、外部からデータを取得する際に利用します。
ObservableObject プロトコルに準拠すると、プロパティへの変更を自動的に通知するための、@Published を使用できるようになります。

 プロパティラッパーとは

@State、@Binding、@StateObject、@Published というキーワードは、**プロパティラッパー (Property wrappers)** と言われる文法です。

名前が意味するように、**プロパティラッパーは、プロパティをラップ（包んで）して、何らかの機能を追加する文法**です。

@StateObject や、@Published を、プロパティに付与することで、外部ファイルの状態の変化を検知することができたり、@State を付与することで、プロパティの更新時に View を自動的に再描画したりする機能を追加することができます。プロパティラッパーの違いをまとめます。

▼ プロパティラッパーの違い

プロパティラッパー	動作
@State	View 内のプロパティの更新時に View を自動的に再描画
@Binding	親子関係の View 間で双方向のデータ共有を行う
@Published	ObservableObject プロパティに準拠したクラス内部のプロパティを監視し、複数の View に対して自動通知を行うことができる
@StateObject	ObservableObject プロパティに準拠した外部クラスのプロパティの状態を受信する
@EnvironmentObject	データをアプリ全体で唯一のインスタンスとして管理ができる ※本書では利用していないので割愛

Apple が提供しているプロパティラッパーは、上記の他にもいくつか種類があります。また、私達自身がプロパティラッパーを作ることも出来ます。

Day 2 - Lesson 4　お菓子検索アプリを作ろう ―Web API と JSON の使い方を学ぶ―

1-3　お菓子データを配列に詰め込む

Web API でお菓子データを取得して、デコード後に一括して格納しました。必要なお菓子データを取り出しやすくするために、配列へ整理して詰め込み直します。

次の赤枠のコードを追加して、青枠のコードを削除またはコメントアウトしてください。追加するコードの場所は、「func searchOkashi(keyword : String) {...}」の中になります。

▼ お菓子データを配列へ格納

```
72      // 受け取ったJSONデータをパース（解析）して格納
73      let json = try decoder.decode(ResultJson.self, from: data)
74
75      // print(json)          削除またはコメントアウト
76
77      // お菓子の情報が取得できているか確認
78      guard let items = json.item else { return }   追加
79      // お菓子のリストを初期化
80      self.okashiList.removeAll()
81
82      // 取得しているお菓子の数だけ処理
83      for item in items {
84          // お菓子の名称、掲載URL、画像URLをアンラップ
85          if let name = item.name,
86              let link = item.url,
87              let image = item.image {
88              // 1つのお菓子を構造体でまとめて管理
89              let okashi = OkashiItem(name: name, link: link, image: image)
90              // お菓子の配列へ追加
91              self.okashiList.append(okashi)
92          }
93      }
94      print(self.okashiList)
95  }
96  catch {
97      // エラー処理
```

シミュレータを起動して、検索キーワードを入力してください。

▼ シミュレータを使った動作確認

438

Lesson 4-5　取得したお菓子データを、List で一覧表示しよう

❶ ⚠️ [Issue navigator] を選択している状態で、❷の警告をクリックしてください。
Xcode のこのような ❸下記の紫色の警告が表示されていることが確認できます。

```
Publishing changes from background threads is not allowed; make sure to
publish values from the main thread (via operators like receive(on:)) on model
updates.
```

この警告は、バックグラウンドスレッドからの変更の公開は許可されていないことを示しています。
バックグラウンドスレッドとはメインスレッドで実行されていないスレッドを指します。

okashiList は @Published のプロパティラッパーの変数として宣言されています。**@Published の変数を更新するとき、つまり画面（UI）を更新する場合は、必ずメインスレッドで更新する必要があります。**

赤枠のように、search メソッドの上に「@MainActor」の記述を追加してください。
@MainActor も、Swift concurrency の機能のひとつです。**@MainActor でマークされたメソッドや型は常にメインキューで実行されるため、安全に UI を変更することができます。**

コードが追加できたら、もう一度、シミュレータを起動して検索を行ってみてください。
先程の紫色の警告が出力されないことが確認できます。

439

デバッグエリアに、id（一意の番号）、name（お菓子の名称）、link（掲載 URL）、image（画像 URL）のデータが出力されていれば、正常に動いています。

 コード解説 これから、さきほど追加したコードをステップごとに説明します。

```
// print(json)
```

デバッグ用である「print(json)」を、削除もしくはコメントアウトします。

```
// お菓子の情報が取得できているか確認
guard let items = json.item  else { return }
```

「json.item」の中に検索結果のお菓子データが格納されています。guard let 文でお菓子データが存在するときに、items にコピーして次の処理を行います。

```
// お菓子のリストを初期化
self.okashiList.removeAll()
```

okashiList に格納されている全ての要素を削除して、元の状態（初期化）に戻しています。
1 度目の検索の場合は要素を保持していませんが、2 度目以降は前のお菓子情報が格納されているので、okashiList を初期化しています。
self は自分自身を参照するプロパティです。

> ● 循環参照の回避
>
> class 内のクロージャは、参照型のため循環参照が発生する可能性があります。
> 循環参照とは、相互の情報を参照し合うループ状態を指します。
> そのため、自分自身を示す self が必要です。
> struct は値型のため循環参照の可能性がないので、Swift 5.3 から self が省略できるようになりました。

Lesson 4-5　取得したお菓子データを、List で一覧表示しよう

Day 2

```
// 取得しているお菓子の数だけ処理
for item in items {
    （省略）
}
```

items は配列で複数の要素が存在します。複数要素を、for-in 文を用いて、1 要素（1 つのお菓子データ）ずつ、item に取り出して処理を行います。

```
// お菓子の名称、掲載URL、画像URLをアンラップ
if let name = item.name,
    let link = item.url,
    let image = item.image {
        （省略）
    }
```

お菓子データの 3 つの項目（お菓子の名称、掲載 URL、画像 URL）に値があることを確認しています。「,」（カンマ）で繋げることで、3 つの項目全てに値がある場合に、それぞれの変数に代入して次の処理を行います。3 つの項目のどれかに値がない場合は、その後の処理はせずに次のお菓子データで処理を継続します。

```
// 1つのお菓子を構造体でまとめて管理
let okashi = OkashiItem(name: name, link: link, image: image)
```

お菓子データの 3 つの項目を、OkashiItem 構造体としてまとめて変数 okashi に代入しています。この構造体で表現できる単位がお菓子 1 つの情報になります。

```
// お菓子の配列へ追加
self.okashiList.append(okashi)
```

okashi 構造体を、配列 okashiList に追加しています。配列は、append メソッドでデータを追加できます。
使用可能なお菓子データ全体は、配列 okashiList を使うことでコントロールできます。

```
print(self.okashiList)
```

4

441

データの中身をデバッグエリアに出力して確認するためのコード（デバッグコード）です。

1-4　お菓子データの構造を確認

print 文で出力されたデータを確認してください。お菓子データの構造を理解しましょう。

▼ okashiList のイメージ

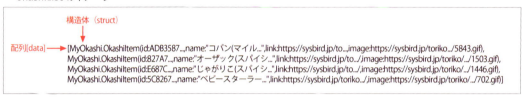

デバッグエリアに出力されたデータを確認すると、このようなデータ構造になっています。

[] は配列を意味していて、配列の中に複数の OkashiItem 構造体が含まれています。さらに、OkashiItem 構造体の中には、id, name, link, image の 4 つのプロパティが確認できます。

宣言した OkashiItem 構造体と、変数の宣言を振り返ってみましょう。

> **Tips**
>
> ● for-in 文で、開始値と終了値の指定
> 上記のように開始する値から終了する値まででを指定して、繰り返し処理を行うことも可能です。
>
> 書式
> ```
> for 変数 in 開始値...終了値 {
>     // 処理
> }
> ```

```
// Identifiableプロトコルを利用して、お菓子の情報をまとめる構造体
struct OkashiItem: Identifiable {
  let id = UUID()
  let name: String
  let link: URL
  let image: URL
}

class OkashiData: ObservableObject {
    (省略)
    @Published var okashiList: [OkashiItem] = []
    (省略)
}
```

OkashiItem 構造体では、このように定義をしていました。Identifiable プロトコルに準拠して、OkashiItem を構造体として宣言しています。

Identifiable に準拠すると、一意の id を保持する必要がありました。

そして、OkashiItem 型の変数 okashiList に、[]（配列）を代入することで、インスタンス化された「okashiList」は配列として宣言していました。

> **Point**
>
> okashiList のイメージと照らし合わせて、データ構造を理解してください。
> 最初は、変数、構造体、配列の違いを理解するのは難しいと思いますが、しっかりと、構造体と配列の違いを認識してください。試しにいろんなデータ構造を作成してみると理解が進みます。

2 お菓子データを、List で一覧表示してみよう

配列に格納したお菓子データを、ContentView.swift に配置してある List で表示します。List とプログラムを連結するためのコードも追加します。

コードを書いていく前に、お菓子アプリの処理の全体的な流れをイメージしておきましょう。

次の図の、❶から❿の順序で処理が行われます。

▼ お菓子アプリの処理の流れイメージ

Day 2 - Lesson 4　お菓子検索アプリを作ろう —Web API と JSON の使い方を学ぶ—

2-1　お菓子データをまとめる構造体を作ろう

　お菓子検索画面の、ContentView.swift で、List を配置して、お菓子検索処理の OkashiData.swift から取得したデータを一覧表示するコードを追加します。

　次の赤枠のコードを追加してください。

▼ List 表示のコード

```
17      // 垂直にレイアウト（縦方向にレイアウト）
18      VStack {
19          // 文字を受け取るTextFieldを表示する
20          TextField("キーワード",
21                    text: $inputText,
22                    prompt: Text("キーワードを入力してください"))
23          .onSubmit {
24              // 入力完了直後に検索をする
25              okashiDataList.searchOkashi(keyword: inputText)
26          } // .onSubmit ここまで
27          // キーボードの改行を検索に変更する
28          .submitLabel(.search)
29          // 上下左右に空白を空ける
30          .padding()
31
32          // リスト表示する                                    追加
33          List(okashiDataList.okashiList) { okashi in
34              // 1つ1つの要素を取り出す
35              // Listの表示内容を生成する
36              // 水平にレイアウト（横方向にレイアウト）
37              HStack {
38                  // 画像を読み込み、表示する
39                  AsyncImage(url: okashi.image) { image in
40                      // 画像を表示する
41                      image
42                          // リサイズする
43                          .resizable()
44                          // アスペクト比（縦横比）を維持してエリア内に収まるようにする
45                          .scaledToFit()
46                          // 高さ40
47                          .frame(height: 40)
48
49                  } placeholder: {
50                      // 読み込み中はインジケーターを表示する
51                      ProgressView()
52                  }
53                  // テキスト表示する
54                  Text(okashi.name)
55              } // HStackここまで
56          } // Listここまで
57      } // VStack ここまで
```

Lesson 4-5 取得したお菓子データを、Listで一覧表示しよう

追加したコードとお菓子検索画面の関係を右の図に整理しました。

シミュレータを起動して、お菓子を検索してみましょう。

右の図のようにお菓子の画像とお菓子の名前が一覧で表示されていれば成功です。

▼ お菓子検索画面

 コード解説　これから、さきほど追加したコードをステップごとに説明します。

```
// リスト表示する
List(okashiDataList.okashiList) { okashi in
    // 1つ1つの要素を取り出す
    （省略）
} // Listここまで
```

OkashiData 構造体から取得した複数のデータから構成される okashiList の要素を1つ取り出して、変数 okashi に取り出しています。

```
// Listの表示内容を生成する
// 水平にレイアウト（横方向にレイアウト）
HStack {
    // 画像を読み込み、表示する
    AsyncImage(url: okashi.image) { image in
        // 画像を表示する
        image
            // リサイズする
            .resizable()
            // アスペクト比（縦横比）を維持してエリア内に収まるようにする
            .scaledToFit()
            // 高さ40
            .frame(height: 40)
```

```
    } placeholder: {
        // 読み込み中はインジケーターを表示する
        ProgressView()
    }
    // テキスト表示する
    Text(okashi.name)
} // HStackここまで
```

HStack を用いて、画像とテキストを水平方向に配置しています。
AsyncImage は、画像を非同期で読み込むことができ、読み込み中も別の処理をすることができます。
画像は読み込みするのに時間がかかるために、画像の読み込みが完了するまでは読み込み中を示す画像（ProgressView）を表示します。画像の読み込みが完了したら、画像を画面に表示します。

▼ AsyncImage での読込中と画像の表示

▼ AsyncImage のイニシャライザの引数

番号	引数名	内容
第一引数	url	表示する画像の URL。
第二引数	scale	画像に使用するスケール。デフォルトは 1 です。
第三引数	content	ロードされた画像を入力として受け取り、表示するビューを返すクロージャ。画像を直接返すことも、必要に応じて変更してから返すこともできます。
第四引数	placeholder	ロード操作が正常に完了するまで表示するビューを返すクロージャ。

 Point

お菓子検索アプリの制作で学んだことを応用すると、実際にはどのようなアプリができるのか考えてみましょう。Web API は取得するデータの活用次第で飛躍的に可能性が広がります。飲食店の情報を取得してマップに表示する飲食店検索アプリや、ニュース情報や関連の画像を取得して表示するニュースアプリなど。大手のネットショップの商品も取り込むことができるので、アプリ上で関連商品のリストアップなども行えます。

Lesson 4-5 取得したお菓子データを、List で一覧表示しよう

 Combine フレームワーク

1. Combine の概要

パブリッシャーとサブスクライバーのように、View 間、または View とファイル間でデータを配信・受信できる仕組みを、**Combine フレームワーク**と呼びます。

2019 年の WWDC で、**SwiftUI とともに発表された新しいフレームワークです。SwiftUI で作成した View とデータの状態を、非同期かつ双方向にデータ連動（バインド）する**ことができます。

Combine のように、時間の経過とともに変化するデータの関連性と操作を宣言的に記述していくプログラミングの手法のことを、**リアクティブプログラミング（Functional Reactive Programming）**と言います。

Combine の他にも、このような仕組みのフレームワークはいくつかあり、RxSwift や ReactiveSwift というサードパーティ（第三者の）フレームワークが有名でしたが、ついに Apple からリリースされました。

▼ Combine のイメージ（引用元：2019 年 WWDC セッション）

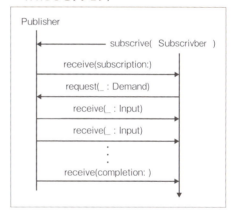

また、SwiftUI の、@StateObject、@Published のようなプロパティラッパーを連携して利用することで、私達は Combine フレームワークを意識せずに、簡単に View とデータの連動をすることができます。

もちろん、Combine フレームワークを独自で活用して複雑なアプリも開発できます。どちらにしても、SwiftUI と Combine の登場により、iOS アプリ開発の方法は、従来の UIKit での開発から大きく変化してきています。

2. Single Source of Truth（SSOT）

アプリを構築する際に、最も難しいことの一つとして、データの状態をどのようにモデリング（データ処理の流れをひな形化）して処理をするかを決めることです。

SwiftUI + Combine 以前の、UIKit での開発では、View へのデータ連動をアプリ開発者が行う必要があり、至るところにデータの状態を管理するコードを実装しなければならず、予期しないバグの原因にもなっていました。

Combine や、RxSwift は、「**Single Source of Truth**」というコンセプトに基づいて設計されたフレームワークです。

変化するすべてのデータを 1 つの場所でのみ保持し、状態の変化を階層化された View でまたがって配信・受信できるようにするという考え方です。

例えば、SNS で更新があった場合に、どの画面でもリアルタイムで通知アイコンに通知件数が表示されます。そのような機能を開発しようとするととても大切な考え方になります。

Combine を利用することで、データの状態と処理をフレームワークに任せて、予期しないバグを減少させることが期待できます。

3. お菓子アプリの構成を考える

上記の知識を前提として、お菓子アプリの実装を振り返ってみましょう。

SwiftUI と Combine が連携することで、View の状態管理とデータ処理を分離することが簡単に行えるようになりました。

UI のロジックと、データのロジックが密結合（結びつきが強い状態）の場合は、プログラムの再利用がしづらくなります。再利用がしづらい状態というのは、似たようなプログラムをその都度実装しなければいけなくなり、適切なデータ連携を行うことはとても複雑になります。

プログラムやデータを疎結合（独立性が強い状態）にすることで、再利用がしやすい構成にすると複雑なアプリも実装できるようになります。

じゃんけんアプリは最初のレッスンのため、ContentView.swift に、じゃんけんのロジックもまとめて実装しましたが、本来は、分離して View のレイアウトのみを実装すると他の画面でも再利用ができるようになります。

お菓子アプリでは、ContentView.swift に、Web API へのデータ取得ロジックを含めてしまうと、1 つのファイルでとても長いコードになり可読性も低くなります。

そのため、お菓子データを Web API から取得する処理は、OkashiData.swift に分離しました。

▼ ObservableObject のなぜ

　ただ、そこで疑問に思う方もいらっしゃるかもしれませんが、なぜ、データ取得ファイル（OkashiData.swift）は、値型の struct（構造体）ではなく、class（クラス）で定義したのでしょうか？

　ファイルを分離したために、外部ファイルとデータを共有できる、ObservableObject プロトコルに準拠しなければいけませんでした。

　データ取得クラス（OkashiData.swift）は、Web API から、データを取得するごとに状態が変化するため、インスタンスを別のメモリにコピーする struct（構造体）ではなく、インスタンスのメモリを共有する参照型の class（クラス）に作成する必要がありました。ObservableObject プロトコルの構成は、「Single Source of Truth」のコンセプトに沿っています。

　「COLUMN クラス（Class）について」（P.242）で、class（参照型）と struct（値型）の違いについて解説をしているので、復習をして理解を深めてください。

Day 2 Lesson 4-6 ステップアップ

お菓子の一覧をタップして、Webページを表示してみよう

 このレッスンで学ぶこと

- お菓子の一覧で特定のお菓子をタップしたときに、掲載サイトのWebページを表示する方法を学びます。
- SafariServicesを用いてアプリ内部でSafariを起動し、Webページを表示する方法を学びます。

完成イメージ

　前レッスンまでで、キーワードを入力してインターネットからお菓子の情報を取得し、TextFieldで一覧表示するところまでを作りました。

　ステップアップ編では、一覧表示されているお菓子をタップしたときに、そのお菓子が掲載されているWebページをアプリ内で表示してみましょう。

▼ 完成イメージ

Lesson 4-6　お菓子の一覧をタップして、Webページを表示してみよう

1　SFSafariViewControllerを利用して、Webページを表示しよう

1-1　Safari表示用の構造体を新規作成

Safariを表示する構造体を、SwiftUI Viewで新規に作成します。

▼ Safari表示画面のファイルを追加

❶ 📁 [Project navigator] のMyOkashi内の適当な場所で、
❷ 右クリック、もしくは [control] キーを押しながらクリックして、サブメニューを表示します。
❸ 「New File...」を選択します。
　今回は画面を作りたいので、❹ [iOS] → ❺ [SwiftUI View] を選択して、❻ [Next] をクリックします。
❼ [Save As] 、追加するファイルの名前を入力します。ここでは、Safariを起動する画面のファイルを作りたいので、「SafariView.swift」とします。
❽ [Create] をクリックします。

1-2　UIViewControllerRepresentableを利用して、SFSafariViewControllerの設定

SFSafariViewControllerは、iOSアプリで手軽にWebページを表示したいときに使います。アプリ内でiOSに標準搭載されているSafariを起動し、Webページを表示しています。

青枠のコードを削除してください。

Day 2 - Lesson 4　お菓子検索アプリを作ろう ―Web API と JSON の使い方を学ぶ―

▼ コードの削除

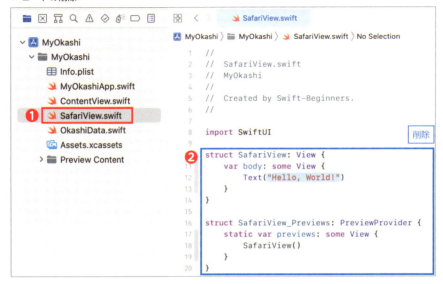

❶ SafariView.swift が作成されていることを確認してください。
❷ 青枠のコードは不要なので削除します。

赤枠のコードを追加してください。

▼ Safari を起動するコードを追加

```swift
import SwiftUI
import SafariServices

// SFSafariViewControllerを起動する構造体
struct SafariView: UIViewControllerRepresentable {
    // 表示するホームページのURLを受け取る変数
    let url: URL
    
    // 表示するViewを生成するときに実行
    func makeUIViewController(context: Context) -> SFSafariViewController {
        // Safariを起動
        return SFSafariViewController(url: url)
    }
    
    // Viewが更新されたときに実行
    func updateUIViewController(_ uiViewController: SFSafariViewController, context: Context) {
        // 処置なし
    }
}
```

コード解説 これから、さきほど追加したコードをステップごとに説明します。

```
import SafariServices
```

SafariServices というフレームワークをインポートしています。
アプリから外部の Safari を起動させるのではなく、アプリの内部で Safari を起動することができ、ウェブビュー（web views）と言われます。

```
// SFSafariViewControllerを起動する構造体
struct SafariView: UIViewControllerRepresentable {
```

SFSafariViewController は、SwiftUI ではまだ提供されていないので、UIViewControllerRepresentable プロトコルに準拠して、SwiftUI でも扱えるようにラップします。
UIViewControllerRepresentable については「Day2 Lesson 2-2 撮影画面を作成しよう」（P.310）で解説しています。

```
// 表示するホームページのURLを受ける変数
let url: URL
```

お菓子検索画面（ContentView.swift）で、List の行のどれかがタップされると、Safari 起動画面（SafariView.swift）に URL を引数として渡すコードを後ほど書きます。
受け取り用の変数を宣言します。

```
// 表示するViewを生成するときに実行
func makeUIViewController(context: Context) -> SFSafariViewController {
    // Safariを起動
    return SFSafariViewController(url: url)
}
```

UIViewControllerRepresentable に準拠している View では、View を生成するタイミングで、自動的に makeUIViewController メソッドを呼び出します。
お菓子検索画面（ContentView.swift）から、Safari 起動画面（SafariView.swift）が呼び出されると、最初にこのメソッドが実行されます。
SFSafariViewController の引数に Web ページの URL を指定することで、Safari を起動して Web ページを表示します。

Day 2 - Lesson 4　お菓子検索アプリを作ろう ―Web API と JSON の使い方を学ぶ―

```
// Viewが更新されたときに実行
func updateUIViewController(_ uiViewController: SFSafariViewController,
context: Context) {
    // 処置なし
}
```

updateUIViewController も、View が更新された時に自動的に実行されるメソッドですが、今回は、Safari で Web ページを表示するだけなので、処理は追加しません。

🔴 Point

なぜ、このお菓子アプリでは、UIViewControllerRepresentable プロトコルに準拠しているのに、カメラアプリの際に利用した Coordinator でラップしていないのでしょうか？
カメラアプリでは、カメラの撮影完了後に画像を受け取るために、UIkit のデリゲートを利用する必要がありました。
SwiftUI から、UIkit のデリゲートを利用するために、Coordinator でラップしていましたが、今回のお菓子アプリでは、何らかの処理完了後に通知を受ける必要はないのでデリゲートを利用する必要がありません。
そのため、今回は Coordinator は不要だということを理解してください。

これで、Safari を起動する構造体の実装は完了です。

Tips

● Mutable と immutable

開発の際には扱うデータが、Mutable か Immutable なのかを意識することは重要です。

Mutable（ミュータブル）は、作成後にその**状態を変えることができるオブジェクト**のことです。
Immutable（イミュータブル）は、作成後にその**状態を変えることのできないオブジェクト**のことです。

　アプリ開発では、データの状態はとても重要です。開発者が意図していないデータが上書きされるとバグが発生する原因になります。変更されるデータか否かはしっかり想定して、変数と定数を使い分けてください。 基本的には、最初は定数 (let) で宣言しておいて開発が進む中で、これは変更される性質のデータだなと認識した時に、変数 (var) に切り替えるようにしましょう。

1-3　List の 1 行ごとに Button を設定

次は、お菓子検索画面（ContentView.swift）の実装を行います。

赤枠のコードを追加してください。

▼ Safari の表示を管理する変数を追加

❶ ContentView.swift を選択します。
❷ 赤枠のコードを追加します。

▼ Web ページの URL を保持する変数を追加

❶ OkashiData.swift を選択します。
❷ クリックされたお菓子の Web ページのリンク情報を保持する変数を定義します。
　クリックされるまで変数の値は何もない状態（nil）なので、オプショナル変数で定義をします。

このあと、List の 1 行 1 行に、Button を追加してタップを検知できるように実装します。
　そのタップの際に、Safari を表示・非表示と切り替える処理を追加したいので、状態を管理する変数を Bool 型で定義します。
　最初は、false（非表示）にしたいので、初期値として代入しておきます。

Day 2 - Lesson 4　お菓子検索アプリを作ろう ―Web API と JSON の使い方を学ぶ―

ContentView.swift を選択します。赤枠のコードを追加してください。

Button の action に、選択されたリンク（URL）を保持して、Safari の表示・非表示を管理する変数 showSafari の toggle メソッドを利用して切り替えています。

toggle メソッドを実行する度に、Boolean の ture、false が切り替わります。最初は、false が設定されているので非表示の状態となり、タップされると true に切り替わり、Safari が表示できる状態になります。

▼ Button の action を設定

既に実装してある、HStack で囲んだ Image と Text を Button の表示部分（label）に移動したいので、赤枠の行を選択して「command」+「X」を実行してカットします。

▼ HStack をカット

```
37         // ボタンを用意する
38         Button {
39             // 選択したリンクを保存する
40             okashiDataList.okashiLink = okashi.link
41             // SafariViewを表示する
42             showSafari.toggle()
43         } label: {
44
45         } // Button ここまで
46         // Listの表示内容を生成する
47         // 水平にレイアウト（横方向にレイアウト）
48         HStack {
49             // 画像を読み込み、表示する
50             AsyncImage(url: okashi.image) { image in
51                 // 画像を表示する
52                 image
53                     // リサイズする
54                     .resizable()
55                     // アスペクト比（縦横比）を維持してエリア内に収まるようにする
56                     .scaledToFit()
57                     // 高さ40
58                     .frame(height: 40)
59             } placeholder: {
60                 // 読み込み中はインジケーターを表示する
61                 ProgressView()
62             }
63             // テキスト表示する
64             Text(okashi.name)
65         } // HStackここまで
66         } // Listここまで
67         } // VStack ここまで
```

該当行を選択して「command」+「X」でカット

456

Lesson 4-6 お菓子の一覧をタップして、Web ページを表示してみよう

赤枠にペーストをして移動をします。

これで List から取り出した要素が、Button の中に表示され、1 行ごとにタップを検知できる状態になりました。

▼ List を Button の表示部分に移動

```
        // ボタンを用意する
        Button {
            // 選択したリンクを保存する
            okashiDataList.okashiLink = okashi.link

            // SafariViewを表示する
            showSafari.toggle()
        } label: {
            // Listの表示内容を生成する
            // 水平にレイアウト（横方向にレイアウト）          ペースト
            HStack {
                // 画像を読み込み、表示する
                AsyncImage(url: okashi.image) { image in
                    // 画像を表示する
                    image
                        // リサイズする
                        .resizable()
                        // アスペクト比（縦横比）を維持してエリア内に収まるようにする
                        .scaledToFit()
                        // 高さ40
                        .frame(height: 40)
                } placeholder: {
                    // 読み込み中はインジケーターを表示する
                    ProgressView()
                }
                // テキスト表示する
                Text(okashi.name)
            } // HStackここまで
        } // Button ここまで
    } // Listここまで
```

続いて、赤枠のコードを追加してください。さきほど追加した Button の sheet モディファイアとして追加します。

sheet モディファイアは、isPresented に与えられた引数が true の場合に、画面下からモーダル画面を表示します。

モーダルとは、新しく画面を表示して元の画面が操作できない状態になることを言います。

▼ sheet（ModalView）の表示を追加

```
                } placeholder: {
                    // 読み込み中はインジケーターを表示する
                    ProgressView()
                }
                // テキスト表示する
                Text(okashi.name)
            } // HStackここまで
        } // Button ここまで
    } // Listここまで
    .sheet(isPresented: $showSafari, content: {
        // SafariViewを表示する                          追加
        SafariView(url: okashiDataList.okashiLink!)
            // 画面下部がセーフエリア外までいっぱいになるように指定
            .ignoresSafeArea(edges: [.bottom])
    }) // sheetここまで
} // VStack ここまで
```

シミュレータを起動して、完成イメージの動きになっているか確認をしてください。

Day
2

4

457

Day 2 - Lesson 4　お菓子検索アプリを作ろう ―Web API と JSON の使い方を学ぶ―

▼ View の構造

　最後に、View の構造を確認しましょう。お菓子検索画面（ContentView.swift）では、okashiDataList から 1 行ずつ取り出し Button として、List に要素を追加されています。
　Web ページ表示画面（SafariView.swift）では、赤枠のエリアが、sheet（モーダル）です。

　正常に動いていれば、ステップアップの実装は完了で、本書のレッスンは全て終了しました。

　最後まで進められたこと本当にすごいです。おめでとうございます！
　1 度の学習では、あまり理解が出来ていない箇所があるのは普通のことです。不明なところは、反復学習をすることで理解が深まります。

　また、本書で紹介しているアプリのサンプルコードは、あくまでファーストステップとして学習のしやすさ、分かりやすさに重点をおいたコードの一例です。

　実践で開発をするためには、より専門的な書籍やサイトの情報で、効率的でバグのリスクを下げる設計を学び、SwiftUI・Swift やデータベース、ネットワークの学習を深めていく必要があります。
　深めた知識を持って、改めて本書のサンプルアプリを開発するとより良い方法で開発が行なえます。

　みなさまが、本書の知識をスタートとして、更に学習を進め開発を楽しんでいただければ幸いです。
　最後まで学習していただき、ありがとうございました。

Xcode ショートカット

アプリ開発の過程で頻繁に、かつ繰り返し行う操作は、ショートカットを覚えることで効率化することができます。ここでは、Xcode を使った iPhone アプリ開発でよく使うショートカットをまとめます。
自分がよく使うものから、一つずつ覚えていくと良いでしょう。

画面表示

⌘ + 0	Navigatorエリアの表示・非表示
option + ⌘ + 0	Inspectorsエリアの表示・非表示

`option` + `⌘` + `1`	File Inspectorの表示
`option` + `⌘` + `2`	History Inspectorの表示
`option` + `⌘` + `3`	Quick Help Inspectorの表示
`option` + `⌘` + `4`	Attributes Inspectorの表示
`option` + `⌘` + `5`	Accessibility Inspectorの表示
`⌘` + `↩`	エディタを表示
`option` + `⌘` + `↩`	アシスタントエディタの表示・非表示
`shift` + `⌘` + `L`	Library画面の表示・非表示
`shift` + `⌘` + `Y`	Debugエリアの表示・非表示

SwiftUI

`option` + `⌘` + `P`	SwiftUIプレビューのリフレッシュ

SwiftUIプレビュー

Preferences画面を表示

一般

`⌘` + `,`	Preferences画面を表示
`⌘` + `Q`	Xcodeを終了する

ビルド

`⌘` + `B`	ビルド
`shift` + `⌘` + `K`	クリーンビルド

検索

`⌘` + `F`	ファイル内をキーワード検索
`shift` + `⌘` + `F`	プロジェクト内をキーワード検索
`shift` + `⌘` + `O`	プロジェクト内をオブジェクト検索

コード編集

control + 6	ファイル内のメソッド一覧を表示
control + I	選択範囲を自動インデント（Indent）
control + ⌘ + 0	エディタの表示倍率をリセット
shift + ⌘ + +	エディタの表示倍率を上げる
⌘ + -	エディタの表示倍率を下げる
⌘ + [	左へ1ブロックインデント
⌘ +]	右へ1ブロックインデント
⌘ + /	選択範囲をコメント化
option + ⌘ + /	ドキュメントコメントのひな形を挿入
⌘ + ←	カーソルを行頭へ移動
⌘ + →	カーソルを行末へ移動
⌘ + ↑	カーソルをファイル先頭へ移動
⌘ + ↓	カーソルをファイル末尾へ移動

シミュレータ

⌘ + R	シミュレータを実行
⌘ + ←	左回転
⌘ + →	右回転

索引

記号

!	181, 194
$	231, 337, 414
*=	390
...	145
..<	145
.failure	353
.success	353
//	61
/=	390
?	194
@AppStorage	284, 297
@Binding	315, 337, 360, 447
@EnvironmentObject	447
@Published	437
@State	134, 136, 149, 231, 283, 287, 333, 361, 447
@StateObject	412, 447
_	207, 394
¥	211, 285, 291
+=	390
=	135
-=	390
==	138

A

action	129
Active scheme	84, 85
Add Modifier	76
addingPercentEncoding メソッド	423
API	398
API Design Guidelines	158
App Store	21, 35
Apple ID	31
確認コード	34
—のサイト	33
—の取得	32

—を Xcode に登録	91
App テンプレート	105
Assets.xcassets	106, 170, 177, 271, 280
AsyncImage	446
async メソッド	419
Attributes inspector	64
AVAudioPlayer	181
AVFoundation フレームワーク	180
await 文	419

B

Binding.constant メソッド	366
Bool.random 関数	145
Button	70, 301
—に画像を使う	173

C

Canvas	45, 57, 82
Canvas 表示・非表示	57
CGImage	370
Choose a template for your new file 画面	178
Cocoa Touch Class	178
Swift File	384
SwiftUI View	190, 200, 264
Choose a template for your new project 画面	41
Choose options for your new project 画面	41, 105
Bundle Identifier	42
Host in CloudKit	43
Include Tests	42
Interface	43
Language	43
Organization Identifier	42
Product Name	42
Team	42
Use Core Data	43

CIContext クラス..368
CIDetector クラス...368
CIFilter クラス 368, 371
CIImage クラス 368, 370
CIPhotoEffectChrome...................................391
CIPhotoEffectFade..391
CIPhotoEffectInstant......................................391
CIPhotoEffectMono...391
CIPhotoEffectNoir...391
CIPhotoEffectProcess.....................................391
CIPhotoEffectTonal...391
CIPhotoEffectTransfer....................................391
CISepiaTone...391
class..120
CLGeocoder クラス...214
CLLocationCoordinate2D クラス 214
Codable プロトコル...426
Color Set...271, 280
Combine フレームワーク 447
ContentView.swift...........................44, 57, 106
Coordinator 312, 315
Core Image フレームワーク 368
createCGImage メソッド 373
Custom iOS Target Properties 326

D

Debug area 45
　ツールバー 305
Debug View Hierarchy 305
decoder.decode 430
delegate...316, 324
displayMapType 249
do-catch 文...183
Dynamic Type 機能..152

E

EdgeInsets 構造体 153
Editor area...45
EffectView 構造体 365
enum 245, 247

F

false 138
Font 68
　Large Title 68
for-in 文...441, 442

G

geocodeAddressString メソッド 221
guard let 文...372

H

HStack 74, 111, 169

I

IDE..31
Identifiable プロトコル 433
if let 文...216, 294
if 文...137, 332
　書式 138
Image..172
　配置 113
imagePickerController メソッド 318
immutable 454
import 文..202
in...221, 353
init 236
import 文..64
Inspectors area..45
Int.random 関数 144
iPhone Orientation 392
isSourceTypeAvailable(.camera) 332

J

JavaScript 400
JSON..399
　データフォーマット.....................................400
JSON Pretty Linter 405
Jump bars..61

L

let...181
Lightning ケーブル 89

INDEX

List...443
Live Preview 82, 141, 175
lowerCamelCase.............................158

M

makeCoordinator メソッド....................321
makeUIViewController メソッド 322
makeUIView メソッド............................203, 206
MapKit..205
　インポート 202
Media library 画面............................110
MKCoordinateRegion メソッド.....................220
MKPointAnnotation クラス 219
Modifier..............................69, 76, 115
　alert 300
　background 76, 152
　clipShape..................................277
　font 68, 151
　foregroundColor 78, 152
　frame 151, 277
　ignoresSafeArea............... 172, 274
　multilineTextAlignment 331
　onAppear.........................295, 364
　onDisappear 295
　onSubmit.......................232, 414
　padding.............................79, 153
　resizable 116, 172, 274
　scaledToFill.............. 118, 173, 275
　scaledToFit.................................117
　sheet.............................336, 379
　tag..283
　toolbar 265
　―の Chain 118
　―の適用順序 340
　複数の―を設定する...........................118
Mutable 454

N

NavigationLink.................................268
NavigationStack 267
NavigationView...................................269
Navigator area...................................45

newValue 239
nil.......................................194, 216
NSDataAsset クラス 181
NSObject.............................179, 317

O

ObservableObject プロトコル........ 410, 447, 449
Opaque Return types............................120
Open in Developer Documentation.............237

P

PhotoKit..348
PhotosPicker 348, 350
PhotosUI フレームワーク 348
Picker 282
plist.......................................326, 342
Preferences 画面...........................50, 92
　Accounts タブ 92
　Themes の設定..............................52
　行番号の表示 51
　コードの折りたたみ 53
　ファイル拡張子の表示 51
　ミニマップを非表示 54
Preview Assets.xcassets......................106
print 文...129
project and targets list ボタン 327

R

repeat 文 148
Request 398
Response 398
return 文の省略 207
Run 85

S

SafariServices プロトコル 453
Scale factors 109
searchKey.......................................208
self 318, 440
SF Symbols 251
SFSafariViewController...........................451
ShareLink..344

SharePreview 345
Show Debug Area メニュー 45
Signing & Capabilities 94
Simulator 86
Single Source of Truth 447
Spacer 155
　サイズを指定する 155
SSOT 447
Storyboard 26
struct 120
Swift 22
　特徴 24
Swift Concurrency フレームワーク 417
SwiftUI 22, 26, 205
switch 文 254, 353

T

Task 418
Text..64
TextField 231
Timer クラス 287
　scheduledTimer メソッド 291
Toggle Software Keyboard 415
toggle メソッド 456
ToolbarItem......................................268
true 138
try 文 183

U

UIActivityViewController クラス 343
UIImagePickerController 312, 323
　InfoKey.originalImage キー 319
UIImagePickerControllerDelegate.................317
UIImage
　イニシャライザ 374
　クラス 370
UIKit...312
UINavigationControllerDelegate 317
UIViewControllerRepresentable プロトコル
....313, 451
UIViewRepresentable プロトコル.....................202
updateUIViewController メソッド 322

updateUIView メソッド 203, 207
UpperCamelCase...............................158
URLSession 428
UserDefaults................................287, 297
UUID 447

V

var 134, 181
View library 70
View の共通化 190
View プロトコル....................................69
View メニュー 45
VStack... 72, 111

W

Web API...398
while 文 148, 150
WWDC 20

X

Xcode 31
　インストール 35
　インスペクター エリア 45
　エディタエリア 45
　エリア 45, 45
　　—の開閉 46
　画面構成...44
　環境設定...50
　起動 38
　起動画面...38
　　Clone an existing project 39
　　Create a new Xcode project........39
　　Open a project or file 39
　キャンバス..45
　ダウンロード......................................35
　ツールバー.................................. 45, 47
　　Activity viewer 47
　　Code Review ボタン 47
　　Library ボタン 47
　　Run ボタン 47
　　Scheme メニュー 47
　デバッグエリア 45

465

ナビゲータ エリア 45
  Content area 49
  Filter bar 49
  Navigator bar 48
プロジェクト 39
  —に Team を登録 94
  —のテンプレートの選択 105
  —のファイル 106
  —の保存 43
入力補完 116
利用規約 37
XML 399
  —のデータフォーマット 401

Z

ZStack 74, 111, 169

あ行

アクセスコントロール 420
アクセス修飾子
  fileprivate 420
  internal 420
  open 420
  private 420
  public 420
アスペクト比 117
アセットカタログ 107
  —に画像を登録する 107
値 121
値型 242
値渡し 414
アプリアイコン 160
  —のサイズ 160
  —の登録 160
アプリ開発の準備 30
アプリ内課金 21
アプリの動作確認 82
  — Live Preview 82
アラート 300
アンダースコア 207
アンラップ 194, 216, 344
位置情報 214

緯度 214
イニシャライザ 318
色の定義 271
インクリメント 141
インスタンス 186
インデント 61
  —を揃える 62
エラーメッセージ 364
エンコード 404, 423
オーバーライド 420
オープンソース 25
お菓子の虜 Web API 396, 402
  JSON データフォーマット 425
  検索パラメータ 403
  レスポンスデータ 403
オプショナル型 194, 216
オプショナル変数 344
音源ファイル 177
  —の再生 182

か行

開区間 145
課金方法 21
型 120, 121
型推論 135, 147
型変換 139, 319
カメラ 308
カメラチェック 332
画面遷移 260
画面方向のロック 100
関数 120, 121
キャスト 319
強制アンラップ 181
クラス 120, 186, 242
クロージャ 120, 220
クロージャの書式 221
継承 420
経度 214
広告 21
公式ドキュメントの翻訳 393
構造体 120, 234
  イニシャライザ 235

INDEX

―の定義 234
インスタンス 235
格納型プロパティ 239
計算型プロパティ 239
　―の get 節 239
　―の set 節 239
全項目イニシャライザ 238
プロパティ 234
メソッド 234
コメント 61

さ行

参照型 242
参照渡し 414
実機転送 89
実機転送、転送先 iPhone の設定 97
シミュレータ 86, 279
　アプリを停止する 87
　停止する 87
　日本語化 257
　メニュー 87
写真のリサイズ 383
循環参照 440
仕様 102
状態変数 134, 136, 149, 231, 360
ショートカットキー 100, 459
スケールファクター 109
スコープ 75, 164, 420
スタックレイアウトビュー 110
ステップ実行 305
ストーリーボード 26
スレッド 431
制御文 138
セーフエリア 172, 272
宣言的プログラミング 28

た行

ダークモード 98, 271, 277, 279
代入演算子 135, 138
縦横比 117
タプル 428, 429
地図

ピンを置く 219
直前の操作の取り消し 100
定数 181
データ型 135, 147
　Any 型 319, 346
　Bool 型 135, 138
　Double 型 135
　Float 型 135
　Int 型 135, 147
　String 型 135
　UInt 型 135
　宣言する 136
データの永続化 287
データ連動 337
デコード 404, 423
手数料 21
デバッグ 302
デバッグエリア 129
デベロッパモード 90
同期処理 430
統合開発環境 31
トレイリングクロージャ 222

な行

名前付き型 121
入力補完 248

は行

パース 430
配列 218, 224, 389
　append メソッド 441
　宣言 224
　添字 225
　データ型 224
　プロパティ 226
　要素 225
　　―の削除 225
　　―の取得 225
　　―の追加 225
　　―の変更 226
バインド 337
半開区間 145

467

INDEX

比較演算子 138, 139
  != 139
  < 139
  <= 139
  == 139
  > 139
  >= 139
引数 121, 144
非同期処理 417, 430
標準フォント 69
フォトライブラリー 348
複合型 121
複合代入演算子 390
ブレークポイント 302
  削除 306
  無効化 306
フレームワーク 64
プレビューデバイスの切り替え 59
プレビュー
  拡大縮小 59
  表示 58
プロセス 431
ブロック 75, 113
  ―のネスト 129
ブロックスコープ 114
プロトコル 121, 204
プロパティ 120, 121, 211
プロパティラッパー 439, 447
プロパティリスト 326, 328, 342
  ―にプロパティと値を追加する 327
閉区間 145
ペーパープロトタイプ 112
変数 80, 120, 134, 181
  初期化 284
  宣言 120
  名前 120
  名規則 158

ま行

マップ 196
  ―の種類 244, 246
無名関数 222

命令型プログラミング 28
メインスレッド 431
メソッド 121, 144
  ―のクイックヘルプ 292
  ―の引数ラベル 394
文字サイズ 152
モジュール 420
文字列 80
モディファイア 115
戻り値 121

や行

有料ダウンロード 21
余白
  数値で指定する 153
予約語 158

ら行

ライトモード 98, 271, 277, 279
ライブプレビュー 83
ラップ 201
乱数 144
リアクティブプログラミング 447
リクエスト 398
  ― URL 403, 404
リファクタリング 189
ループ処理 148
  ―後判定ループ 150
  ―前判定ループ 150
レイアウト 110
例外処理 183
レスポンス 398
列挙型 245, 247
  値の取得 247
  宣言 247
ローカライズ 256
ロジック 132

468

Swiftビギナーズ倶楽部について

　2014年11月1日、東京都内でSwiftビギナーズ倶楽部というグループが立ち上がり、そこで「Swiftビギナーズ勉強会第1回」が開催されました。
　AppleからSwift言語が公開されてまもなく立ち上がった勉強会です。
　Swift言語によって、一般の人にもいままで以上にiPhoneアプリが作りやすくなり、Swiftビギナーズ勉強会には、アプリ開発経験者やWebデザイナー、営業マン、事務職、教員、学生、定年退職された方など、さまざまな人が集まるようになりました。

　比較的学びやすいSwift言語ですが、勉強会では多くの初心者が四苦八苦し、初心者には参考図書となる書籍がまだまだ少ない状況でした。

「もっと、初心者が最初に手にとってよかったと思える書籍を勉強会で使いたい」
「勉強会に参加できない人でもアプリ制作がはじめられるように」

　そういった思いを胸に、本書の構成を作りはじめました。
　はじめてiOSアプリを開発する方のために、どうすれば楽しくわかりやすくなるかを追求した一冊になったと思っています。

謝辞

　本書はたくさんの方々から意見と協力を頂戴し、構成、執筆を行いました。

　本書で登場するサンプルアプリのロゴ、UI デザインは、デザイナーのアカイケナツミーヌさんに、たくさんのアドバイスをいただき、制作を行っていただきました、ありがとうございます。

　本書で使用している「お菓子の虜 Web API」作者の鳥山優子さん、「JSON Pretty Linter｜SYNCER」作者の荒井雄太さんには、Web サービスの掲載許可の快諾いただきました。ありがとうございます。

　本当にたくさんの方々のご厚意とご尽力を賜り、本書が完成したことに、心から感謝を申し上げます。

　この本が、プログラミング学習、iOS 開発をこれからはじめる方々の一助になれれば、執筆陣一同幸いです。

執筆陣一同より

執筆陣による公式サポートサイト

本書の内容に関するサポート情報や、サンプルアプリのダウンロードが提供されます。

本書の公式サポートサイト
https://ticklecode.com/swiftbook2022/

公式 LINE アカウント
公式 LINE アカウントでは、次のサービスを提供しています。ぜひ、ご利用ください。

- 本書の読者問い合わせの受付
- サポート情報、正誤表の更新情報
- 読者向けアプリ開発に役立つ勉強会、イベントのお知らせ
- （順次、サービス追加予定です）

スマートフォンなどの LINE アプリを起動して、次のいずれかの方法でアクセスしてください。

1. メニューの「ホーム」から、「@CodeCandy」と入力して検索
2. 「友だち追加」で「QR コード」を選択して、QR コードを読み取る

執筆陣プロフィール

藤　治仁（ふじ・はるひと）

組み込み機器ファームウェア開発に従事。副業で iOS アプリ開発を行い、個人でも AppStore でアプリをリリース。アプリ開発特化型オンラインスクール CodeCandy を運営。エンジニア歴は 20 年以上。

［おもな開発アプリ、Web サイト］

- AirRecipe、AirStarScape、音戦宅球、ARIZAR、TajimiGuide
- CodeCandy（コードキャンディ）：
  https://code-candy.com/
- GitHub：
  https://github.com/FromF/
- Twitter：
  https://twitter.com/From_F

小林　加奈子（こばやし・かなこ）

医療系、教育系スタートアップ企業で、アプリ、サーバサイド開発、インフラ構築に従事。
アプリ開発特化型オンラインスクール CodeCandy を運営。エンジニア歴は 20 年以上。TickleCode LLC 代表執行役員。

［運営サービス、SNS］

- TickleCode LLC：
  https://ticklecode.com/
- CodeCandy（コードキャンディ）：
  https://code-candy.com/
- Twitter：
  https://twitter.com/mustacheyork

小林　由憲（こばやし・よしのり）

Swift・Flutter を活用したスマホアプリの受託開発、月額リモート契約専門のエンジニア。アプリ開発特化型オンラインスクール CodeCandy を運営。エンジニア歴は 20 年以上。TickleCode LLC 代表。

［運営サービス、SNS］

- TickleCode LLC：
  https://ticklecode.com/
- CodeCandy（コードキャンディ）：
  https://code-candy.com/
- Twitter：
  https://twitter.com/yoshii514

STAFF

装丁：	西垂水 敦（krran）
DTP：	株式会社トップスタジオ
本文デザイン：	株式会社トップスタジオ デザイン室（阿保裕美）
イラストレーション：	株式会社トップスタジオ デザイン室（阿保裕美）

SwiftUI 対応

たった 2 日でマスターできる
iPhone アプリ開発集中講座

Xcode 14 / iOS 16 / Swift 5.7 対応

2022 年 11 月 10 日　　初版第 1 刷発行

著　者	藤 治仁・小林 加奈子・小林 由憲
発行人	片柳 秀夫
編集人	志水 宣晴
発行所	ソシム株式会社
	https://www.socym.co.jp/
	〒 101-0064 東京都千代田区神田猿楽町 1-5-15 猿楽町 SS ビル
	TEL：(03)5217-2400　（代表）
	FAX：(03)5217-2420
印刷・製本	シナノ印刷株式会社

定価はカバーに表示してあります。
落丁・乱丁は弊社販売部までお送りください。送料弊社負担にてお取り替えいたします。
ISBN978-4-8026-1384-2 Printed in Japan
©2022 藤 治仁・小林 加奈子・小林 由憲